U0179364

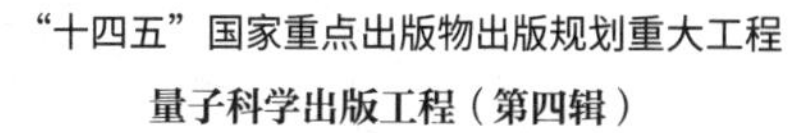

On the Consistency of Quantum Theory

汪克林　著
曹则贤　校

量子科学出版工程
Quantum Science
Publishing Project

量子理论一致性问题

中国科学技术大学出版社

内 容 简 介

量子物理一个不可回避的问题是现有的不同理论体系存在不协调的地方.本书对其中若干问题作了初步的剖析与讨论,包括费米系统和量子化方案这样一些基础性问题,并提出新的观点和由此产生的结论.本书中的观点和见解是粗浅的、不成熟的,有待更深入的思考,但我们的思考说明这些问题是确实存在的.由于这些问题不言而喻的重要性,我们期盼本书的出版能够引起物理学研究者对相关问题的关注,进而带来深入的探讨.

本书可供物理专业的本科生、研究生以及专业研究人员参考.

图书在版编目(CIP)数据

量子理论一致性问题/汪克林著;曹则贤校.—合肥:中国科学技术大学出版社,2023.6

(量子科学出版工程.第四辑)

国家出版基金项目

“十四五”国家重点出版物出版规划重大工程

ISBN 978-7-312-05575-1

Ⅰ.量… Ⅱ.①汪… ②曹… Ⅲ.量子论—研究 Ⅳ.O413

中国国家版本馆 CIP 数据核字(2023)第 008134 号

量子理论一致性问题

LIANGZI LILUN YIZHIXING WENTI

出版 中国科学技术大学出版社
安徽省合肥市金寨路 96 号,230026
http://press.ustc.edu.cn
https://zgkxjsdxcbs.tmall.com

印刷 合肥华苑印刷包装有限公司

发行 中国科学技术大学出版社

开本 787 mm×1092 mm 1/16

印张 15

字数 274 千

版次 2023 年 6 月第 1 版

印次 2023 年 6 月第 1 次印刷

定价 98.00 元

序

可以设想，在从事过多门量子物理课程教学的人中，会有一些人悄然自问：量子力学、高等量子力学和量子场论属于同一个完整的理论体系吗？它们之间有没有不协调的地方？事实上，近年来对于量子理论中的测量原理就有不少人提出过质疑. Weinberg 对于将相对论与量子物理结合得出的 Dirac 理论及由此导出的一些物理结论就提出了完全不同的看法，并断言在这方面只有量子场论的论述才是正确的，因而他对一些教科书仍在讲述 Dirac 的原始论证感到遗憾.

笔者作为一名有着多年量子物理教学经验的研究者，有机会对现有量子理论中存在的一些不协调之处作一些探究式思考. 这项工作给长期在物理学园地里耕耘的人带来了乐趣，亦是笔者从物理学教学、研究岗位上退下来以后依习惯而选择的、让自己感到充实的生活方式的一部分.

静下心来想一想，真的发现有不少有意义的基本物理问题值得去认真思索和论辩. 例如所谓的多维空间的观念. 一开始，我们的认识是自然存在的空间是一个三维的空间. 后来提出相对论，把时间这一维加进来，组成了四维的

Minkowski 时空，并由此自然拓展到物理的多维空间.但是仔细思索后，我们不免对这一思维中将三维真实空间扩展至四维时空存有一点疑问.自然的、真实的空间是三维几何空间是没有疑问的，这个三维空间中的距离是它的内禀性质.但是对于一维的时间，我们知道，在一个确定的参考系里，事件的先后和因果关系当然是内禀的.准确地讲，时间只是一个一维的流形，而不是一维的空间，它不具有内禀的距离.对所谓的时间间距(即时间的标度)这一基本问题，在历史上，Euler，Einstein 等人都特别讨论过.就时间的标度而言，一维时间的“距离”是人类在对自然的认知体系中另行赋予的.多维空间设想的逻辑思维链的出发点的物理含义是值得深思的.

光子的概念与量子物理的体系是同时进入物理学的.以往的量子理论一再强调光子不具有一般物质粒子所具有的位置物理量，自然也就没有位置表象的波函数的概念.但是近年来在一些书籍和研究论文中屡屡出现讨论光子位置测量的实验，像这样明显存在矛盾的两种物理图像实在需要澄清.我们要问：这两种不同的论述反映的是对同一物理规律的不同理解，还是实质上在论述不一样的物理内容?

本书就是源于这样的思考，试图对一些量子理论的基础问题提出粗浅的看法.本书除了着重讨论费米系统的性质和量子化方案外，还包括诸如量子理论中的发散这一非自然固有现象能否在构建量子理论时从一开始就规避掉和 EPR 疑难是否已经有了肯定答案等问题.

我们的目的是希望通过呈现我们的一些初步、不成熟的思考来引起大家的讨论和争辩，活跃探讨物理学基本问题的气氛.书中论点多有不成熟之处，甚至有一些谬误，恳请读者予以指正.

作　者

2022 年 11 月

目录

第 1 章

问题的提出

当从对宏观物理系统的研究转入对微观物理系统的研究时，会发现两者的规律有显著的不同. 物理系统的最基本规律是它的动力学规律. 一个宏观物理系统在某一时刻的初始状态给定后，就可以根据其动力学规律确定它在以后任何时刻的状态. 一个宏观物理系统的状态由这一系统具有的各种物理量的值所标示. 所谓给定一个物理状态，就是指这一组物理量的值是给定的. 根据动力学规律，之后物理系统的这组物理量的值随时间如何变化都可以作出确定的预期. 这样的理念称为科学的决定论.

当我们对微观物理系统进行研究时，发现对一个微观物理系统的物理量在一般情况下去观测时总不能得出一个确定的值. 准确地讲，尽管这一微观系统的环境及它的特征都是固定的，但每次去观测一个特定的物理量时测得的值都不一定相同. 随着时间的推移，在以后时刻的情况亦是如此. 不过对同一微观系统，在同一情况下观测一个特定的物理量 A，尽管可能得到不同的值 A_i，但多次重复观测会发现出现 A_i 的相对概率 $P(A_i)$ 是确定的，而且在微观物理系统随时间的演化中仍然存在一种新的动力学规律，即如 $t=0$ 时刻系统的 $P(\{A_i\},0)$ 给定，则今后任一时刻 $t>0$ 的

$P(\{A_i\},t)$亦可预期. 所以从宏观物理转到微观物理有如下一些值得注意的地方：

(1) 状态的表征改变了. 宏观物理系统的状态由系统的一组物理量的值$\{A_i\}$表征，微观物理系统的状态由$\{P(A_i)\}$表征，严谨一点说由波矢 $\psi(\{A_i\})$来表征. 以后在 $t>0$ 的任一时刻，$\{P(A_i)\}$亦可由动力学规律予以决定. 无论是宏观物理还是微观物理，都一样遵从科学的决定论，仅是物理系统的状态的概念不同.

(2) 宏观物理与微观物理的上述本质上的差异使得在关于微观系统的理论体系——量子理论中提出了不少新概念、新数学工具以及新原理. 例如，在量子理论中须引入物理量算符和态矢两个要素才能计算出物理量数值的概率分布. 此外提出了诸如态叠加原理、粒子的全同性原理、Pauli 不相容原理、Bose-Einstein 和 Fermi-Dirac统计，等等.

(3) 有了量子理论的算符和态矢后，可以将微观物理系统的动力学规律用算符和态矢来描述，这样会更系统和确切. 为简单计，把系统的物理量从一组简化为一个. 历史上就是从微观粒子在空间中的位置入手的. 为进一步简化，只考虑粒子的一维运动. 量子理论用算符、态矢来表述上面提到的动力等规律就是

$$P(x,0) \rightarrow P(x,t)$$

这就是用具体的位置算符来表述这种概率分布的动力学规律. 按量子理论，就是源自算符 $\hat{x}$ 和 $\dot{\hat{x}}$ 间存在一个确定的对易关系而不是它们可对易. 由于粒子的动量算符(非相对论)为 $\hat{p}=m\dot{\hat{x}}$，亦可表述为 $\hat{x}$ 与 $\hat{p}$ 间存在一个确定的对易关系：

$$[\hat{x},\hat{p}] = \mathrm{i}\hbar$$

和它等价的对易关系是

$$[\hat{x},\dot{\hat{x}}] = \frac{\mathrm{i}\hbar}{m}$$

从以上叙述看出，宏观物理与微观物理最本质的不同在于微观物理的量子理论中上述两个基本物理算符间的对易关系——并协原理是量子理论的最本质特征.

下面转入我们要谈的问题. 20 世纪初诞生的量子物理及相应的理论经过一个多世纪的发展已经十分成熟，将其应用到物理的各个领域亦是成功的. 在大学里讲授的量子物理有关课程有量子力学、高等量子力学和量子场论三门. 国际上常有这样的不同划分：量子力学、相对论性量子理论和量子场论. 无论是学习这三门课程的人，还是从事这三门课程教学的人(常常同一个人三门课程都教过)，都可能会产生这样的疑

问:这三门课程的关系是怎样的? 确切一点说,这三门课程间的关系是它们只是涉及的问题及层次不同,但理论基础及原则是一样的,还是在理论上仍旧存在着某些不同甚至是在一些问题上存有分歧? 把问题提得更简明一点,相当于要问:现在的量子理论是一个统一的理论吗?

举例来说,现在有不少人就对量子理论中的测量原理提出了质疑.下面我们将分别谈一下质疑现有量子理论是否是统一的理论的三个比较系统的看法,来说明这样一个问题确实值得关注,并需要给予探讨和回答.

1.1 对费米系统现有理论的质疑

长期以来,量子理论把微观粒子分为两大类:自旋为整数的称为玻色子,自旋为半整数的称为费米子.认为它们的多体系统满足的统计规律分别为 Bose-Einstein 统计和 Fermi-Dirac 统计.两者不同的根源在于玻色子的湮灭、产生算符满足的是对易关系,而费米子的湮灭、产生算符满足的是反对易关系.这样的理论应用于原子物理、分子物理、磁学等领域长期以来似乎都是行之有效的.但近年来 Anderson 等人觉察到在凝聚态物理领域应用现有量子理论有关费米子的理论对一些新的实验现象和规律进行分析和计算时遇到了困难.文小刚在其《量子多体理论》一书中从理论角度比较系统地对现有量子理论有关费米系统的论述提出了质疑.下面摘录一些该书中的相关评论.

(1) 在讲解费米子的第 4 章"自由费米系"的一开始,有下面这段话:

"长期以来,我们自以为很了解费米子.如果读者读完随后几节,发现自己并没有真正理解什么是费米子,那我的目的就达到了.在后面的第 10 章中,我们将给出费米子是什么的一个答案.这里我们只用传统手法介绍费米子,揭示在传统的图像中,费米子是多么奇特和不自然."

通过这段话,我们知道他的思想可以归纳为两点:

① 所谓的"费米子是多么奇特和不自然"的意思是他认为目前有关费米子的理论存在不自洽、不完善的地方,需要改进.

② 他给出了一种修改的方案,即给出了一个答案.

本书的一个主要内容正是讨论现有量子理论中有关费米子的理论，不过给出的是与文小刚不同的另外一种答案.有趣的是，最近引起大家关注的“电子圆得完美无缺”的实验恰巧是一个与这两个答案密切相关的实验.

(2) 该书的5.3节讨论Landau的费米液体理论，认为Landau的费米液体理论是传统的多体费米系统理论的两块基石之一，这一理论适用于几乎所有的金属，并且是对许多非金属态(如超导体、铁磁体等)认识的基础，因为可以将这些非金属态看作费米液体的某些不稳定性结构.然而书中亦提出了一个有力的质疑：金属中电子之间的Coulomb相互作用和费米能一样大，比费米能附近的能级间距大得多，为什么也能用微扰理论来计算？

对费米子理论提出这样的质疑，显然促使我们对现有量子理论中有关费米子的理论进行深入思考.在后面会讨论这些质疑.

(3) 该书在后面给出了对费米子本质的一种新设想，是用弦理论来构思的，其思想的出发点来自下面这种带有普遍性的论证.物理中有一种自然的质量尺度——Planck质量，这种质量极大，实际观测到的粒子的质量最多只有其$1/10^{16}$.因此与Planck质量相比，任何观察到的粒子都可以看作无质量的.当我们问某种粒子为什么存在时，实际上是在问这种粒子为什么与Planck质量相比可以看作没有质量(或接近于没有质量)的.真正的问题是，什么造成了某种类型的激发(诸如光和费米子)没有质量(或接近于没有质量)？究竟自然界为什么要具有无质量激发？

其次，我们要明确“光和费米子的起源”意味着什么.我们知道所有的事物都有来源，因此当我们问“光和费米子来自何处”时，我们已经假定了会有某种事物比光和费米子更简单、更基本.我们将在下面定义比费米子和规范场模型更加简单的局域玻色模型，并认为局域玻色模型更加基本.这样的一种理念称为局域原理，我们要证明光和费米子可以从局域玻色模型中诞生，只要这种模型在基态含有网状物体的凝聚.

以上是文小刚的书中对现有量子理论中关于费米子的理论所提出的质疑及对费米子物理实质的设想.对于费米子的传统理论，除了上面谈到的费米液体，还有不少类似的显现理论不够完善的地方.应当说，该书中所列的事例都应引起我们的重视.不过该书中谈到的费米子理论新设想与现有理论相去甚远，特别是没有一点谈到费米子理论新设想将如何解决其所提出的那些质疑，尽管如此，对于我们形成本书的主要思想并展开深入讨论仍有较大的启发.

下面我们简述一下Weinberg的《量子场论》一书中有关费米子理论的论证，那里把这一问题表述得更广泛一些.量子理论中将相对论与量子物理融合在一起的理论的问题在 Weinberg 的书中有一个十分明确的结论,照录如下:

"相对论与量子物理融合的理论只有量子场论的理论是正确的."

Weinberg 的这个结论可以让我们明白以下几点:

① 相对论性量子力学中有关费米子的 Dirac 理论存在不完善和不自洽的地方.

② 只有量子场论中的费米子理论才是完善的.

③ 现有量子理论不是一个统一的理论,存在不协调的地方.

比起文小刚的书中对量子理论的质疑,Weinberg 的书中的观点更尖锐.它使得这里提出的命题需要研讨的急迫性很清楚.下面先把 Weinberg 的论证回顾一下,让我们清楚地知道他得出如上结论的理由.在后面的章节里,我们将一步一步地分析和探讨如何对现有的理论作适当的修改和补充,以得到我们希望的一致性.

1.2 何为相对论与量子物理融合的正确理论

为了使我们清楚 Weinberg 的结论的由来且便于讨论分析,这里先将其书中的有关内容重述一下.

在量子理论发展的初期,已有不少工作要把相对论同量子物理融合在一起,但没有将电子自旋从一开始就考虑进去的彻底的相对论性理论.这一理论由 Dirac 得到.在那里他没有简单地给出有自旋的电子的相对论性理论,而是用一个今天看起来有点稀奇的方程去靠近.今天来看,会问为什么只选择自旋为$\frac{\hbar}{2}$的粒子而不是我们知道的有各种自旋的粒子.原因可能是当时以为,物质只由电子和(原子中的)正电荷组成.如果是这样,则现在可以这样问:为什么物质的基本组分是自旋$\frac{\hbar}{2}$的粒子?对 Dirac 来讲,他的工作的关键在于要求概率为正.在非相对论性的 Schrödinger 方程中,概率(密度)是$|\psi|^2$ 并满足连续性方程

$$\frac{\partial}{\partial t}(|\psi|^2) - \frac{\mathrm{i}\hbar}{2m}\nabla\cdot(\psi^*\nabla\psi - \psi\nabla\psi^*) = 0 \tag{1.2.1}$$

使$|\psi|^2$ 的空间积分与时间无关.另一方面,概率 ρ 和流 $\boldsymbol{J}$ 应满足连续性方程,同时相

对论性要求其符合 Klein-Gordon 方程，即应有

$$\frac{\partial \rho}{\partial t} + \nabla \cdot \boldsymbol{J} = 0 \tag{1.2.2}$$

$$\rho = N\mathrm{Im}\psi^* \left(\frac{\partial}{\partial t} - \frac{\mathrm{i}e\phi}{\hbar}\right)\psi \tag{1.2.3}$$

$$\boldsymbol{J} = Nc^2\mathrm{Im}\psi^* \left(\nabla + \frac{\mathrm{i}e\boldsymbol{A}}{\hbar}\right)\psi \tag{1.2.4}$$

其结果是不论有无外势 $\phi, \boldsymbol{A}, \rho$ 都不能正定，即不能将 ρ 作为概率来看待，这是 Dirac 认定需解决的关键. 1928 年，Dirac 看出 Klein-Gordon 方程给出负概率是因为在方程中含有的波函数微商是对时间的二次微商，所以他认为应如非相对论性的 Schrödinger 方程那样只含波函数的一次微商，为此他假定有一个多分量的波函数满足如下形式的方程：

$$\mathrm{i}\hbar\frac{\partial \psi}{\partial t} = \mathscr{H}\psi \tag{1.2.5}$$

其中 $\mathscr{H}$ 是一个含空间导数的矩阵函数. 为了满足 Lorentz 不变性，$\mathscr{H}$ 应亦是包含空间的一次导数的形式，即

$$\mathscr{H} = -\mathrm{i}\hbar c\boldsymbol{\alpha} \cdot \nabla + \alpha_4 mc^2 \tag{1.2.6}$$

对式(1.2.5)再作一次对时间的微商，有

$$\begin{aligned} -\hbar^2\frac{\partial^2 \psi}{\partial t^2} &= \mathscr{H}^2\psi \\ &= -\hbar^2 c^2 \alpha_i\alpha_j \frac{\partial^2 \psi}{\partial x_i \partial x_j} - \mathrm{i}\hbar mc^3(\alpha_i\alpha_4 + \alpha_4\alpha_i)\frac{\partial \psi}{\partial x_i} + m^2c^4\alpha_4^2\psi \end{aligned}$$

这时如要回到式(1.2.1)，则应满足

$$\alpha_i\alpha_j + \alpha_j\alpha_i = 2\delta_{ij}I \tag{1.2.7}$$

$$\alpha_i\alpha_4 + \alpha_4\alpha_i = 0 \tag{1.2.8}$$

$$\alpha_4^2 = I \tag{1.2.9}$$

这些矩阵的一种表示如下：

$$\alpha_1 = \begin{pmatrix} 0 & 0 & 0 & 1 \\ 0 & 0 & 1 & 0 \\ 0 & 1 & 0 & 0 \\ 1 & 0 & 0 & 0 \end{pmatrix}, \quad \alpha_2 = \begin{pmatrix} 0 & 0 & 0 & -\mathrm{i} \\ 0 & 0 & \mathrm{i} & 0 \\ 0 & -\mathrm{i} & 0 & 0 \\ \mathrm{i} & 0 & 0 & 0 \end{pmatrix}$$

$$\alpha_3 = \begin{pmatrix} 0 & 0 & 1 & 0 \\ 0 & 0 & 0 & -1 \\ 1 & 0 & 0 & 0 \\ 0 & -1 & 0 & 0 \end{pmatrix}, \quad \alpha_4 = \begin{pmatrix} 1 & 0 & 0 & 0 \\ 0 & 1 & 0 & 0 \\ 0 & 0 & -1 & 0 \\ 0 & 0 & 0 & -1 \end{pmatrix} \tag{1.2.10}$$

为了表明形式是 Lorentz 不变的,Dirac 将式(1.2.5)左乘 α_4,表示为

$$\left(\hbar c\gamma^{\mu} \frac{\partial}{\partial x_{\mu}} + mc^2\right)\psi = 0 \tag{1.2.11}$$

其中($x^0 = ct$)

$$\boldsymbol{\gamma} \equiv -\mathrm{i}\alpha_4\boldsymbol{\alpha}, \quad \gamma^0 \equiv -\mathrm{i}\alpha_4 \tag{1.2.12}$$

它们满足反对易关系

$$\frac{1}{2}(\gamma^{\mu}\gamma^{\nu} + \gamma^{\nu}\gamma^{\mu}) = \eta^{\mu\nu} = \begin{cases} +1 & (\mu,\nu = 1,2,3) \\ -1 & (\mu = \nu = 0) \\ 0 & (\mu \neq \nu) \end{cases} \tag{1.2.13}$$

Dirac 证明式(1.2.11)是 Lorentz 不变的,根据是:

① 如有 Lorentz 变换,$x^{\mu} \to \Lambda^{\mu}_{\nu}x^{\nu}$.

② 波函数应作变换 $\psi \to S(\Lambda)\psi$.

③ γ^{μ} 的变换是 $\Lambda^{\mu}_{\nu}\gamma^{\nu} = S^{-1}(\Lambda)\gamma^{\mu}S(\Lambda)$.

为了考虑电子在任意外电磁场中的行为,他按通常的平移办法:

$$\mathrm{i}\hbar\frac{\partial}{\partial t} \to \mathrm{i}\hbar\frac{\partial}{\partial t} + e\phi, \quad -\mathrm{i}\hbar\nabla \to -\mathrm{i}\hbar\nabla + \frac{e}{c}\boldsymbol{A} \tag{1.2.14}$$

……

至此达到了 Dirac 想达到的目的.由式(1.2.5)得出

$$\frac{\partial\rho}{\partial t} + \nabla\cdot\boldsymbol{J} = 0 \tag{1.2.15}$$

其中

$$\rho = |\psi|^2, \quad \boldsymbol{J} = c\psi^\dagger \alpha \psi \tag{1.2.16}$$

现在正定的量$|\psi|^2$便可解释为概率了.

然而又出现了另一个困难:对于给定动量 $\boldsymbol{p}$,方程(1.2.5)有四个平面波形式的解:

$$\psi \propto \exp\left[\frac{\mathrm{i}}{\hbar}(\boldsymbol{p}\cdot\boldsymbol{x} - Et)\right] \tag{1.2.17}$$

两个 $E = +\sqrt{p^2c^2 + m^2c^4}$ 的解对应于电子的两个自旋态 $J_z = \pm\frac{\hbar}{2}$,而两个 $E = -\sqrt{p^2c^2 + m^2c^4}$ 的解没有物理解释.

1928 年,Dirac 在他的文章中指出在相对论量子理论中电子从正能态可以通过辐射两个或更多光子落到负能态上.那么物质还会稳定吗?

Dirac 为解决这一困难,提出了如下的思路,他从原子物理的研究成果中得到了启发:

元素周期表及 X 射线谱揭示了电子在原子能级上布居的花样.由主量子数 n 标示的一个壳层上布居的电子的最大数目 N_n 为

$$N_n = 2\sum_{l=0}^{n-1}(2l+1) = 2n^2 = 2,8,18,\cdots \tag{1.2.18}$$

为解释这一规律,要用到 1925 年 Pauli 提出的一个原理:如果存在一个神秘的"不相容原理"禁止两个以上的电子占据同一个态,则式(1.2.18)便可得到解释(公式右边前面的 2 来自自旋的两个取向).这一原理被 Fermi 和 Dirac 应用于统计中.这一原理成功地回答了 Bohr 和 Sommerfeld 的旧原子理论存在的这样的问题:为什么重原子中的电子不都下降到最低能量的壳层去?后来 Pauli 不相容原理被一些作者归纳为要求多电子系的波函数在坐标自旋空间是反称的,并称这种粒子为"费米子".而如光子那样的波函数是对称的粒子叫"玻色子".

[这里讲光子波函数.][①]

根据以上研究,Dirac 的建议是电子不能降到负能态是因为所有负能态除了少量

① 为了便于表达和讨论对本书的主题"是否存在一个统一的量子理论"的不同看法,在转述 Weinberg 的较长评论时,我们在不同的地方加上了带方括号的一些看法,其目的是在这些地方表示出一些本书作者可能对他的观点的不同看法,供读者去思索.下面还有若干这样的带方括号的文字,含义亦是这样.

小速度的态外全被占据，而那少量的空态或“空穴”在负能态海里像具有相反量子数的粒子，具有正能与正电荷.当时只知道具有正电荷的粒子有质子，因此 Dirac 就把这些空穴当作质子，所以 Dirac 的论文题目叫作“电子和质子的理论”.

空穴理论面临的一个直接的困难是那些无处不在的负能电子具有无限的电荷密度，它产生的电场在何处？Dirac 建议把 Maxwell 方程中的电荷密度解释为与物理世界的电的正常状态的偏离.另一困难是电子与质子在质量上的显著不相等会表现为相互作用上的显著差别.Dirac 希望改变电子间的库仑相互作用来适应这种差异，但 Weyl 证明正、负电荷在空穴理论中是完全对称的.最后，Dirac 指出存在电子-质子的湮灭过程，过程中一个正能电子碰到一个负能电子海中的空穴并溶入其中，放出一对光子.从理论本身来讲这不是困难.然而不久 Oppenheimer 和 Tamm 指出，如此一来，原子中的电子和质子的湮灭率会很高，和观察到的普通物质的稳定性不相符.1931 年，Dirac 改变了想法，认为空穴不是质子而是带正电荷、质量与电子一样的另一种粒子.

Anderson 于 1932 年在宇宙射线中发现正电子，证实了 Dirac 的预期，加上 Dirac 方程揭示了电子磁矩的存在以及氢的精细结构，使得 Dirac 理论保持了 60 年的声誉.虽然不用怀疑这一理论在未来物理理论中仍将以某种形式存在，但有更严谨的理由认为它的原始理论基础是不足的.因为：

① 尽管实验证实了正电子存在，但不能说明负能海的假定成立.

② 原始的理论基础需要修正.这一点和我们的看法一致.

下面是 Weinberg 对 Dirac 理论的评论，可以更具体地体现上述两点：

(1) Dirac 分析 Schrödinger 相对论波方程中的负概率问题似乎将零自旋粒子的存在给否定了.但早在 1920 年人们就已知道零自旋——例如基态的氢原子和氦核.当然，可能说氢原子和 α 粒子都不是基本粒子，不需要用相对论波方程去描述，不过一直不清楚的是“基本”的概念如何与相对论量子力学相结合.今天我们知道一大批自旋为零的粒子：π 介子、K 介子，等等，其基本性不亚于质子和中子.我们亦知道自旋为 1 的粒子 $W^{\pm}$ 和 Z^0，它们和电子及其他粒子从“基本性”来看是一样的.进一步讲，除去强作用的效应，我们今天亦可以有“介子原子”的精细结构，它由 π 介子或 K 介子束缚于一个原子核而成，可用 Klein-Gordon-Schrödinger 方程求稳态解.因此很难说零自旋的相对论方程有什么基本性的错误，必须去发展 Dirac 方程——问题只是电子自旋恰好是 $\frac{\hbar}{2}$，而不是零.

[Dirac 和后来不少人都只认可 Dirac 方程对自旋$\frac{1}{2}$的粒子的“充分性”，并未认为其有“必要性”.]

(2) 现在我们知道任何粒子都有相同质量和相反电荷的“反粒子”. 然而，如何解释具有电荷的玻色子的反粒子的存在，如 $\pi^{\pm}$ 介子或 $W^{\pm}$ 粒子(一些纯中性粒子，如光子，正、反粒子合一)? 它们也可看作负能态海中的空穴吗? 按照 Bose-Einstein 统计，对于玻色子，这里没有不相容原理，无论负能态是占据的还是未占据的，都无法阻挡正能粒子掉下来. 如果空穴理论对玻色反粒子不适用，为什么我们相信它适用于费米子? 我在 1972 年以此来问 Dirac，他告诉我说他不认为介子或 $W^{\pm}$ 是“重要的”. 下一节将表明量子场论的发展使得反粒子作为空穴看待没有必要，不幸的是这一说法仍保留在许多教科书中.

(3) Dirac 理论的最大成功在于它正确地指出了电子的磁矩. 这一点很显著，因为如果将式(1.2.11)给出的磁矩认为是由带电的粒子做轨道运动形成的，则其角动量不是$\frac{\hbar}{2}$，它的磁矩只是式(1.2.11)给出的一半. Dirac 理论给出正确的电子磁矩，不过在 Dirac 的论证过程中还真的没有什么地方说清楚这一特定的磁矩值的由来. 当将电磁场加入到波方程中[式(1.2.11)]时，只能说可以加上一个具有任意系数 κ 的 Pauli 项：

$$\kappa\alpha_4[\gamma^{\mu},\gamma^{\nu}]\psi F_{\mu\nu} \tag{1.2.19}$$

($F_{\mu\nu}$是通常的电磁场张量. $F^{12}=B_3$，$F^{01}=E_1$，…)这一项的获得可以通过在自由场方程上加一个自然为零的$[\gamma^{\mu},\gamma^{\nu}]\left(\frac{\partial^2}{\partial x^{\mu}\partial x^{\nu}}\right)\psi$ 项，并如前那样作式(1.2.14)的代换. 更近代的方法是注意到式(1.2.19)与所有承认的不变性原理自洽，包括 Lorentz 不变性和规范不变性，因此没有理由将这一项排斥在场方程外. 这一项会对电子的磁矩加上正比于 κ 的贡献，因此除了要求形式上的简洁外，没有理由去预期 Dirac 理论中电子的磁矩值.

以上看到的这些问题在量子场论的发展中都会得到解决. 在 Weinberg 评论了 Dirac 的理论以后，他随即给出了量子场论是正确的量子理论的论证.

光子是粒子，但在它被发现是粒子前只知道是场. 自然就应当在量子场论的发展中首先将辐射作为第一例，然后再讨论其他.

1926 年，Born，Heisenberg 和 Jordan 将新方法应用于自由辐射场. 为简化计，忽略电磁波的极化并在一维情形下讨论，x 取 0 到 L 的有限范围. 如果辐射场 $u(x,t)$

在端点限制为零，则它与端点固定的弦的振动行为相同，它们的哈密顿量都取如下形式：

$$H = \frac{1}{2}\int_0^L \left[\left(\frac{\partial u}{\partial t}\right)^2 + c^2\left(\frac{\partial u}{\partial x}\right)^2\right]\mathrm{d}x \tag{1.2.20}$$

为了将积分化为求和，作 $x=0,L$ 时 $u=0$ 条件下的傅里叶变换：

$$u(x,t) = \sum_{k=1}^{\infty} q_k(t)\sin\frac{\omega_k x}{c} \tag{1.2.21}$$

$$\omega_k = \frac{k\pi c}{L} \tag{1.2.22}$$

得

$$H = \frac{L}{4}\sum_{k=1}^{\infty}\{\dot{q}_k^2(t) + \omega_k^2 q_k^2(t)\} \tag{1.2.23}$$

弦和场的行为如同角频率为 ω_k 的、互为独立的谐振子之和.

特别是 $q_k(t)$的正则共轭的动量 $p_k(t)$，像粒子力学一样，当 H 表示为 p 和 q 的函数时，有

$$\dot{q}_k(t) = \frac{\partial}{\partial p_k(t)}H(p(t),q(t))$$

给出

$$p_k(t) = \frac{L}{2}\dot{q}_k(t) \tag{1.2.24}$$

故在量子理论的框架下，其正则对易关系可表示为

$$[\dot{q}_k(t),q_j(t)] = \frac{2}{L}[p_k(t),q_j(t)] = -\frac{2\mathrm{i}\hbar}{L}\delta_{kj} \tag{1.2.25}$$

$$[q_k(t),q_j(t)] = 0 \tag{1.2.26}$$

$q_k(t)$对时间的依赖由哈密顿运动方程确定：

$$\ddot{q}_k(t) = \frac{2}{L}\dot{p}_k(t) = -\frac{2}{L}\frac{\partial H}{\partial q_k(t)} = -\omega_k^2 q_k(t) \tag{1.2.27}$$

式(1.2.25)～式(1.2.27)的矩阵形式已由 Born 得到，Heisenberg 和 Jordan 通过他们以前的工作，给出如下的关系：

$$q_k(t) = \sqrt{\frac{\hbar}{L\omega_k}}(a_k e^{-i\omega_k t} + a_k^\dagger e^{i\omega_k t}) \tag{1.2.28}$$

a_k 和它的厄米共轭 $a_k^\dagger$ 与时间无关,满足对易关系

$$[a_k, a_j^\dagger] = \delta_{kj} \tag{1.2.29}$$

$$[a_k, a_j] = 0 \tag{1.2.30}$$

$a_k, a_k^\dagger$ 矩阵的行、列由正整数 $n_1, n_2, \cdots$ 标示,其矩阵元为

$$(a_k)_{n_1', n_2', \cdots, n_1, n_2, \cdots} = \sqrt{n_k}\delta_{n_k' n_k - 1}\prod_{j \neq k}\delta_{n_j' n_j} \tag{1.2.31}$$

$$(a_k^\dagger)_{n_1', n_2', \cdots, n_1, n_2, \cdots} = \sqrt{n_k + 1}\delta_{n_k' n_k + 1}\prod_{j \neq k}\delta_{n_j' n_j} \tag{1.2.32}$$

单模时可表示为

$$a = \begin{pmatrix} 0 & \sqrt{1} & 0 & 0 & \cdots \\ 0 & 0 & \sqrt{2} & 0 & \cdots \\ 0 & 0 & 0 & \sqrt{3} & \cdots \\ 0 & 0 & 0 & 0 & \cdots \\ \vdots & \vdots & \vdots & \vdots & \end{pmatrix}, \quad a^\dagger = \begin{pmatrix} 0 & 0 & 0 & 0 & \cdots \\ \sqrt{1} & 0 & 0 & 0 & \cdots \\ 0 & \sqrt{2} & 0 & 0 & \cdots \\ 0 & 0 & \sqrt{3} & 0 & \cdots \\ \vdots & \vdots & \vdots & \vdots & \end{pmatrix}$$

可证式(1.2.31)和式(1.2.32)满足式(1.2.29)和式(1.2.30),这些关系的物理意义可以作如下解释:

① k 标示模式,n_k 指的是 n_k 个量子.

② a_k 湮灭一个 k 模量子,$a_k^\dagger$ 产生一个 k 模量子.

③ $k=0$ 的模式是真空,a_k 对之作用后为零.

将式(1.2.28)和式(1.2.29)代入式(1.2.23),得

$$H = \sum_k \hbar\omega_k\left(a_k^\dagger a_k + \frac{1}{2}\right) \tag{1.2.33}$$

在 n 表示中哈密顿量对角化:

$$(H)_{n_1', n_2', \cdots, n_1, n_2, \cdots} = \sum_k \hbar\omega_k\left(n_k + \frac{1}{2}\right)\prod_j \delta_{n_j' n_j} \tag{1.2.34}$$

Born,Heisenberg 和 Jordan 用这一形式计算了黑体辐射的能量涨落,并用它计算了更为紧要的自发辐射的辐射率.

Born 和 Jordan 假定一个原子从态 β 下降到低态 α 时放出的辐射像经典荷振子在位移为

$$\boldsymbol{r}(t) = \boldsymbol{r}_{\beta\alpha}\mathrm{e}^{-2\pi\mathrm{i}\nu t} + \boldsymbol{r}_{\beta\alpha}^{*}\mathrm{e}^{2\pi\mathrm{i}\nu t} \tag{1.2.35}$$

时的辐射，其中

$$h\nu = E_{\beta} - E_{\alpha} \tag{1.2.36}$$

$\boldsymbol{r}_{\beta\alpha}$是与电子位置相关的$\beta$，$\alpha$ 矩阵元，振子的能量为

$$E = \frac{1}{2}m(\dot{\boldsymbol{r}}^2 + (2\pi\nu)^2\boldsymbol{r}^2) = 8\pi^2 m\nu^2 \mid \boldsymbol{r}_{\beta\alpha} \mid^2 \tag{1.2.37}$$

直接算出它的（经典的）辐射功率，除以光子的能量 $h\nu$ 得到光子的辐射率：

$$A(\beta \to \alpha) = \frac{16\pi^3 e^2 \nu^3}{3hc^3} \mid \boldsymbol{r}_{\beta\alpha} \mid^2 \tag{1.2.38}$$

不过，不清楚的是为什么一个经典的偶极子可以用来讨论自发辐射.

1927 年，Dirac 用量子力学处理自发辐射. 将矢量势 $\boldsymbol{A}(\boldsymbol{x}, t)$如式(1.2.21)那样用正规模展开. 其系数满足式(1.2.25)那样的对易关系. 将自由辐射场用一组$\{n_k\}$来标示. 电磁作用 $e\dot{\boldsymbol{r}}\boldsymbol{A}$ 取正规模的求和，其系数正比于式(1.2.29)～式(1.2.32)中定义的 a_k 与$a_k^{\dagger}$ 矩阵，而关键的结果是式(1.2.32)中的因子$\sqrt{n_k+1}$，在 k 模中由n_k 上升到 n_k+1 时转移率正比于这个因子的平方，即 n_k+1. 但是在模式 k 中单位频率间隔里 n_k 个光子的能量密度是

$$u(\nu_k) = \frac{8\pi\nu_k^2}{c^3}n_k \times h\nu_k$$

故正规模的辐射率正比于

$$n_k + 1 = \frac{c^3 u(\nu_k)}{8\pi h\nu_k^3} + 1 \tag{1.2.39}$$

第一项可解释为受激辐射，而第二项就是自发辐射. 于是 Dirac 不求助于热力学，亦能得到受激辐射率 B 与自发辐射率A 之间的 Einstein 关系：

$$A(\beta \to \alpha) = \frac{8\pi h\nu^3}{c^3}B(\beta \to \alpha) \tag{1.2.40}$$

Dirac 的工作中将辐射场 $\boldsymbol{A}$ 与静态 Coulomb 势 A^0 分开了. 它没有保持明显的

Lorentz 不变性和规范不变性. 1932 年,费米对这一工作作了改进,他使用 q 和 p 的正则对易关系或 a 与 $a^\dagger$ 的对易亦会表现出量子理论中的 Lorentz 不变性. 1928 年, Jordan 和 Pauli 证明场的不同时空点的对易子是 Lorentz 不变的. 迟一些时候, Bohr 和 Rosenfeld 用一些精巧的理想实验来验证时间分隔开的两个时空点的场的测量受制于对易关系.

[这正说明在量子力学的框架内产生、湮灭及自发辐射都已经有了.]

电磁场成功量子化后不久,就将这样的做法应用到其他的场. 首先这被看作"二次量子化",其中被量子化的场是量子力学中的单粒子波函数,如电子的 Dirac 波函数. 在这一方向上的第一步是 1927 年由 Jordan 迈出的. 1928 年, Jordan 和 Wigner 补充了实质的因素,他们理解 Pauli 不相容原理阻止任一正规模 k(自旋和位置)上的数目取除 0 或 1 外的任何数. 故电子场不能作为满足式(1.2.29)的算符来展开,因为这种对易关系要求 n_k 取从 0 到 ∞ 的所有整数. 他们建议电子场虽然应该是 a_k, $a_k^\dagger$ 算符的求和展开,但它们满足的对易关系如下:

$$a_k a_j^\dagger + a_j^\dagger a_k = \delta_{jk} \tag{1.2.41}$$

$$a_k a_j + a_j a_k = 0 \tag{1.2.42}$$

[① Weinberg 已把 Jordan 和 Wigner 的原文论证改了,从保证平移对称改为保证 Pauli 不相容原理.

② 同一模式才与 Pauli 不相容原理扯得上关系,不同模式一点关系亦没有. 它们之间的独立性和对易关系与玻色子、费米子无关.

③ 其实用一个产生、湮灭算符来标示费米子是很不合理的,它的外部自由度和玻色子没什么两样. 不用对易关系,按下面要讲的表述理论 $(x, p) \sim (a, a^\dagger)$, x 能取空间的任意值,这一结果用式(1.2.41)和式(1.2.42)得不出来. 其次是外部自由度和内部自由度(自旋)各自满足的对易关系不同.

④ 使用 $a(k, \sigma)$, $a^\dagger(k, \sigma)$ 来表示费米子不恰当. 原子物理中表示这样的物理系统的状态已给出,为 $\psi(x_1, x_2)(|\uparrow\rangle_1 |\downarrow\rangle_2 - |\downarrow\rangle_1 |\uparrow\rangle_2)$(其中 ψ 对称)和 $\phi(x_1, x_2) \cdot (|\uparrow\rangle_1 |\downarrow\rangle_2 + |\downarrow\rangle_1 |\uparrow\rangle_2)$(其中 ϕ 反对称),它们和式(1.2.41)、式(1.2.42)都不协调.]

这一关系可以由如下的矩阵满足:

$$(a_k)_{n_1', n_2', \cdots, n_1, n_2, \cdots} = \begin{cases} 1 & (n_k' = 0, n_k = 1, n_j' = n_j, j \neq k) \\ 0 & (\text{其他}) \end{cases} \tag{1.2.43}$$

$$(a_k^\dagger)_{n_1',n_2',\cdots,n_1,n_2,\cdots} = \begin{cases} 1 & (n_k' = 1, n_k = 0, n_j' = n_j, j \neq k) \\ 0 & (\text{其他}) \end{cases} \tag{1.2.44}$$

单模情况中 $a, a^\dagger$ 可表示为如下的矩阵形式：

$$a = \begin{pmatrix} 0 & 0 \\ 1 & 0 \end{pmatrix}, \quad a^\dagger = \begin{pmatrix} 0 & 1 \\ 0 & 0 \end{pmatrix}$$

其中 n_k 表示的是 k 模式上的量子数为 n_k，由于 Pauli 不相容原理，n_k 只能取 0 和 1. Fierz 和 Pauli 后来(1939,1940)证明粒子满足对易关系还是反对易关系完全由粒子的自旋决定(半整数—反对易，整数—对易).

普遍的量子场论见于 1929 年 Heisenberg 和 Pauli 的文章，他们的出发点是场的正则形式，而不是场的正规模式的系数. 他们将 L 写成场的时空导数的定域函数的空间积分. 然后由 $\int L\mathrm{d}t$ 应当是稳定的来导出场方程. 对易关系决定于：拉格朗日量对场的时间导数的变分像"动量"那样.

对于自由的复标量场，其拉格朗日量取为

$$L = \int \mathrm{d}^3 x \left[\dot{\phi}^\dagger \dot{\phi} - c^2 (\nabla\phi)^\dagger \cdot (\nabla\phi) - \left(\frac{mc^2}{\hbar}\right)^2 \phi^\dagger \phi \right] \tag{1.2.45}$$

如让 $\phi(x)$ 有一个无限小的变分 $\delta\phi(x)$，则 L 改变一个量为

$$\begin{aligned} \delta L = \int \mathrm{d}^3 x \Big[& \dot{\phi}^\dagger \delta\dot{\phi} + \dot{\phi}\delta\dot{\phi}^\dagger - c^2\, \nabla\phi^\dagger \cdot \nabla\delta\phi - c^2\, \nabla\phi \cdot \nabla\delta\phi^\dagger \\ & - \left(\frac{mc^2}{\hbar}\right)^2 \phi^\dagger \delta\phi - \left(\frac{mc^2}{\hbar}\right)^2 \phi\delta\phi^\dagger \Big] \end{aligned} \tag{1.2.46}$$

在用稳定作用量原理时，假定场的变分在时空的积分边界处为零. 因此计算作用量 $\int L\mathrm{d}t$ 的变分时可用分部积分得

$$\begin{aligned} \delta\left(\int L\mathrm{d}t\right) &= \int L(\phi + \delta\phi)\mathrm{d}t - \int L(\phi)\mathrm{d}t \\ &= c^2 \int \mathrm{d}^4 x \left[\delta\phi^\dagger \left(\Box - \left(\frac{mc}{\hbar}\right)^2\right)\phi + \delta\phi\left(\Box - \left(\frac{mc}{\hbar}\right)^2\right)\phi^\dagger \right] \end{aligned}$$

由于对任意 $\delta\phi$ 和 $\delta\phi^\dagger$ 应为零，故 ϕ 满足熟悉的相对论性波方程

$$\left[\Box - \left(\frac{mc}{\hbar}\right)^2\right]\phi = 0 \tag{1.2.47}$$

相应的共轭正则动量为

$$\pi \equiv \frac{\partial L}{\partial \dot{\phi}} = \dot{\phi}^{\dagger} \tag{1.2.48}$$

$$\pi^{\dagger} \equiv \frac{\partial L}{\partial \dot{\phi}^{\dagger}} = \dot{\phi} \tag{1.2.49}$$

场变量满足的对易关系(Kronecker 符号→δ 函数)为

$$[\pi(\boldsymbol{x},t),\phi(\boldsymbol{y},t)] = [\pi^{\dagger}(\boldsymbol{x},t),\phi^{\dagger}(\boldsymbol{y},t)] = -\mathrm{i}\hbar\delta^{3}(\boldsymbol{x}-\boldsymbol{y}) \tag{1.2.50}$$

$$[\pi(\boldsymbol{x},t),\phi^{\dagger}(\boldsymbol{y},t)] = [\pi^{\dagger}(\boldsymbol{x},t),\phi(\boldsymbol{y},t)] = 0 \tag{1.2.51}$$

$$\begin{aligned}[\pi(\boldsymbol{x},t),\pi(\boldsymbol{y},t)] &= [\pi^{\dagger}(\boldsymbol{x},t),\pi^{\dagger}(\boldsymbol{y},t)] \\ &= [\pi(\boldsymbol{x},t),\pi^{\dagger}(\boldsymbol{y},t)] = 0\end{aligned} \tag{1.2.52}$$

$$\begin{aligned}[\phi(\boldsymbol{x},t),\phi(\boldsymbol{y},t)] &= [\phi^{\dagger}(\boldsymbol{x},t),\phi^{\dagger}(\boldsymbol{y},t)] \\ &= [\phi(\boldsymbol{x},t),\phi^{\dagger}(\boldsymbol{y},t)] = 0\end{aligned} \tag{1.2.53}$$

哈密顿量为

$$H = \int \mathrm{d}^{3}x[\pi\dot{\phi} + \pi^{\dagger}\dot{\phi}^{\dagger}] - L \tag{1.2.54}$$

利用式(1.2.45),式(1.2.48)和式(1.2.49)得

$$H = \int \mathrm{d}^{3}x\left[\pi^{\dagger}\pi + c^{2}(\nabla\phi)^{\dagger}\cdot(\nabla\phi) + \frac{m^{2}c^{4}}{\hbar^{2}}\phi^{\dagger}\phi\right] \tag{1.2.55}$$

这里还留下一个 Dirac 负能海和空穴的问题.此后于 1932 年正电子被发现.于是空穴的概念被用来在低阶微扰下计算正、负电子对的产生及散射.

……

1933—1934 年间,Fock,Furry 和 Oppenheimer 将 Dirac 空穴理论和量子场论等价起来.用现代的思想,他们试图将电子场构建为与电磁场或 Born-Heisenberg-Jordan 场(式(1.2.21))类似.由于电子带电荷,我们不把湮灭和产生算符混合起来,而将场表示为

$$\psi(x) = \sum_{k} u_{k}(\boldsymbol{x})\mathrm{e}^{-\mathrm{i}\omega_{k}t}a_{k} \tag{1.2.56}$$

其中 $u_{k}(\boldsymbol{x})\mathrm{e}^{-\mathrm{i}\omega_{k}t}$ 是正交归一平面波的完备集(k 标示三维动量,自旋和正负能分量):

$$\mathscr{H}u_{k} = \hbar\omega_{k}u_{k} \tag{1.2.57}$$

$$\mathscr{H} \equiv -\mathrm{i}\hbar c\boldsymbol{\alpha}\cdot\nabla + \alpha_4 mc^2 \tag{1.2.58}$$

$$\int u_k^\dagger u_l \mathrm{d}^3 x = \delta_{kl} \tag{1.2.59}$$

a_k 是满足式(1.2.41)和式(1.2.42)反对易关系的湮灭算符.按照 Heisenberg 和 Pauli 的正则量子化或"二次量子化"的思想,用式(1.2.56)的量子化场代替波函数计算 $\mathscr{H}$ 的"期待值":

$$H = \int \mathrm{d}^3 x \psi^\dagger \mathscr{H} \psi = \sum_k \hbar\omega_k a_k^\dagger a_k \tag{1.2.60}$$

当然,这里出现的麻烦在于它不是正定的算符——有一半 ω_k 是负的,而 $a_k^\dagger a_k$ 只取正本征值 1 和 0.为了弥补这一缺陷,Furry 和 Oppenheimer 拾起正电子是没有负能的电子的思想,而且由于反对易关系中产生和湮灭算符是对称的,因此定义正电子的产生与湮灭算符为负能电子的湮灭和产生算符:

$$b_k^\dagger \equiv a_k, \quad b_k \equiv a_k^\dagger \quad (\omega_k < 0) \tag{1.2.61}$$

b 中的标示 k 与原来模中的 k 的动量和自旋相反.Dirac 场式(1.2.56)表示为

$$\psi(x) = \sum_k^{(+)} a_k u_k(x) + \sum_k^{(-)} b_k^\dagger u_k(x) \tag{1.2.62}$$

其中 $\sum^{(+)}$ 和 $\sum^{(-)}$ 分别指对 $\omega_k>0$ 和 $\omega_k<0$ 的正规模 k 求和,$u_k(x) \equiv u_k(\boldsymbol{x})\cdot \mathrm{e}^{-\mathrm{i}\omega_k t}$.类似地,由 a 和 b 可将式(1.2.60)表示为

$$H = \sum_k^{(+)} \hbar\omega_k a_k^\dagger a_k + \sum_k^{(-)} \hbar|\omega_k| b_k^\dagger b_k + E_0 \tag{1.2.63}$$

其中 E_0 是一个无穷的 c 数:

$$E_0 = -\sum_k^{(-)} \hbar|\omega_k| \tag{1.2.64}$$

为了更符合他们的思想,定义物理的真空 Ψ_0 为没有电子亦没有正电子的态,即

$$a_k \Psi_0 = 0 \quad (\omega_k > 0) \tag{1.2.65}$$

$$b_k \Psi_0 = 0 \quad (\omega_k < 0) \tag{1.2.66}$$

由式(1.2.63)给出真空 Ψ_0 的能量为 E_0.一个态的物理的能量应该是与真空的差,因此物理的能量算符是 $H - E_0$,因而是正定的.

自旋为零的带电粒子的负能态问题在 1934 年被 Pauli 和 Weisskopf 解决了.这

里的产生和湮灭算符满足的是对易关系，而不是反对易关系，不能自由地交换两者的角色，应当回到用正则形式决定不同模式的系数与安排产生和湮灭算符.

他们在一个体积 $V=L^3$ 的空间里将自由的带电标量场展开：

$$\phi(\boldsymbol{x},t)=\frac{1}{\sqrt{V}}\sum_k p(\boldsymbol{k},t)\mathrm{e}^{-\mathrm{i}\boldsymbol{k}\cdot\boldsymbol{x}} \tag{1.2.67}$$

这里在指数上加了一个负号，故式(1.2.48)成为

$$p(\boldsymbol{k},t)=\dot{q}^{\dagger}(\boldsymbol{k},t) \tag{1.2.68}$$

傅里叶变换表达为

$$q(\boldsymbol{k},t)=\frac{1}{\sqrt{V}}\int\mathrm{d}^3x\phi(\boldsymbol{x},t)\mathrm{e}^{-\mathrm{i}\boldsymbol{k}\cdot\boldsymbol{x}} \tag{1.2.69}$$

$$p(\boldsymbol{k},t)=\frac{1}{\sqrt{V}}\int\mathrm{d}^3x\pi(\boldsymbol{x},t)\mathrm{e}^{+\mathrm{i}\boldsymbol{k}\cdot\boldsymbol{x}} \tag{1.2.70}$$

因此 q 和 p 的正则对易关系式(1.2.50)～式(1.2.53)给出为

$$[p(\boldsymbol{k},t),q(\boldsymbol{l},t)]=\frac{-\mathrm{i}\hbar}{V}\int\mathrm{d}^3x\mathrm{e}^{\mathrm{i}\boldsymbol{k}\cdot\boldsymbol{x}}\mathrm{e}^{\mathrm{i}\boldsymbol{l}\cdot\boldsymbol{x}}=-\mathrm{i}\hbar\delta_{kl} \tag{1.2.71}$$

$$\begin{aligned}[p(\boldsymbol{k},t),q^{\dagger}(\boldsymbol{l},t)]&=[p(\boldsymbol{k},t),p(\boldsymbol{l},t)]=[p(\boldsymbol{k},t),p^{\dagger}(\boldsymbol{l},t)]\\&=[q(\boldsymbol{k},t),q(\boldsymbol{l},t)]=[q(\boldsymbol{k},t),q^{\dagger}(\boldsymbol{l},t)]=0\end{aligned} \tag{1.2.72}$$

将式(1.2.67)代入式(1.2.55)的哈密顿量，则有

$$H=\sum_k[p^{\dagger}(\boldsymbol{k},t)p(\boldsymbol{k},t)+\omega_k^2q^{\dagger}(\boldsymbol{k},t)q(\boldsymbol{k},t)] \tag{1.2.73}$$

其中

$$\omega_k^2\equiv c^2\boldsymbol{k}^2+\left(\frac{mc^2}{\hbar}\right)^2 \tag{1.2.74}$$

再根据式(1.2.73)的哈密顿方程有

$$\dot{p}(\boldsymbol{k},t)=-\frac{\partial H}{\partial q(\boldsymbol{k},t)}=-\omega_k^2q^{\dagger}(\boldsymbol{k},t)=\ddot{q}^{\dagger}(\boldsymbol{k},t) \tag{1.2.75}$$

得到了式(1.2.47)的 Klein-Gordon-Schrödinger 波方程. Pauli 和 Weisskopf 再将 p 和 q 用湮灭、产生算符 $a,b,a^{\dagger},b^{\dagger}$ 展开，使之满足对易关系式(1.2.71)和式(1.2.72)

以及动力方程(1.2.68)和(1.2.75)：

$$q(\boldsymbol{k},t)=\mathrm{i}\sqrt{\frac{\hbar}{2\omega_k}}\left[a(\boldsymbol{k})\mathrm{e}^{-\mathrm{i}\omega_k t}-b^{\dagger}(\boldsymbol{k})\mathrm{e}^{\mathrm{i}\omega_k t}\right] \tag{1.2.76}$$

$$p(\boldsymbol{k},t)=\mathrm{i}\sqrt{\frac{\hbar\omega_k}{2}}\left[b(\boldsymbol{k})\mathrm{e}^{-\mathrm{i}\omega_k t}+a^{\dagger}(\boldsymbol{k})\mathrm{e}^{\mathrm{i}\omega_k t}\right] \tag{1.2.77}$$

其中

$$[a(\boldsymbol{k}),a^{\dagger}(\boldsymbol{l})]=[b(\boldsymbol{k}),b^{\dagger}(\boldsymbol{l})]=\delta_{kl} \tag{1.2.78}$$

$$[a(\boldsymbol{k}),a(\boldsymbol{l})]=[b(\boldsymbol{k}),b(\boldsymbol{l})]=0 \tag{1.2.79}$$

$$\begin{aligned}[a(\boldsymbol{k}),b(\boldsymbol{l})]&=[a(\boldsymbol{k}),b^{\dagger}(\boldsymbol{l})]=[a^{\dagger}(\boldsymbol{k}),b(\boldsymbol{l})]\\&=[a^{\dagger}(\boldsymbol{k}),b^{\dagger}(\boldsymbol{l})]=0\end{aligned} \tag{1.2.80}$$

① 利用以上各式可证式(1.2.71),式(1.2.72),式(1.2.68),式(1.2.75)成立.

② 场表示为

$$\phi(\boldsymbol{x},t)=\frac{\mathrm{i}}{\sqrt{V}}\sum_k\sqrt{\frac{\hbar}{2\omega_k}}\left[a(\boldsymbol{k})\mathrm{e}^{\mathrm{i}(\boldsymbol{k}\cdot\boldsymbol{x}-\omega_k t)}-b^{\dagger}(-\boldsymbol{k})\mathrm{e}^{-\mathrm{i}(\boldsymbol{k}\cdot\boldsymbol{x}+\omega_k t)}\right] \tag{1.2.81}$$

③ 哈密顿量式(1.2.73)为

$$\begin{aligned}H&=\sum_k\frac{1}{2}\hbar\omega_k\left[b^{\dagger}(\boldsymbol{k})b(\boldsymbol{k})+b(\boldsymbol{k})b^{\dagger}(\boldsymbol{k})+a^{\dagger}(\boldsymbol{k})a(\boldsymbol{k})+a(\boldsymbol{k})a^{\dagger}(\boldsymbol{k})\right]\\&=\sum_k\hbar\omega_k\left[b^{\dagger}(\boldsymbol{k})b(\boldsymbol{k})+a^{\dagger}(\boldsymbol{k})a(\boldsymbol{k})\right]+E_0\end{aligned} \tag{1.2.82}$$

其中

$$E_0\equiv\sum_k\hbar\omega_k \tag{1.2.83}$$

可得结论如下:① a,b 可以对应于粒子与反粒子(如有电荷).

② 但不像自旋为$\frac{1}{2}$的粒子那样,反粒子对应于负能海的空穴.

从以上摘录的 Weinberg 的书中的内容来看,可以总结出他的如下一些观点：

① Dirac 理论中必须引入负能海填满的假设不合物理逻辑,让人无法理解.

② 用负能海中的空穴来等效于反粒子只对自旋为$\frac{1}{2}$的粒子适用,对有整数自旋的玻色子不适用.因此粒子、反粒子的物理图像在 Dirac 的理论中不一致.

③ 量子场论的量子化方案不仅解决了自旋为$\frac{1}{2}$的粒子的负能态问题和反粒子

如何出现于理论中的问题(一个问题的两个方面),而且同样适用于带电玻色子.

④ Weinberg 由此得出了重要结论:把相对论与量子物理结合在一起,只有量子场论的理论体系是确定的,而 Dirac 理论存在内在的不自洽性.

思考一下上面的这些结论并加以分析,得到的一个很重要的启示是,现有的量子理论的确不是一个完全的、统一的理论,Weinberg 有关 Dirac 理论的讨论就是一个明证.目前传承的 Dirac 理论确实存在不自洽之处,量子场论从表观来看解决了 Dirac 理论的不足,但这样的理论中是否亦具有不自洽的地方仍然有待仔细探讨.这正是本书要去讨论的内容.尽力构建一个统一的量子理论就是我们现在努力的方向.

我们注意到原有的 Dirac 理论中还存在另一方面的疑难,让我们更能看到改善原有理论的必要性.不过在充分说明 Dirac 理论存在诸多缺欠后,是否一定如 Weinberg 的书中所说只有采用量子场论的方案才可以,这样的结论不一定成立.从后面的论证中我们将看到,这样的问题应当放在一个更广泛的、统一的量子理论框架下来思考.其将在以后的章节里逐步予以讨论.在本章最后,我们先来描述 Dirac 理论中的另一疑难.

1.3 Dirac 粒子颤动疑难

1. 为什么 Dirac 粒子有颤动

在 1.2 节中我们已叙述过 Dirac 将相对论与量子物理融合在一起后得到粒子的哈密顿量为

$$H = c\boldsymbol{\alpha} \cdot \hat{\boldsymbol{p}} + \beta mc^2 \tag{1.3.1}$$

从 H 的形式立刻可知$[\hat{\boldsymbol{p}}, H]=0$,即动量 $\hat{\boldsymbol{p}}$ 与哈密顿量对易,故动量 $\hat{\boldsymbol{p}}$ 是守恒量.其次再来看一下粒子的速度,即粒子的位置矢量的时间导数 $\hat{\boldsymbol{v}}=\dot{\hat{\boldsymbol{x}}}$.为简化计,考虑粒子沿 x_1 方向的速度分量 $\dot{\hat{x}}_1$,根据式(1.3.1)立即可得

$$\dot{\hat{x}}_1 = \frac{1}{\mathrm{i}\hbar}[\hat{x}_1, H] = \frac{1}{\mathrm{i}\hbar}c[\hat{x}_1, \boldsymbol{\alpha}\cdot\hat{\boldsymbol{p}}] = c\alpha_1 \tag{1.3.2}$$

Dirac 得到式(1.3.2)后看出将 $\dot{\hat{x}}_1$ 代入态矢去求期待值时，因 α_1 是一个本征值为 ±1 的矩阵，故知道在一般情况下粒子的速度是光速 c 的量级. 但是在实际的大多数情况下，观察到的 Dirac 粒子(电子)的速度远低于光速. 这样的情形应如何理解，Dirac 为此解释如下：由式(1.3.2)计算出的 $\langle\dot{x}_1\rangle$(期待值)是粒子的瞬时速度，我们观测到的速度不是这种瞬时速度. 在我们作实际的观测时，我们得到的和只能得到的是在一个小时段中粒子的平均速度. Dirac 告诉我们，粒子的瞬时速度随着时间在不停地快速变化，其中包含一个缓慢的恒定向前的部分和一个接近光速量级的在前进方向上来回振荡的部分. 由于我们实际观测的是一个小时段的平均速度，因此迅速振荡的部分在平均时被消掉了，只剩下缓慢恒定部分，因而实际观测的速度远小于光速.

为了证实他的物理阐释，Dirac 作了如下的证明：为确定起见，就来讨论 $\dot{\hat{x}}_1$，证明是在 Heisenberg 绘景中进行的. 将式(1.3.2)中的 α_1 对时间求微商得

$$\dot{\alpha}_1 = \frac{1}{\mathrm{i}\hbar}[\alpha_1, H]$$

或

$$\mathrm{i}\hbar\dot{\alpha}_1 = [\alpha_1, H] = \alpha_1 H - H\alpha_1 \tag{1.3.3}$$

由于 α_1 除了与 H 中 $c\alpha_1\hat{p}_1$ 这一项不对易外，和其余的项都反对易，故有

$$\alpha_1 H + H\alpha_1 = \alpha_1 c\alpha_1\hat{p}_1 + c\alpha_1\hat{p}_1\alpha_1 = 2\alpha_1^2 c\hat{p}_1 = 2c\hat{p}_1 \tag{1.3.4}$$

将式(1.3.4)代入式(1.3.3)得

$$\mathrm{i}\hbar\dot{\alpha}_1 = 2\alpha_1 H - 2c\hat{p}_1 = -2H\alpha_1 + 2c\hat{p}_1 \tag{1.3.5}$$

对上式作时间的微商，因 H 和动量 $\hat{p}_1$ 是守恒量，故它们对时间的导数为零，只剩下含 $\dot{\alpha}_1$ 的项：

$$\mathrm{i}\hbar\ddot{\alpha}_1 = 2\dot{\alpha}_1 H \tag{1.3.6}$$

上式可积，积分后得

$$\dot{\alpha}_1 = \dot{\alpha}_1^{(0)}\mathrm{e}^{-2\mathrm{i}Ht/\hbar} \tag{1.3.7}$$

其中 $\dot{\alpha}_1^{(0)}$ 是 $t=0$ 时的 $\dot{\alpha}_1$. 需注意的是 $\mathrm{e}^{-2\mathrm{i}Ht/\hbar}$ 必须放在 $\dot{\alpha}_1^{(0)}$ 的右边，这是因为在式

(1.3.6)中H在$\dot{\alpha}_1$的右边，而算符的顺序需要保持.由式(1.3.7)和式(1.3.5)得到

$$\alpha_1 = \frac{i\hbar}{2}\dot{\alpha}_1^{(0)} e^{-2iHt/\hbar} H^{-1} + c\hat{p}_1 H^{-1} \tag{1.3.8}$$

将式(1.3.8)代入式(1.3.2)，再对时间积分得

$$x_1 = -\frac{1}{4} c\hbar^2 \dot{\alpha}_1^{(0)} e^{-2iHt/\hbar} H^{-1} + c^2 \hat{p}_1 H^{-1} t + a_1 \tag{1.3.9}$$

至此 Dirac 完成了他的证明.有了具体的表示式后，可以把 Dirac 的颤动存在的物理意义讲得更清楚一些.

① 从式(1.3.9)清楚地看出粒子的位置随时间的变化分成两部分.一部分是第二项随t线性变化的部分，那是一个缓慢的(小的)恒速部分，即我们在实际观测中能测到的部分.

② 式(1.3.9)右方的第一项中含有振荡因子$e^{-2iHt/\hbar}H^{-1}$，它随时间在快速振荡，因此观测在一个小时段里的平均效果时，由于已包含许多次振荡而平均掉，这一部分被称为粒子的颤动.Dirac 指出这种颤动的频率特别高，振荡又特别小，在现有的实验技术水平上是观测不到的.这亦说明了至今在实验中并未直接观察到颤动的根由.

③ 在这里我们要提出一点质疑：我们知道量子理论已清楚地告诉我们观测物理量的值不是只靠算符，还需要相应的态矢，只有将算符代入态矢求期待值，才能和观测的物理量对应，因此我们自然要问：为什么 Dirac 不把态矢亦给出来，然后给出和观测对应的速度物理量呢？对于这一疑问，现在已无法从逝去的 Dirac 那里得到答案，不过我们可以想象的到.在下面对 Dirac 粒子颤动的原有理论的质疑中，可知事实上因为理论存在不自洽的地方，所以不排除 Dirac 曾经作过给出态矢的尝试，但遇到了困难，所以没有进行下去.这点在下面的讨论中可以看清楚.

2. Schrödinger 对颤动的物理解释

在谈到 Schrödinger 对 Dirac 粒子的颤动现象的物理解释之前，需要谈一下 Dirac 粒子的定态集.在式(1.3.1)中已给出了粒子的哈密顿量表示式，在那里还指出粒子的动量$\hat{\boldsymbol{p}}$和H对易，是守恒量，因此可以求出H与$\hat{\boldsymbol{p}}$的共同本征态的定态集，如将定态表示为

$$
|\rangle = \begin{pmatrix} \phi_1 \\ \phi_2 \\ \phi_3 \\ \phi_4 \end{pmatrix} e^{ip\cdot x/\hbar} = [u]e^{ip\cdot x/\hbar} \tag{1.3.10}
$$

把式(1.3.1)和式(1.3.10)代入定态方程

$$
H|\rangle = E|\rangle \tag{1.3.11}
$$

很容易便得出如下的四类解:

$$
E_{+(p)} = \sqrt{m^2c^4 + c^2p^2}, \quad S_z = \frac{\hbar}{2}, \quad [u_1] = \begin{pmatrix} 1 \\ 0 \\ \dfrac{cp}{mc^2 + E_+} \\ 0 \end{pmatrix}
$$

$$
E_{+(p)} = \sqrt{m^2c^4 + c^2p^2}, \quad S_z = -\frac{\hbar}{2}, \quad [u_2] = \begin{pmatrix} 0 \\ 1 \\ 0 \\ -\dfrac{cp}{mc^2 + E_+} \end{pmatrix}
$$

$$
E_{-(p)} = -\sqrt{m^2c^4 + c^2p^2}, \quad S_z = \frac{\hbar}{2}, \quad [u_3] = \begin{pmatrix} -\dfrac{cp}{mc^2 - E_-} \\ 0 \\ 1 \\ 0 \end{pmatrix}
$$

$$
E_{-(p)} = -\sqrt{m^2c^4 + c^2p^2}, \quad S_z = -\frac{\hbar}{2}, \quad [u_4] = \begin{pmatrix} 0 \\ \dfrac{cp}{mc^2 - E_-} \\ 0 \\ 1 \end{pmatrix}
$$

$$
\tag{1.3.12}
$$

有了这样的四类定态解后,对 Dirac 粒子的物理性质可以看得更清楚了.

(1) 按 Schrödinger 的解释,Dirac 粒子除了外部自由度(x_1,x_2,x_3),还有内部自

由度自旋,自旋算符定义为

$$\boldsymbol{S} = \frac{\hbar}{2}\boldsymbol{\Sigma}$$

$$\Sigma_i = -\frac{\mathrm{i}}{2}\sum_{jk}\varepsilon_{ijk}\alpha_j\alpha_k$$

$$\left(\boldsymbol{\Sigma} = -\frac{\mathrm{i}}{2}\boldsymbol{\alpha}\times\boldsymbol{\alpha}\right) \tag{1.3.13}$$

(2) 从四类解的四个分量的取值看出,态矢的一、三分量对应于 $S_z = \frac{\hbar}{2}$,二、四分量对应于 $S_z = -\frac{\hbar}{2}$.

再从得到的定态的能量为正还是为负来看,正能态的第一类解和第二类解是一、二分量为主,配以小比例的三、四分量;负能态的第三类解和第四类解是三、四分量为主,配以小比例的一、二分量.这可由哈密顿量中的 βmc^2 看出,所以 Dirac 粒子的内部自由度除了自旋还有另一种内部自由度,我们称之为正能分量(一、二分量)和负能分量(三、四分量).注意正、负能分量和定态解中的正、负能态是不同的概念,前者是指粒子态矢中的不同分量,实质是粒子的自旋之外的另一种内部自由度,后者是指粒子作为一个整体(内、外自由度一起)取的能量一定的状态,称为粒子的正能态和负能态.

(3) 现在分清了 Dirac 粒子包含外部自由度和内部自由度,便可以来谈 Schrödinger 关于 Dirac 粒子颤动的物理诠释了.首先要指出的是 Dirac 粒子的速度 $\dot{\boldsymbol{x}}$ 实际上是粒子的外部自由度的变化,它和没有内部自由度的玻色子不同.玻色子在没有外界的影响下自然运动速度(期待值)保持恒定.Dirac 粒子则不然,它有外部自由度,还有内部自由度,在没有外界的影响下仍有内部自由度与外部自由度之间的能量交换.因此即使没有外界的影响,粒子的总能量虽然是守恒的,但内、外自由度间随时间推移不停地交换能量,亦会使得外部自由度的能量有时多,有时少.这样的反复变化表现出来就是速度有时快,有时慢,速度的方向有时向前,有时向后,导致粒子的速度包含颤动和一个缓慢的、恒定的、向前的速度部分.

3. Dirac 粒子颤动的量子模拟

前面谈到 Dirac 解释理论上的粒子速度与实际观察到的粒子速度的不同的根由

是两种速度的存在，一个是瞬时速度，另一个是一小段时间内的平均速度. 为此 Dirac 特地给出了 Dirac 粒子速度中存在恒定的缓慢部分和快速振荡部分——颤动的证明. 随后 Schrödinger 作了合理的物理诠释. 在后来很长一段时间，人们没有在实际中观察到 Dirac 粒子的颤动，不过这点大家还是理解的，只有当我们实际测量平均速度所用的小时间间隔已短到可以和颤动的特征周期比拟时，才会发现它的存在. Dirac 在他的书中早已说过，粒子的颤动的频率很高，振幅很小，现有的实验技术水平达不到观测的程度.

几年前由于阱囚禁粒子的技术的发展，启发人们设想在阱中构造一个物理系统，它满足的动力学规律和 Dirac 粒子的动力学规律在数学形式上一致，但物理参量不同，使得构造出的物理系统的颤动的频率不是那么高，振幅亦不是那么小，达到了现有的实验技术可以观测的程度. 于是人们做了这样的实验并求出了理论的计算结果. 不仅实验结果肯定了颤动的存在，而且实验与理论符合. 因此他们声称 Dirac 粒子的颤动的存在得到了间接的证实. 这样的工作被称为颤动的量子模拟.

为了便于以后的讨论，将他们的理论计算的思路在这里给出. 为了简便，他们采取的方案是讨论一维的情形，而且假定是自旋投影一定的情形，即在自由粒子条件下自旋投影保持不变. 将系统在定态解上展开(取自旋向上)，则 $t=0$ 的初始态在定态集上展开如下：

$$
\begin{aligned}
| t = 0\rangle = & \iint F(p)[u_1]\mathrm{e}^{\mathrm{i}p\cdot x_1/\hbar}\mathrm{d}p\, | x_1\rangle \mathrm{d}x_1 \\
& + \iint G(p)[u_3]\mathrm{e}^{\mathrm{i}p\cdot x_1/\hbar}\mathrm{d}p\, | x_1\rangle \mathrm{d}x_1
\end{aligned} \tag{1.3.14}
$$

为确定起见，这里粒子的一维运动的方向取定为 x_1 的方向，于是以后任意时刻 t 的系统的态矢 $|t\rangle$ 为

$$
\begin{aligned}
| t\rangle = & \iint F(p)\mathrm{e}^{-\mathrm{i}E_+(p)t/\hbar}[u_1]\mathrm{e}^{\mathrm{i}px_1/\hbar}\mathrm{d}p\, | x_1\rangle \mathrm{d}x_1 \\
& + \iint G(p)\mathrm{e}^{-\mathrm{i}E_-(p)t/\hbar}[u_3]\mathrm{e}^{\mathrm{i}px_1/\hbar}\mathrm{d}p\, | x_1\rangle \mathrm{d}x_1
\end{aligned} \tag{1.3.15}
$$

已知粒子的速度算符为 $\hat{\boldsymbol{v}} = c\sigma_1$（一维情形下 α_1 等效于 σ_1），故粒子的速度期待值为

$$
\begin{aligned}
v(t) & = \langle t \mid \hat{v} \mid t\rangle \\
& = \Big\{\iint \langle x_1 \mid F^*(p)\mathrm{e}^{\mathrm{i}E_+(p)t/\hbar}[u_1(p)]^\dagger \mathrm{d}p\mathrm{d}x_1 \mathrm{e}^{-\mathrm{i}px_1/\hbar}
\end{aligned}
$$

$$
\begin{aligned}
&+\iint\langle x_1 \mid G^*(p)\mathrm{e}^{\mathrm{i}E_-(p)t/\hbar}[u_3(p)]^\dagger \mathrm{d}p\mathrm{d}x_1\mathrm{e}^{-\mathrm{i}px_1/\hbar}\Big\} c\sigma_1 \\
&\cdot\Big\{\iint F(p')\mathrm{e}^{-\mathrm{i}E_+(p')t/\hbar}[u_1(p')]\mathrm{e}^{\mathrm{i}p'x_1'/\hbar} \mid x_1'\rangle \mathrm{d}p'\mathrm{d}x_1' \\
&+\iint G(p')\mathrm{e}^{-\mathrm{i}E_-(p')t/\hbar}[u_3(p')]\mathrm{e}^{\mathrm{i}p'x_1'/\hbar} \mid x_1'\rangle \mathrm{d}p'\mathrm{d}x_1'\Big\} \\
=&\int F^*(p)F(p)2\pi\hbar[u_1(p)]^\dagger c\sigma_1[u_1(p)]\mathrm{d}p \\
&+\int F^*(p)G(p)2\pi\hbar[u_1(p)]^\dagger c\sigma_1[u_3(p)]\mathrm{e}^{\mathrm{i}[E_+(p)-E_-(p)]t/\hbar}\mathrm{d}p \\
&+\int G^*(p)F(p)2\pi\hbar[u_3(p)]^\dagger c\sigma_1[u_1(p)]\mathrm{e}^{\mathrm{i}[E_-(p)-E_+(p)]t/\hbar}\mathrm{d}p \\
&+\int G^*(p)G(p)2\pi\hbar[u_3(p)]^\dagger c\sigma_1[u_3(p)]\mathrm{d}p
\end{aligned}
\tag{1.3.16}
$$

做 Dirac 粒子颤动的量子模拟的人从式(1.3.16)的第二项、第三项看到 $v(t)$中随时间振荡的部分,因此他们认为量子模拟肯定了粒子颤动的存在.在前面曾提到 Dirac 在他的书中作了在 Heisenberg 绘景中颤动存在的证明.在那里我们亦提出一个问题,即为什么 Dirac 不把系统的态矢写出,最后算出能和实验观测的速度对照.现在的式(1.3.16)算是做到了这点.

4. 对 Dirac 理论中的颤动问题的质疑

现在,我们再从原有的 Dirac 理论中的颤动来看这一问题存在什么不自洽的地方.

(1) 首先要指出的是式(1.3.16)的推演及结论是有问题的.式(1.3.16)的出发点是初始时刻将初始态$|t=0\rangle$在定态集上展开.一般情况下该式的展开是没有问题的,但对于 Dirac 粒子,在 Dirac 提出负能态海填满的原则下,式(1.3.14)就不该有第二项,即 $G(p)=0$, 这样一来,式(1.3.16)只剩下第一项,该项由于平面波的正交性,没有与时间有关的振荡因子.经过这样的分析,说明实际上颤动并没有被证明.或许当年 Dirac 之所以没有完成颤动的期待值的计算,就是来自这样的原由.下面再列举一些从物理角度的质疑.

(2) Dirac 在他的书中提到 Dirac 粒子与以往量子力学中讨论的粒子的一个显

著不同是，现在的 Dirac 粒子的动量未必还是守恒的. 过去量子力学中讨论的粒子在自由的状态下动量守恒，速度亦恒定，这是没有问题的. 然而从 Schrödinger 对 Dirac 粒子的剖析来看，Dirac 粒子和过去量子力学中没有内部自由度的粒子（确切来说，玻色子）是不同的. 除了外部自由度（x_1，x_2，x_3）对两种粒子来讲是一样的以外，前者有内部自由度，后者没有，因此它们的动量和速度关系不应该相同，所以“Dirac 粒子亦在自由状态下动量守恒”的看法在理论上是不自洽的.

（3）在 Dirac 粒子的哈密顿量给出后，立即得到如式（1.3.12）的平面波解，能量表示为$E=\pm\sqrt{m^2c^4+c^2p^2}$，这一表示除多了一个负号外，质能关系和经典物理中粒子的质能关系相同. 当时人们可能认为这点是自然和合理的. 但是考虑到 Schrödinger 对 Dirac 粒子的剖析，粒子有内、外自由度，它们之间有相互作用，所以外部自由度的运动能量随着时间推移应当是不停地变化的. 既然如此，怎么还会和经典的粒子的质能关系一样呢？这显然是矛盾的.

（4）进一步地分析，粒子的颤动不仅表示粒子的运动有能量的变化，亦有动量的变化. 内、外自由度之间只有能量交换，但没有动量交换，那么粒子颤动时的动量变化又从何而来？

（5）以上比较仔细地分析了 Dirac 粒子颤动现象中存在的不自洽之处. 现在我们可以集中和概括一点，提出这样的质疑：Schrödinger 所说的内、外自由度之间存在的相互作用是什么样的相互作用？当年在 Dirac 提出他的理论时，不像今天这样，自然界存在四种基本相互作用的看法已经成为共识. 而回头去考察 Dirac 的自由粒子的理论，我们会看到理论中并未说明是四种相互作用中的哪一种. 这可能就是 Dirac 理论不自洽的根源所在.

现在对本章的内容作一个小结.

（1）从三个方面对原有的 Dirac 理论提出了质疑.

其一是从凝聚态物理的角度指出费米子的现有理论中存在若干不自然、不合理之处.

其二是认为 Dirac 理论中的负能海填满的假定和反粒子存在的论证不合理，且无法推广到带荷的玻色子中去.

其三是 Dirac 粒子的颤动现象及其物理机制在原有的 Dirac 理论框架下存在诸多的疑问.

(2) Weinberg 甚至断言把相对论与量子物理融合在一起的理论只能是量子场论.

总之,通过本章的讨论至少明确了一点.就本章讨论的内容来看,目前有关 Dirac 粒子(费米系统)存在若干疑点,而且亦表明现有的量子理论不是一个统一的理论,存在着理论上的分歧.

下面将首先讨论在 Dirac 理论的形式下,能否通过适当的修正与补充后消除掉本章提出的所有质疑,然后再和量子场论的有关论述相比较.不过在作充分的讨论之前,需先讨论在量子理论中包含的一个基本的重要问题,这一问题不仅会影响以下的讨论,而且和如何建立一个统一的量子理论有着紧密的关系.

第2章

表述变换与并协原理

上一章结束时提到目前有一些工作对 Dirac 理论提出了质疑. 这些质疑的后面实际上还存在一个更广泛和基本的问题,即现有的有关微观物理世界的量子理论是否是一个统一的理论的问题. 要回答这一问题,我们必须先谈谈最近在思考量子理论时提出的表述变换问题. 只有把这一问题解释清楚了,才能对现有的量子理论不是一个统一的理论给出可靠的依据,问题出自何处,以及该怎样统一起来.

我们在这里提出所谓的表述变换及其意义既可以说有新的概念和内涵,又可以说是我们早已熟悉的内容,下面只不过对它进一步发掘和探讨而已. 同时还对过去的一些概念和解释重新加以审视,从中可以看到目前量子理论中的一些不自洽之处及疑难的由来,甚至有可能触及某些量子理论中的固有困难.

在物理学的发展历史中,总是先从个别的、特定的实际系统中的问题开始探讨,然后推广和深入下去,从中抽取出这些实际系统和它们表现出的现象中的实质内容并总结出具有普遍意义的规律. 而理论体系的建立顺序则反过来,将总结出的普适规律作为出发点,引导出理论的各种推论和论断. 在本章中,我们就以大家熟悉的一维谐振子系统作为开始，从中引出表述变换的概念，再将其推广到普遍的情形，最后和量子物理中最基本的并协原理融合在一起，为我们讨论一个统一的量子理论找到确切的依据.

2.1 一维谐振子系统中的表述变换

（1）虽然粒子的外部自由度是三维空间，但为简化计，只讨论一维的情形.从讨论中可以看出在一维的情形下有关的物理规律已能清楚地展现出来，而且得到的结论可以直接推广到三维.我们从量子理论的一个基本原理——并协原理出发.原理的内容是量子系统的每个自由度总可用一对算符来表征.一个外部自由度通常由位置和动量算符对来表述，它们满足如下的对易关系：

$$[\hat{x},\hat{p}] = \mathrm{i}\hbar \tag{2.1.1}$$

一维量子系统中的所有物理量都由这一对算符来构成.

（2）在量子力学中，大家熟悉的一维谐振子系统的哈密顿量由$(\hat{x},\hat{p})$表示为

$$H = \frac{\hat{p}^2}{2m} + m\omega^2\hat{x}^2 \tag{2.1.2}$$

其中 m 是粒子的质量，ω 是圆频率.这一系统的哈密顿量很简单，但在量子理论发展的初期，总是停留在这样的$(\hat{x},\hat{p})$表述下求解，求解的过程仍旧比较繁复，但能得到严格的定态解集.后来发现可以不用$(\hat{x},\hat{p})$这一表述，而用另一表述$(a,a^\dagger)$，它们满足的对易关系为

$$[a,a] = [a^\dagger,a^\dagger] = 0,\quad [a,a^\dagger] = 1 \tag{2.1.3}$$

其中 $a,a^\dagger$ 分别是湮灭算符和产生算符.对于特定的谐振系统，$(a,a^\dagger)$表述与$(\hat{x},\hat{p})$表述之间存在如下的变换关系：

$$\begin{aligned}\hat{x} &= \sqrt{\frac{\hbar}{2m\omega}}\,(a + a^\dagger)\\ \hat{p} &= \mathrm{i}\sqrt{\frac{\hbar m\omega}{2}}\,(a^\dagger - a)\end{aligned} \tag{2.1.4}$$

逆变换为

$$
\begin{aligned}
a &= \frac{1}{2}\left(\sqrt{\frac{2m\omega}{\hbar}}\,\hat{x} + \mathrm{i}\sqrt{\frac{2}{\hbar m\omega}}\,\hat{p}\right) \\
a^{\dagger} &= \frac{1}{2}\left(\sqrt{\frac{2m\omega}{\hbar}}\,\hat{x} - \mathrm{i}\sqrt{\frac{2}{\hbar m\omega}}\,\hat{p}\right)
\end{aligned}
\tag{2.1.5}
$$

$(\hat{x},\hat{p})$表述和$(a,a^{\dagger})$表述之间的变换关系式(2.1.4)和式(2.1.5)的正确性在于这种变换保证各自的对易关系式(2.1.1)和式(2.1.3)成立.作了从$(\hat{x},\hat{p})$表述到$(a,a^{\dagger})$表述的变换后,将式(2.1.4)代入系统的哈密顿量的表示式(2.1.2),立即得

$$
H = \left(a^{\dagger}a + \frac{1}{2}\right)\hbar\omega \tag{2.1.6}
$$

一维谐振子系统用原来的$(\hat{x},\hat{p})$表述时求解情况繁复,在作表述变换后以$(a,a^{\dagger})$表述来描述,可立即得到对角化,即得到严格的解.不过在量子理论的发展过程中,当时仅仅把这一做法视为一个求解的数学技巧.

(3) 有了变换式(2.1.4)和式(2.1.5)后,我们会自然地问这样的问题:这样的变换能否推广到普遍的情形?换句话说,对于任意的一维物理系统,是否亦可以将表述$(\hat{x},\hat{p})$变换为表述$(a,a^{\dagger})$?就是说一个一维的物理系统是否既可以用一对算符$(\hat{x},\hat{p})$来表述,亦可用一对算符$(a,a^{\dagger})$来表述?

2.2 普遍的表述变换

(1) 为回答上述问题,首先要解决的是,对于普遍的物理系统,$(\hat{x},\hat{p})$表述和$(a,a^{\dagger})$表述之间该如何变换,因为式(2.1.4)和式(2.1.5)的变换关系包含的是谐振子系统的物理参量,显然不适用于其他的物理系统.为此我们先来分析一下变换中的系数的由来.从量纲分析来看,$(a,a^{\dagger})$表述是无量纲的量,而$(\hat{x},\hat{p})$表述中的$\hat{x}$和$\hat{p}$都是有量纲的量,所以式(2.1.4)和式(2.1.5)中出现的系数必须是具有一定量纲的,用以保证变换式的两端具有恰当的相同量纲.有了这样的理解后,对于任意的物理系统,我们便可写出一个普遍的$(\hat{x},\hat{p})$表述和$(a,a^{\dagger})$表述间的表述变换式:

$$\hat{x} = \sqrt{\frac{\hbar}{2\Delta}}\,(a + a^{\dagger})$$
$$\hat{p} = \mathrm{i}\sqrt{\frac{\hbar\Delta}{2}}\,(a^{\dagger} - a) \tag{2.2.1}$$

$$a = \frac{1}{2}\left(\sqrt{\frac{2\Delta}{\hbar}}\,\hat{x} + \mathrm{i}\sqrt{\frac{2}{\hbar\Delta}}\,\hat{p}\right)$$
$$a^{\dagger} = \frac{1}{2}\left(\sqrt{\frac{2\Delta}{\hbar}}\,\hat{x} - \mathrm{i}\sqrt{\frac{2}{\hbar\Delta}}\,\hat{p}\right) \tag{2.2.2}$$

在上面的表述变换式(2.2.1)和式(2.2.2)中没有像式(2.1.4)和式(2.1.5)那样出现和特定系统有关的物理参量,而是有一个与特定系统无关的具有恰当量纲的参量 Δ. 为了更好地看清式(2.2.1)和式(2.2.2)的变换,下面列出有关物理量的量纲:

① $(a, a^{\dagger})$是无量纲的量.

② $\hat{x}$ 具有长度量纲:$[\hat{x}] = [\mathrm{L}]$.

③ $\hat{p}$ 具有动量量纲:$[\hat{p}] = [\mathrm{MLT}^{-1}]$.

④ 能量的量纲为$[E] = [\mathrm{ML}^2\mathrm{T}^{-2}]$.

⑤ 普朗克常量 $\hbar$ 的量纲为$[\hbar] = [\mathrm{ML}^2\mathrm{T}^{-1}]$.

⑥ 参量 Δ 的量纲为$[\Delta] = [\mathrm{MT}^{-1}]$.

至此我们似乎完成了对任意物理系统的普遍的表述变换,并可认为任何量子系统的一个外部自由度既可以用$(\hat{x}, \hat{p})$来表述,亦可以用$(a, a^{\dagger})$来表述.但是仔细观察后会发现,这种表述变换存在一种任意性.下面将要对这样的任意性进行分析,并作出合理的解释,然后才能作出表述变换成立的最后论断.

(2) 在这里,我们不仅要讨论表述变换的不唯一性本身,同时亦要谈一谈这一不唯一性背后的有意思的物理内容,虽然这些内容和外部自由度的量子化的主题不直接有关,但是是有意义的,值得同时予以阐述.

我们首先说明不唯一性的由来.上面的式(2.2.1)和式(2.2.2)是一组对普遍的物理系统都适合的表述变换式,这点没有问题,但是我们看以下的变换式:

$$\hat{x} = \frac{1}{\delta}\sqrt{\frac{\hbar}{2\Delta}}\,(a + a^{\dagger})$$
$$\hat{p} = \mathrm{i}\delta\sqrt{\frac{\hbar\Delta}{2}}\,(a^{\dagger} - a) \tag{2.2.3}$$

$$a = \frac{1}{2}\left(\delta\sqrt{\frac{2\Delta}{\hbar}}\,\hat{x} + \mathrm{i}\frac{1}{\delta}\sqrt{\frac{2}{\hbar\Delta}}\,\hat{p}\right)$$

$$a^{\dagger} = \frac{1}{2}\left(\delta\sqrt{\frac{2\Delta}{\hbar}}\,\hat{x} - \mathrm{i}\,\frac{1}{\delta}\sqrt{\frac{2}{\hbar\Delta}}\,\hat{p}\right) \tag{2.2.4}$$

上式中的 δ 是一个无量纲的任一数值.因为式(2.2.3)和式(2.2.4)同式(2.2.1)和式(2.2.2)一样,保证了式(2.1.1)和式(2.1.3)中的基本对易关系成立,所以它们一样是有效的变换式,于是会问:式(2.2.3)和式(2.2.4)中包含的变换的不唯一性是否就说明量子理论中存在的这种表述变换是不成立的和无效的呢?为此,先来看一看这种不唯一性背后的物理内容,只有把这方面的内容澄清后才能作出判断.

我们以一个简单的具体系统作为例子来分析.设一个简单的系统以$(a,a^{\dagger})$表述来表示,其哈密顿量为

$$H = Aa^{\dagger}a + B(a^{\dagger})^2a^2 \tag{2.2.5}$$

则通过式(2.2.4)变换到$(\hat{x},\hat{p})$表述中时,在变换式中 δ 分别取δ_1 与 δ_2,便得到两个不同的哈密顿量:

$$\begin{aligned} H_1 =& \frac{A}{4}\left(\delta_1^2\frac{2\Delta}{\hbar}\hat{x}^2 + \frac{1}{\delta_1^2}\frac{2}{\hbar\Delta}\hat{p}^2 + \frac{\mathrm{i}}{\hbar}(\hat{x},\hat{p})\right) \\ &+ \frac{B}{16}\left(\delta_1^2\frac{2\Delta}{\hbar}\hat{x}^2 - \frac{1}{\delta_1^2}\frac{2}{\hbar\Delta}\hat{p}^2 - \frac{\mathrm{i}}{\hbar}(\hat{x}\hat{p} + \hat{p}\hat{x})\right) \\ &\cdot\left(\delta_1^2\frac{2\Delta}{\hbar}\hat{x}^2 - \frac{1}{\delta_1^2}\frac{2}{\hbar\Delta}\hat{p}^2 + \frac{\mathrm{i}}{\hbar}(\hat{x}\hat{p} + \hat{p}\hat{x})\right) \end{aligned} \tag{2.2.6}$$

$$\begin{aligned} H_2 =& \frac{A}{4}\left(\delta_2^2\frac{2\Delta}{\hbar}\hat{x}^2 + \frac{1}{\delta_2^2}\frac{2}{\hbar\Delta}\hat{p}^2 + \frac{\mathrm{i}}{\hbar}(\hat{x},\hat{p})\right) \\ &+ \frac{B}{16}\left(\delta_2^2\frac{2\Delta}{\hbar}\hat{x}^2 - \frac{1}{\delta_2^2}\frac{2}{\hbar\Delta}\hat{p}^2 - \frac{\mathrm{i}}{\hbar}(\hat{x}\hat{p} + \hat{p}\hat{x})\right) \\ &\cdot\left(\delta_2^2\frac{2\Delta}{\hbar}\hat{x}^2 - \frac{1}{\delta_2^2}\frac{2}{\hbar\Delta}\hat{p}^2 + \frac{\mathrm{i}}{\hbar}(\hat{x}\hat{p} + \hat{p}\hat{x})\right) \end{aligned} \tag{2.2.7}$$

从式(2.2.6)和式(2.2.7)看出,从式(2.2.5)出发,当 δ 取不同的δ_1,δ_2 时,得到的是两个不同的物理系统(其哈密顿量不同).更广泛地说,当 δ 取各种值时,我们会得到各不相同的系统.

(3) 我们继续往下探讨,看这类系统之间有什么样的关系.仍以具体的 δ_1,δ_2 为例,我们看式(2.2.5)表示的用$(a,a^{\dagger})$表述的系统中算符$\frac{1}{\sqrt{2}}(a+a^{\dagger})$的本征态矢:

$$\frac{1}{\sqrt{2}}(a + a^{\dagger})\mid\eta_0\rangle = \eta_0\mid\eta_0\rangle \tag{2.2.8}$$

现在来看态矢$|\eta_0\rangle$在表述变换后的 H_1 和 H_2 系统中的相应态矢是什么样的，为此作如下的计算：在 H_1 中

$$\hat{x}\ |\ \eta_0\rangle_1 = \frac{1}{\delta_1}\sqrt{\frac{\hbar}{2\Delta}}(a + a^\dagger)\ |\ \eta_0\rangle$$

$$= \frac{\eta_0}{\delta_1}\sqrt{\frac{\hbar}{\Delta}}\ |\ \eta_0\rangle = x_1\ |\ \eta_0\rangle_1 \tag{2.2.9}$$

在态矢的右下角加下标 1,2 来区分 H_1 和 H_2 系统中的态矢.类似可知，在 H_2 中

$$\hat{x}\ |\ \eta_0\rangle_2 = \frac{\eta_0}{\delta_2}\sqrt{\frac{\hbar}{\Delta}}\ |\ \eta_0\rangle = x_2\ |\ \eta_0\rangle_2 \tag{2.2.10}$$

由式(2.2.9)和式(2.2.10)知，在 H_1 和 H_2 系统中分别有对应的态矢$|\eta_0\rangle_1$和$|\eta_0\rangle_2$，它们分别是 H_1，H_2 中的位置算符的本征态矢，相应的本征值 x_1，x_2 有如下的比值：

$$\frac{x_1}{x_2} = \frac{\eta_0}{\delta_1}\sqrt{\frac{\hbar}{\Delta}} \Big/ \left(\frac{\eta_0}{\delta_2}\sqrt{\frac{\hbar}{\Delta}}\right) = \frac{\delta_2}{\delta_1} \tag{2.2.11}$$

类似于求位置本征态的做法，定义在$(a, a^\dagger)$表述的系统中算符$\frac{\mathrm{i}}{\sqrt{2}}(a^\dagger - a)$的本征态：

$$\frac{\mathrm{i}}{\sqrt{2}}(a^\dagger - a)\ |\ q_0\rangle = q_0\ |\ q_0\rangle \tag{2.2.12}$$

与态矢$|q_0\rangle$对应的在 H_1 中的态矢记为$|q_0\rangle_1$，在 H_2 中的态矢记为$|q_0\rangle_2$，则有

$$\hat{p}\ |\ q_0\rangle_1 = \mathrm{i}\delta_1\sqrt{\frac{\hbar\Delta}{2}}(a^\dagger - a)\ |\ q_0\rangle$$

$$= \delta_1\sqrt{\hbar\Delta}q_0\ |\ q_0\rangle = p_1\ |\ q_0\rangle_1 \tag{2.2.13}$$

$$\hat{p}\ |\ q_0\rangle_2 = \delta_2\sqrt{\hbar\Delta}q_0\ |\ q_0\rangle = p_2\ |\ q_0\rangle_2 \tag{2.2.14}$$

由(2.2.13)和(2.2.14)二式可知，在 H_1 与 H_2 系统中有一一对应的动量算符的本征态$|q_0\rangle_1$，$|q_0\rangle_2$，其本征值之比为

$$\frac{p_1}{p_2} = \frac{\delta_1}{\delta_2} \tag{2.2.15}$$

2.3 表述变换引出的一种非经典效应

(1) 上一节的内容告诉我们,一个微观物理系统既可由$(\hat{x},\hat{p})$表述来描述,亦可以用$(a,a^\dagger)$表述来描述.表述$(\hat{x},\hat{p})$和表述$(a,a^\dagger)$间变换时存在的表观上的任意性经过变换中不同量纲的算符的变换及量纲分析知道其来自基本物理量的单位没有取定.一旦取定了单位,变换中参量 Δ 的值便定下来.如果分析和讨论就到此为止,所有的讨论只不过是告诉我们一个微观物理系统可用两种表述去描述,而没有新的物理内容.然而当我们考虑到 Δ 的量纲是$[\Delta]=[MT^{-1}]$时,我们可以将 Δ 值取的不同认为是由于对同一个微观客体(具有一定的质量)选择的质量单位不同.另一方面,我们亦可以认为,虽然质量单位选定,但是从$(a,a^\dagger)$变换到$(\hat{x},\hat{p})$的同时变换到了不同质量的微观系统.有了这样的认识后,表述变换中隐含的一种非经典效应便会被揭示出来.

(2) 下面按一定步骤分析和讨论,来揭示这种非经典效应.

① 在表述$(a,a^\dagger)$中将一个确定的哈密顿量 $H(a,a^\dagger)$作为出发点,对之作一个参量取确定值 Δ 的变换,变换到$(\hat{x},\hat{p})$表述.

② 将这一确定的变换由两个不同的途径来完成:

(a) 先作 Δ_1 的变换,再作 Δ_1'的变换.

(b) 先作 Δ_2 的变换,再作 Δ_2'的变换.

为了区别起见,$\Delta_1\neq\Delta_2$(仅来源于质量的变换,时间单位一样),$\Delta_1'\neq\Delta_2'$(仅来自时间单位的改变),并有

$$\Delta_1\Delta_1' = \Delta_2\Delta_2'$$

即

$$\frac{\Delta_1}{\Delta_2} = \frac{\Delta_2'}{\Delta_1'} \tag{2.3.1}$$

考虑到$[\Delta]=[MT^{-1}]$的量纲关系,这两种途径的变换等价于一个 $\Delta=\Delta_1\Delta_1'=\Delta_2\Delta_2'$的变换.

③ 有意思的是,两种途径的第一步分别是参量为 Δ_1 和参量为 Δ_2 的变换,表示质量单位不同,对应的物理图像是变换到同一个质量为 m 的微观客体系统,使得系统的动量分别为 $\hat{p}_1$ 与 $\hat{p}_2$,它们的比值为$\dfrac{\hat{p}_1}{\hat{p}_2}=\sqrt{\dfrac{\Delta_1}{\Delta_2}}$.但是可以有另一种图像,即将这种比值放到 H 的动能项$\dfrac{\hat{p}^2}{2m}$中的质量项上,成为$\dfrac{\hat{p}^2}{2m_1}$和$\dfrac{\hat{p}^2}{2m_2}$,且有$\dfrac{m_1}{m_2}=\dfrac{\Delta_2}{\Delta_1}$.这是宏观物理中没有的规律.在$(a,a^\dagger)$表述到$(\hat{x},\hat{p})$表述的变换中,由于质量单位不同而使质量为 m 的同一系统的动能项表观取值不同,其实际物理含意不同,变换到两个质量不同的系统.这点在后面的具体例子中会看得更清楚.

④ 下面我们只针对有实质物理含意的变换到质量分别为 m_1 和 m_2 的两个不同的微观客体的情形来讨论,即是说只讨论经过参量分别取值为 Δ_1 和 Δ_2 的变换,

$$
\begin{aligned}
&H(a,a^\dagger)\xrightarrow{\Delta_1}H_1(\hat{x},\hat{p};m_1,\Delta_1)\\
&H(a,a^\dagger)\xrightarrow{\Delta_2}H_2(\hat{x},\hat{p};m_2,\Delta_2)
\end{aligned}
\tag{2.3.2}
$$

并从 Δ 的量纲$[\Delta]=[\mathrm{MT}^{-1}]$知有

$$
\frac{\Delta_1}{\Delta_2}=\frac{m_1}{m_2}
\tag{2.3.3}
$$

⑤ 注意所谓的两种途径说的是总体变换参量都是同一个 Δ,只是第一部分分别是一个 Δ_1 的质量变换和一个 Δ_2 的质量变换.现在来考虑变换参量的第二部分Δ_1'和Δ_2'.这后面的时间单位的变换在两个系统的哈密顿量上表现不出来.因为我们用的是 Schrödinger 图景,算符(包含 H)是不依赖于时间的,所以两个途径的算符的数学形式即哈密顿量 H_1 和 H_2 因 $\Delta_1\neq\Delta_2$ 而不同,如式(2.3.2)所示.那么我们要问:第二部分的 Δ_1'和 Δ_2'的不同体现在什么地方?总的 Δ 相同的含意表现在哪里?下一节我们来分析并回答这个问题.

(3) 两个途径的等价性在下面作仔细的分析与讨论.一个微观物理系统的规律由这一系统的最根本的动力学规律来表征.它依赖于算符的性质、态矢随时间的演化和各物理量算符在时间演化的态矢中取期待值,得到在不同的初始条件下系统的各物理量期待值随时间变化的动力学规律.

① 因此 Δ_1'和 Δ_2'不同体现在两个途径中相同时刻的时间值不同,分别为 t_1 和 t_2.由于 Δ 与 T^{-1}成比例,故有

$$\frac{t_2}{t_1} = \frac{\Delta_1'}{\Delta_2'} \tag{2.3.4}$$

而 Δ 与 m 成比例,故有

$$\frac{\Delta_1}{\Delta_2} = \frac{m_1}{m_2} \tag{2.3.5}$$

结合式(2.3.1)的要求有

$$\frac{t_2}{t_1} = \frac{m_2}{m_1} \tag{2.3.6}$$

于是可以回答第一个问题,在原始系统中某一时刻时间值为 t 的话,同一时刻在 m_1 系统中时间值为 t_1,在 m_2 系统里时间值为 t_2.

② 现在来回答第二个问题:两个途径($\Delta_1\Delta_1' = \Delta_2\Delta_2' = \Delta$)的表述变化(实质是同一变换)的等价性体现在哪里?

(a) 在表述变换时系统的表述虽然不同,但系统的态矢空间的结构应该不变,所以如分别记 $H(a,a^\dagger)$的态矢为$|\rangle$,m_1 系统的为$|\rangle_1$,m_2 系统的为$|\rangle_2$,则一定有一一对应的关系:

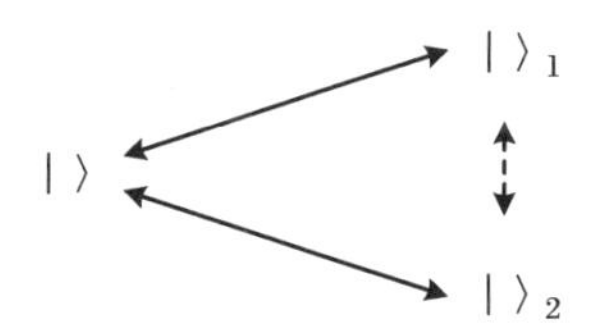

右方的↕表示$|\rangle_1$ 与$|\rangle_2$ 自然亦是一一对应的.

(b) 如记$\{|l\rangle\}$是 $H(a,a^\dagger)$的本征态矢集,$\{|l\rangle_1\}$是 H_1 的本征态矢集,$\{|l\rangle_2\}$是 H_2 的本征态集,则应有

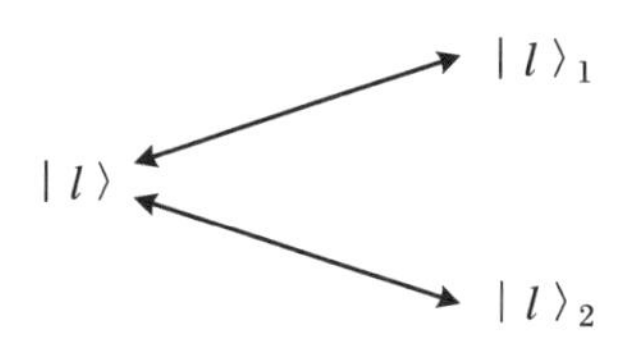

的一一对应关系.

(c) 现在可以验证从 $H(a,a^\dagger)$出发,以同一参量 $\Delta = \Delta_1\Delta_1' = \Delta_2\Delta_2'$作出的表述变换的两种途径的等效性,如图 2.1 所示.

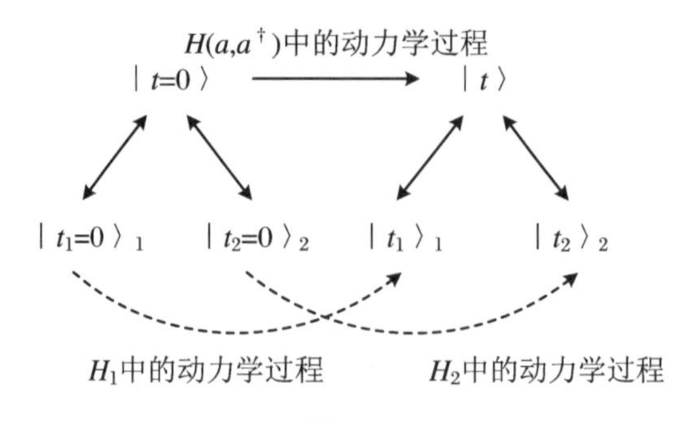

图 2.1

结论:属于同一个表述变换的两个途径的等效性源于质量为 m_1 的微观客体(哈密量为 H_1)的所有动力学规律与质量为 m_2 的微观客体(哈密顿量为 H_2)的所有动力学规律完全一样.换一个说法就是它们的态矢在各自的态矢空间里画出完全相同的对应轨道.但是它们对应的计时是不同的 t_1,t_2.

(4) 推论:有了以上结论后,我们可通过以下的分析得到另一个有意义的结论.

① 在$(a,a^\dagger)$表述中如有下面的一个动力学过程初始态

$$|t=0\rangle=\sum_l F_l|l\rangle \tag{2.3.7}$$

则演化至 t 时刻系统的态矢为

$$|t\rangle=\sum_l F_l \mathrm{e}^{-\mathrm{i}E_l t/\hbar}|l\rangle \tag{2.3.8}$$

② 根据上面已讨论过的对应关系,在质量为 m_1 的系统里这一动力学过程对应的是($t\to t_1$)

$$|t_1=0\rangle_1=\sum_l F_l|l\rangle_1 \tag{2.3.9}$$

t_1 时刻的态矢为

$$|t_1\rangle_1=\sum_l F_l \mathrm{e}^{-\mathrm{i}E_l^{(1)}t_1/\hbar}|l\rangle_1 \tag{2.3.10}$$

③ 在质量为 m_2 的系统中,对应的动力学过程为($t\to t_2$)

$$|t_2=0\rangle_2=\sum_l F_l|l\rangle_2 \tag{2.3.11}$$

$$|t_2\rangle_2=\sum_l F_l \mathrm{e}^{-\mathrm{i}E_l^{(2)}t_2/\hbar}|l_2\rangle \tag{2.3.12}$$

综合以上讨论，得出如下的结论：

① 在各自的系统中和各自的时间标度下，存在一一对应的动力学过程：

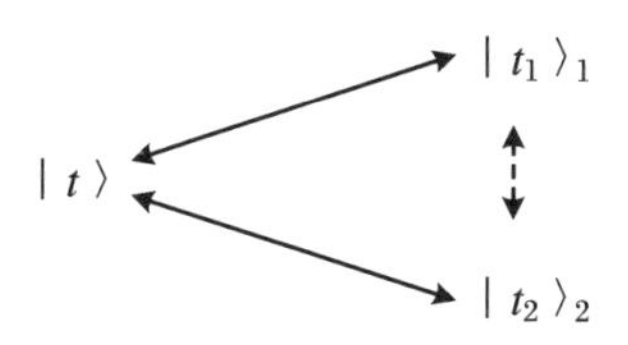

即质量为 m_1 的微观客体(其哈密顿量为 $H_1(\hat{x},\hat{p};m_1)$，时间值为 t_1)的动力学规律与质量为 m_2 的微观客体(其哈密顿量为 $H_2(\hat{x},\hat{p};m_2)$，时间值为 t_2)的动力学规律一样.不过这里再强调一下两个前提：一是哈密顿量的对应关系；二是时间标度的对应关系.这种在微观世界里不同质量客体的动力学规律间的关系当然不会在宏观世界里出现，因此是一种以前未发现的非经典的效应.

② 透过对这一规律的分析还可得到一个有意思的推论.因为按照以上对应动力学规律的结论以及式(2.3.10)与式(2.3.12)应有

$$F_l e^{-iE_l^{(1)}t_1/\hbar} = F_l e^{-iE_l^{(2)}t_2/\hbar}$$

即

$$E_l^{(1)}t_1 = E_l^{(2)}t_2 \tag{2.3.13}$$

再结合式(2.3.6)得

$$\frac{E_l^{(1)}}{E_l^{(2)}} = \frac{t_2}{t_1} = \frac{m_2}{m_1} \tag{2.3.14}$$

于是得到如下结论：质量为 m_1、哈密顿量为 $H_1(\hat{x},\hat{p};m_1)$的系统的能谱$\{E_l^{(1)}\}$和质量为 m_2、哈密顿量为 $H_2(\hat{x},\hat{p};m_2)$的系统的能谱有相似的结构，比值如式(2.3.14)所示.

(5) 例证.

为了证实前面得出的不同质量微观物理系统的动力学规律间的关系，下面用两个简单的例子来作检验，用具体的例子可使我们更清楚地看到其中的物理含意.

① 考虑在$(a,a^\dagger)$表述中一个很简单的哈密顿量

$$H(a,a^\dagger) = a^\dagger a \tag{2.3.15}$$

对之作参量为 Δ 的表述变换：

$$
\begin{aligned}
a &= \frac{1}{2}\left(\sqrt{\frac{2\Delta}{\hbar}}\hat{x} + \mathrm{i}\sqrt{\frac{2}{\hbar\Delta}}\hat{p}\right) \\
a^{\dagger} &= \frac{1}{2}\left(\sqrt{\frac{2\Delta}{\hbar}}\hat{x} - \mathrm{i}\sqrt{\frac{2}{\hbar\Delta}}\hat{p}\right)
\end{aligned} \tag{2.3.16}
$$

将式(2.3.16)代入式(2.3.15),得

$$
\begin{aligned}
H(\hat{x},\hat{p}) &= \frac{1}{4}\left(\sqrt{\frac{2\Delta}{\hbar}}\hat{x} - \mathrm{i}\sqrt{\frac{2}{\hbar\Delta}}\hat{p}\right)\left(\sqrt{\frac{2\Delta}{\hbar}}\hat{x} + \mathrm{i}\sqrt{\frac{2}{\hbar\Delta}}\hat{p}\right) \\
&= \frac{1}{4}\left(\frac{2\Delta}{\hbar}\hat{x}^2 + \mathrm{i}\,\frac{2}{\hbar\Delta}\hat{p}^2\right)
\end{aligned} \tag{2.3.17}
$$

如果将 Δ 的值取作

$$
\Delta_1 = \frac{m_1}{\hbar} \tag{2.3.18}
$$

则得到 $H_1(\hat{x},\hat{p};\Delta_1)$为

$$
H_1 = \frac{1}{2m_1}\hat{p}^2 + \frac{m_1}{2\hbar^2}\hat{x}^2 \tag{2.3.19}
$$

这一系统实际是一个谐振子系统,其能级为

$$
\varepsilon_l^{(1)} = \left(l + \frac{1}{2}\right)\hbar\sqrt{\frac{1}{\hbar^2}} = l + \frac{1}{2} \tag{2.3.20}
$$

如果把参量 Δ 取作

$$
\Delta_2 = \frac{m_2}{\hbar} \tag{2.3.21}
$$

则得

$$
H_2 = \frac{1}{2m_2}\hat{p}^2 + \frac{m_2}{2\hbar^2}\hat{x}^2 \tag{2.3.22}
$$

其能级为

$$
\varepsilon_l^{(2)} = \hbar\sqrt{\frac{1}{\hbar^2}}\left(l + \frac{1}{2}\right) = l + \frac{1}{2} \tag{2.3.23}
$$

不过我们还不能立刻去将$\{\varepsilon_l^{(1)}\}$与$\{\varepsilon_l^{(2)}\}$作比较,原因是 Δ_1 值和 Δ_2 值不一样,说明两者作了质量标度不一样的变换,所以需回到同一能量标度后才能比较,即有

$$\frac{E_l^{(1)}}{E_l^{(2)}} = \frac{m_2}{m_1}\frac{\varepsilon_l^{(1)}}{\varepsilon_l^{(2)}} = \frac{m_2}{m_1}\cdot\frac{l+\frac{1}{2}}{l+\frac{1}{2}} = \frac{m_2}{m_1} \tag{2.3.24}$$

符合式(2.3.14).再考虑到式(2.3.6)的 t_1 和 t_2 的关系,便有

$$\frac{E_l^{(1)}t_1}{E_l^{(2)}t_2} = \frac{E_l^{(1)}}{E_l^{(2)}}\cdot\frac{t_1}{t_2} = \frac{m_2}{m_1}\cdot\frac{m_1}{m_2} = 1 \tag{2.3.25}$$

符合式(2.3.13).

② 再讨论一个例子:

$$H(a,a^\dagger) = -A(a^\dagger - a)^2 + B(a + a^\dagger)^4 \tag{2.3.26}$$

作参量 Δ 的表述变换,如式(2.3.16)所示,得

$$H = \frac{A}{\hbar\Delta}\hat{p}^2 + \frac{B\Delta^2}{\hbar}\hat{x}^4 \tag{2.3.27}$$

然后按前所述分别作:

(a) 取 $\Delta_1 = \dfrac{2m_1 A}{\hbar}$ 及系统的时间值 t_1;

(b) 取 $\Delta_2 = \dfrac{2m_2 A}{\hbar}$ 及系统的时间值 t_2,得到

$$H_1(\hat{x},\hat{p};m_1) = \frac{\hat{p}^2}{2m_1} + \frac{4m_1^2A^2B}{\hbar^2}\hat{x}^4 \tag{2.3.28}$$

$$H_2(\hat{x},\hat{p};m_2) = \frac{\hat{p}^2}{2m_2} + \frac{4m_2^2A^2B}{\hbar^2}\hat{x}^4 \tag{2.3.29}$$

以及它们的计时值分别是 t_1,t_2.

无论是式(2.3.28)还是式(2.3.29)都不像谐振子系统那样可以严格求解,即求定态集(哈密顿量的本征波函数集)的方程

$$\left(-\frac{\hbar^2}{2m_1}\frac{\partial^2}{\partial x^2} + \frac{4m_1^2A^2B}{\hbar^2}x^4\right)\psi_1(x) = \varepsilon^{(1)}\psi_1(x) \tag{2.3.30}$$

$$\left(-\frac{\hbar^2}{2m_2}\frac{\partial^2}{\partial x^2} + \frac{4m_2^2A^2B}{\hbar^2}x^4\right)\psi_2(x) = \varepsilon^{(2)}\psi_2(x) \tag{2.3.31}$$

都得不到严格的解析解.不过在这里我们并不要求解出$\{\varepsilon_l^{(1)}\}$,$\{\varepsilon_l^{(2)}\}$,$\{\psi_l^{(1)}(x)\}$和$\{\psi_l^{(2)}(x)\}$.我们感兴趣的是$\{\varepsilon_l^{(1)}\}$与$\{\varepsilon_l^{(2)}\}$的关系.因此如果在式(2.3.30)中作变量

变换

$$x = \left(\frac{m_2}{m_1}\right)^{1/2} y \tag{2.3.32}$$

由上式得

$$\frac{\partial^2}{\partial x^2} = \frac{m_1}{m_2}\frac{\partial^2}{\partial y^2} \tag{2.3.33}$$

将式(2.3.32)和式(2.3.33)代入式(2.3.30)得

$$\left(-\frac{\hbar^2}{2m_1}\cdot\frac{m_1}{m_2}\frac{\partial^2}{\partial y^2}+\frac{4m_1^2A^2B}{\hbar^2}\frac{m_2^2}{m_1^2}\cdot y^4\right)\varphi_1(y) = \varepsilon^{(1)}\varphi_1(y)$$

即

$$\left(-\frac{\hbar^2}{2m_2}\frac{\partial^2}{\partial y^2}+\frac{4m_2^2A^2B}{\hbar^2}y^4\right)\varphi_1(y) = \varepsilon^{(1)}\varphi_1(y) \tag{2.3.34}$$

比较(2.3.31)和(2.3.34)两式可知，它们是完全等价的，可见不用具体去求解. 已知有$\{\varepsilon_l^{(1)}\}$和$\{\varepsilon_l^{(2)}\}$等同.

和上面的例子一样，用同一能量标度写出的 m_1 系统和 m_2 系统的能谱 $E_l^{(1)}$，$E_l^{(2)}$ 的比值为

$$\frac{E_l^{(1)}}{E_l^{(2)}} = \frac{m_2}{m_1}\frac{\varepsilon_l^{(1)}}{\varepsilon_l^{(2)}} = \frac{m_2}{m_1} \tag{2.3.35}$$

符合式(2.3.14)，并且

$$\frac{E_l^{(1)}t_1}{E_l^{(2)}t_2} = \frac{E_l^{(1)}}{E_l^{(2)}}\cdot\frac{t_1}{t_2} = \frac{m_2}{m_1}\frac{m_1}{m_2} = 1 \tag{2.3.36}$$

满足式(2.3.13).

2.4 两种量子化方案

在前面讲过，人类对自然规律的认识过程总是从许多特定的、个别的事例开始

的，然后从中抽取出一个普适的、确定的自然规律.当达到这一目的后，理论的思路便会反过来，将得到的基本的、普适的原则应用到各种具体的、不同的系统上去.2.1节讲述的表述变换告诉我们，从一维谐振子开始推演出的表述变换的不唯一性包含两个方面：一是它是从无量纲表述变换到有量纲表述时因标度不同而自然产生的不唯一性，它虽然没有带来新的物理内容，但反映出量子理论的自洽性；二是这种不唯一性中包含表述变换到不同质量的物理系统时的某种不变性，表述变换揭示了在微观世界里不同质量的物理系统间在一种特定条件下的相关性，这是一种新的非经典效应.

在这里要指出上述表述变换理论还具有一个更重要和更基本的物理意义，这也是我们现在要讨论的问题.

1. 哪种表述更基本

上面的讨论主要集中于两种表述：一个是$(a, a^\dagger)$，另一个是$(\hat{x}, \hat{p})$.$(a, a^\dagger)$是无量纲的；$(\hat{x}, \hat{p})$中$\hat{x}$的量纲是$[\hat{x}]=[\mathrm{L}]$（长度的量纲），$\hat{p}$的量纲是$[\hat{p}]=[\mathrm{MLT}^{-1}]$.长期以来，量子理论认为微观系统的一个自由度不仅可用$(\hat{x}, \hat{p})$这对物理量算符来表征，有些系统或有些情况下还可用另一对$(\hat{O}_1, \hat{O}_2)$算符来表征，并称之为正则坐标和正则动量，故亦可以去考虑$(a, a^\dagger)$表述通过表述变换到一对正则的$(\hat{O}_1, \hat{O}_2)$，它们有完全不同于$(\hat{x}, \hat{p})$的量纲.鉴于这样的情况，我们是否可以说，在表现微观世界的量子效应方面，表述$(a, a^\dagger)$更基本？理由是：

① $(a, a^\dagger)$到$(\hat{O}_1, \hat{O}_2)$的变换是唯一到多重，上面已经从具体的$(a, a^\dagger) \to (\hat{x}, \hat{p})$看出，由于后者有量纲，因此出现了由标度的不同带来的表观的任意性以及变换到不同质量的物理系统的实质的多样性.

② 以上情况会使我们看到，只有无量纲的$(a, a^\dagger)$表述与什么样的物理量无关，亦与什么样的物理系统无关.因此它们的对易关系才会反映出从宏观物理到微观物理时最普遍、最实质的量子化效应.

2. 正则量子化与标准量子化

(1) 宏观物理与微观物理最显著的区别是:表征宏观物理系统状态的物理量集合在某一时刻的值确定后,以后任何时刻的物理量集合都能预测;而微观物理系统则不然,它的物理量集合在一般情况下都不取确定的数值,而代之以各数值组合出现的一定概率,从数学的表现形式看就是表示物理量的算符之间存在一定的对易关系.

以最简单的一个微观粒子为例,它没有内部自由度,只有三个外部自由度(x_1,x_2,x_3),这一系统中的物理量算符的对易关系如下:

$$[\hat{x}_i,\hat{x}_j]=[\hat{p}_i,\hat{p}_j]=0,\quad [\hat{x}_i,\hat{p}_j]=\mathrm{i}\hbar\delta_{ij} \tag{2.4.1}$$

这就是通常指的量子理论的并协原理.之所以说微观物理系统的物理量在某一时刻只能确定取值的概率,就是因为表征物理量的算符间有一定的对易关系.

在这里,我们要把式(2.4.1)的对易关系换成另一种形式.在非相对论的情况下,由于有 $\boldsymbol{p}=m\dot{\boldsymbol{x}}$的关系,因此和式(2.4.1)等效的对易关系可表为

$$[\hat{x}_i,\hat{x}_j]=[\dot{\hat{x}}_i,\dot{\hat{x}}_j]=0,\quad [\hat{x}_i,\dot{\hat{x}}_j]=\frac{\mathrm{i}\hbar}{m}\delta_{ij} \tag{2.4.2}$$

从式(2.4.1)与式(2.4.2)来看,物理量算符间的对易关系分成两类:一类是两算符的对易为零,在物理上表示它们在同时测量时不会互相影响;另一类是对易关系不为零,这就是导致 Heisenberg 不确定关系的根源.因此物理量之间的对易关系为零还是不为零就是量子理论中最为基本的并协原理要回答的问题.从式(2.4.1)看出,对那样简单的系统而言,一个自由度的位置算符和同一自由度的动量算符的对易关系是不为零的,不同自由度的算符间的对易关系为零.过去的量子理论将这种最简单的系统的算符间的对易关系推广为正则量子化原则.所谓的正则量子化指的是对于复杂的系统,各种物理量(算符)并不一定是位置算符,因此和它不对易的物理量亦不一定是动量.那么如何找到与一个物理量对偶的不对易的物理量?这就是迄今一直在遵循的正则量子化规则,即认为总可用分析力学的办法将物理系统表示成一个广义的力学系统,构造出系统的拉格朗日量或哈密顿量,然后求得正则坐标和相应的正则动量,从而对得到的正则坐标和正则动量算符给出式(2.4.1)的对易关系.

为了下面的讨论方便,本书将传统的量子化称作正则量子化,而式(2.4.2)表示

的和式(2.4.1)等效的量子化法则称为标准量子化.

(2) 在讨论了表述变换及表述变换与并协原理的关系以后,可以想到以此作为出发点来讨论目前的量子理论是否是一个统一的理论这样的问题.

首先从最广泛的角度来考虑.我们认为考虑一个统一的理论的依据与出发点应当是$(a,a^\dagger)$表述,因为它是一个没有量纲的算符对,与任何具体的物理量和物理系统都无关.通过这一表述,变换到任何一个具体的物理系统和物理量时,其基础都是同一个,由此得到的理论体系自然是统一的.

其次可以指出的一点是,过去认为量子力学与量子场论的区别在于量子力学不能描述微观粒子的消失与产生以及不同类型微观客体的转换.现在从表述理论知道,在所有的微观物理系统中,既可以用类似$(\hat{x},\hat{p})$的表述来描绘,亦可以用$(a,a^\dagger)$表述来描绘,所以作为从宏观物理到微观物理的过渡的量子化应当只是一次量子化.因为在一次量子化中湮灭、产生算符都存在且物质的湮灭、产生以及转换都可得到表示,所以一次量子化后再一次进行量子化的做法是无法理解的.对于这一点,在后面的讨论中还会遇到和作进一步讨论.

前面已谈过,在量子化的具体操作时出现两种量子化方案:正则量子化与标准量子化,以式(2.4.1)和式(2.4.2)的具体形式表征.现在我们要认真分析一下两者是否真的完全等价的问题.

首先看正则量子化.它的最大特点、也许亦是后来一直采用它的理由是式(2.4.1)取$i=j$:

$$[\hat{x}_i,\hat{p}_i]=\mathrm{i}\hbar$$

这个基本对易式的右边是一个确定的量$\mathrm{i}\hbar$.因此推广到任意的其他物理系统和物理量时,只要能把其他物理量转化成正则坐标和正则动量,对易关系或量子化就完成了.但是需要指出的是,这样的量子化方案实际上在原有的并协原理上又加上了两个附加的假定:

① 不论是什么微观系统,包含的是什么物理量,总能化为正则坐标和正则动量的形式.

② 所有不同性质的“正则坐标与正则动量”的对易都得到相同的$\mathrm{i}\hbar$.

反观标准量子化,它实质上和正则量子化是有区别的.

① 它不需要作任何微观物理系统都能纳入分析力学中的拉格朗日形式或哈密顿形式的假设.

② 它自然亦不需要假设正则坐标与正则动量的对易一定是$\mathrm{i}\hbar$.

③ 它的量子化方案就是并协原理的直接推论，因为任一物理量(算符)都有它的时间导数算符，它们之间存在对易关系就是并协原理的内涵，亦是所有人对微观世界的量子现象的最基本共识.

④ 也许我们会说标准量子化得不到正则量子化那样的确定关系，因为式(2.4.2)的右边是$\frac{i\hbar}{m}$，其随系统的质量不同而不同.那么从正则量子化推论出的 Heisenberg 不确定关系以及当前十分关注的精密测量问题是否都会受到影响？回答是没有任何影响，改变的仅仅是动量 $\hat{p}$ 改为$\dot{\hat{x}}$，一切物理都不会改变.在后面我们还会讨论到，正则量子化把任意物理系统都纳入"正则坐标和正则动量"形式和固定的对易关系这两个附加假定与量子理论的其他原理有可能是不协调的，会漏掉有意义的物理规律.标准量子化是并协原理的直接实现方案，自然不会导致这样的缺失.

(3) 最后再讨论一下标准量子化的具体实施情况，也就是将式(2.4.2)中特定坐标算符换成任意物理系统中的一个任意物理量算符时如何得到其对易关系，即由一个算符$\hat{A}$如何得到$[\hat{A},\dot{\hat{A}}]$的对易关系.

其实这个问题在前面的表述变换中已经讲清楚了，其步骤如下：

① 从$(a,a^{\dagger})$表述出发，先看一下物理量算符$\hat{A}$的量纲是什么，把$\hat{A}$的量纲记为$[\hat{A}]$，则 $\dot{\hat{A}}$ 的量纲为$[\hat{A}\ \mathrm{T}^{-1}]$.然后按照前面表述变换的精神，可以作如下表述变换：

$$\hat{A} = \Delta_1(a + a^{\dagger}), \quad \dot{\hat{A}} = \mathrm{i}\Delta_2(a^{\dagger} - a) \tag{2.4.3}$$

其中 Δ_1 是该物理系统的物理参量组合成的一个参量，其量纲为$[\Delta_1]=[\hat{A}]$；Δ_2 是另一个由系统的物理参量组合成的参量，其量纲是$[\Delta_2]=[\hat{A}\ \mathrm{T}^{-1}]$.由式(2.4.3)立即可得

$$[\hat{A},\hat{A}] = [\dot{\hat{A}},\dot{\hat{A}}] = 0, \quad [\hat{A},\dot{\hat{A}}] = 2\mathrm{i}\Delta_1\Delta_2 \tag{2.4.4}$$

② 从式(2.4.4)知 $\Delta=\Delta_1\Delta_2$ 是不能确定的，例如对式(2.4.2)中确定的物理量算符 $\hat{x}$ 来说，式(2.4.4)中的相应 $\Delta=\frac{\hbar}{2m}$和系统的粒子质量有关，即是说在标准量子化方案中，我们需要依据不同物理系统的性质去确定 Δ 的值.这样看来采取标准量子化似乎会增加我们在探讨物理系统时的任务，不过在理论上是没有任何欠缺的，而且在后面的讨论中会看到，正是这个 Δ 和不同系统有关的规律让我们有可能解决量子理论中长期存在的疑难问题.

2.5 关于微观物理系统的存在的思考

本章讨论到现在，似乎可来思考一下在量子理论发展初期就产生的这样疑问：对微观物理系统的状态只给出物理量的期待值而不是确定值符合科学的决定论吗？或者换一个问法：微观物理系统的存在该如何理解？

(1) 对于宏观物理系统，这个问题是自明的．它的存在体现它在任何时候具有一定的状态．所谓的状态是指系统除了有确定的空间中的形态外，其他物理量都取确定的数值，并且这些物理量都是可以观测到的．只要我们的测量技术足够高明，在测量时使系统的改变小得可以忽略，不同时间与地点的测量结果就都会一样．于是可以说宏观物理系统的存在由它的状态来表征．

到了微观世界，情况就不同了．对微观物理系统的观测在普遍情形下得到的物理量的观测值是不确定的，并与它的算符和态矢都有关．每次得到的数值都会不一样，只是多次测量后出现各个数值的概率是确定的．因此把微观系统的态矢的观测就看作是微观系统存在的证据似乎成了问题．按照科学的决定论思想，客体的存在应该是确定的，这正是量子理论发展初期 Einstein 提出质疑的原由．为了说明在微观世界里微观系统的存在不是一回事，我们用下面一个例子来说明得更清楚一些．

(2) 我们要举的例子是微观系统的一个最简单的纠缠态．该系统由两个自旋为$\frac{1}{2}$的粒子组成．这里只关注它们的内部自由度（自旋）的态矢．这一系统的纠缠态表示如下：

$$|\rangle = \frac{1}{\sqrt{2}}(|\uparrow\rangle_1|\downarrow\rangle_2 \pm |\downarrow\rangle_1|\uparrow\rangle_2) \tag{2.5.1}$$

其中$|\uparrow\rangle$，$|\downarrow\rangle$分别是自旋向上、自旋向下的态，下标 1，2 分别表示第一、第二个粒子．Schrödinger 用一个生动的表述来描述这个纠缠态．他将$|\uparrow\rangle$看作猫活着，而$|\downarrow\rangle$看作猫死了，于是式(2.5.1)的态矢$|\rangle$就可解释为这样的状态：第一只猫活着、第二只猫死了的情况与第一只猫死了、第二只猫活着的情况的混合．后来不少人在文章中都据此来述说，这一系统就是处于第一只猫活、第二只猫死或者第一只猫死、第二

只猫活的状态.乍一看,秉持这一说法的人不过是重复 Schrödinger 的形象描述而已.但是我们要指出的是,流行的说法和 Schrödinger 当时的说法有本质的不同. Schrödinger 的说法是出于我们去观测时得到的结果.对于不作观测时系统是怎样的,他没有讲.流行的说法显然是说不论你是否去观测,系统都是以这样的情形存在.这两种说法的准确含意是不一样的.这就是宏观物理与微观物理的不同之处.为此下面来仔细一点阐明.

事实上式(2.5.1)的表示并不完整,理由是$|\uparrow\rangle$表示的向上是哪一个方向没有标明,$|\downarrow\rangle$表示的向下是哪一个方向亦未标明.完整的态矢的表示需要指明自旋投影的方向.故应将式(2.5.1)改表示为如下的式子:

$$|\rangle = \frac{1}{\sqrt{2}}(|\uparrow\rangle_1^{(z)}|\downarrow\rangle_2^{(z)} \pm |\downarrow\rangle_1^{(z)}|\uparrow\rangle_2^{(z)}) \tag{2.5.2}$$

上式告诉我们,所谓的猫活着的含意是我们去观测时粒子 1 的自旋在 z 方向是向上的.那么能否就说我们不去观测时这一系统的第一粒子沿 z 方向投影向上呢?为回答这一问题,我们需要指出该纠缠态按量子理论还可表示为

$$|\rangle = \frac{1}{\sqrt{2}}(|\uparrow\rangle_1^{(x)}|\downarrow\rangle_2^{(x)} \pm |\downarrow\rangle_1^{(x)}|\uparrow\rangle_2^{(x)}) \tag{2.5.3}$$

$|\uparrow\rangle_1^{(x)}$,$|\downarrow\rangle_1^{(x)}$,$|\uparrow\rangle_2^{(x)}$,$|\downarrow\rangle_2^{(x)}$ 分别表示第一粒子、第二粒子的自旋沿 x 方向向上和向下的态矢,同时量子理论还给出沿 x 方向和沿 z 方向自旋投影的态矢之间的如下的关系:

$$\begin{aligned} |\uparrow\rangle^{(x)} &= \frac{1}{\sqrt{2}}(|\uparrow\rangle^{(z)} - |\downarrow\rangle^{(z)}) \\ |\downarrow\rangle^{(x)} &= \frac{1}{\sqrt{2}}(|\uparrow\rangle^{(z)} + |\downarrow\rangle^{(z)}) \end{aligned} \tag{2.5.4}$$

$$\begin{aligned} |\uparrow\rangle^{(z)} &= \frac{1}{\sqrt{2}}(|\uparrow\rangle^{(x)} + |\downarrow\rangle^{(x)}) \\ |\downarrow\rangle^{(z)} &= \frac{1}{\sqrt{2}}(|\uparrow\rangle^{(x)} - |\downarrow\rangle^{(x)}) \end{aligned} \tag{2.5.5}$$

于是对于这样的两个自旋为$\frac{1}{2}$的粒子的纠缠态,从上面的叙述中引出下面的思考:

很长一段时间以来许多文献谈到这一纠缠态时都喜欢用 Schrödinger 猫来解释.他们说这一纠缠态就是一猫活、另一猫死和一猫死、另一猫活.这种说法的依据当然来自式(2.5.2).可是当我们从式(2.5.3)出发时,按照上述说法的精神,再参照式(2.5.4)和式(2.5.5),会改说成这一纠缠态是两只猫都半死半活的两种状态的混合.后一说法和前一说法就完全不同了.那么这样矛盾的两种说法的根源何在呢?

首先我们知道这个矛盾出自我们究竟应该依据式(2.5.3)还是式(2.5.2).其实只是写下式(2.5.2)或式(2.5.3)在物理上仍有不完整之处,根源在于它们有各自的成立前提.这种前提是:如果我们对这一状态作沿 z 方向的自旋投影(即沿 z 方向的磁矩分量)观测,这一系统便显示为如式(2.5.2)的态矢.如果我们对这一系统作沿 x 方向的自旋投影观测,这一系统便显示为如式(2.5.3)的态矢.因此对这一系统的完整描述应该由图 2.2 来表达.

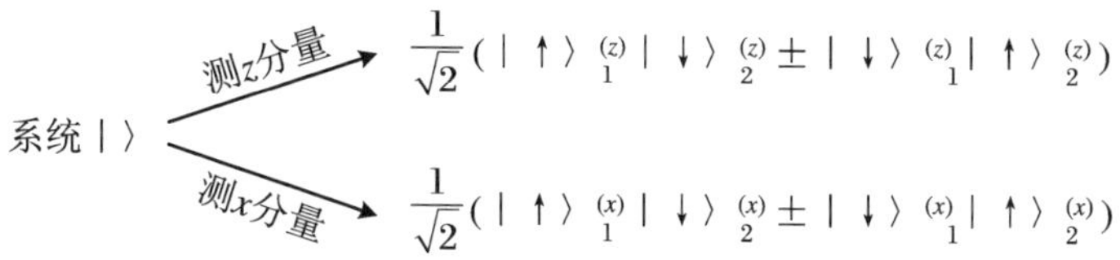

系统 $|\,\rangle$

测z分量 $\rightarrow \dfrac{1}{\sqrt{2}}\left(|\uparrow\rangle_1^{(z)}|\downarrow\rangle_2^{(z)} \pm |\downarrow\rangle_1^{(z)}|\uparrow\rangle_2^{(z)}\right)$

测x分量 $\rightarrow \dfrac{1}{\sqrt{2}}\left(|\uparrow\rangle_1^{(x)}|\downarrow\rangle_2^{(x)} \pm |\downarrow\rangle_1^{(x)}|\uparrow\rangle_2^{(x)}\right)$

图 2.2

于是可以得出结论:

① 不论是式(2.5.2)还是式(2.5.3)都是在作自旋的投影方向确定的观测时才有意义.

② 这二式不是同时成立的,从物理上看系统不可能同时居于右方的两个态矢中.

③ 因此式(2.5.2)和式(2.5.3)都不是不去观测时系统所处的状态.换句话说,系统的存在与观测时得到的表观的状态不是一回事.对于这一点下面还要仔细一点讨论.

(3) 为了把前面简单举例分析的问题看得更仔细和具体一些,现在来讨论简单的一维外部自由度的系统.前面已知对这一系统有如下的表述变换:

$$\hat{x} = \sqrt{\frac{\hbar}{2\Delta}}(a + a^{\dagger})$$

$$\hat{p} = \mathrm{i}\sqrt{\frac{\hbar\Delta}{2}}(a^{\dagger} - a)$$

$$a = \frac{1}{2}\left(\sqrt{\frac{2\Delta}{\hbar}}\hat{x} + \mathrm{i}\sqrt{\frac{2}{\hbar\Delta}}\hat{p}\right)$$

$$a^\dagger = \frac{1}{2}\left(\sqrt{\frac{2\Delta}{\hbar}}\hat{x} - \mathrm{i}\sqrt{\frac{2}{\hbar\Delta}}\hat{p}\right)$$

为具体起见,考虑这一系统在表述$(a, a^\dagger)$中的这样的态矢:

$$|\alpha,\beta\rangle = \mathrm{e}^{-(\alpha^2+\beta^2)/2}\mathrm{e}^{(\alpha+\mathrm{i}\beta)a^\dagger}|0\rangle \tag{2.5.6}$$

① 计算系统的位置期待值:

$$\begin{aligned}\bar{x} &= \left(\langle 0|\mathrm{e}^{-(\alpha^2+\beta^2)/2}\mathrm{e}^{(\alpha-\mathrm{i}\beta)a}\right)\left(\sqrt{\frac{\hbar}{2\Delta}}(a+a^\dagger)\right)\\ &\quad\cdot\left(\mathrm{e}^{-(\alpha^2+\beta^2)/2}\mathrm{e}^{(\alpha+\mathrm{i}\beta)a^\dagger}|0\rangle\right)\\ &= \sqrt{\frac{\hbar}{2\Delta}}\mathrm{e}^{-(\alpha^2+\beta^2)}\langle 0|\mathrm{e}^{(\alpha-\mathrm{i}\beta)a}(a+a^\dagger)\mathrm{e}^{(\alpha+\mathrm{i}\beta)a^\dagger}|0\rangle\\ &= \sqrt{\frac{\hbar}{2\Delta}}\mathrm{e}^{-(\alpha^2+\beta^2)}\langle 0|\mathrm{e}^{(\alpha-\mathrm{i}\beta)a}(\alpha+\mathrm{i}\beta+\alpha-\mathrm{i}\beta)\mathrm{e}^{(\alpha+\mathrm{i}\beta)a^\dagger}|0\rangle\\ &= \sqrt{\frac{\hbar}{2\Delta}}\cdot 2\alpha\mathrm{e}^{-(\alpha^2+\beta^2)}\langle 0|\mathrm{e}^{(\alpha-\mathrm{i}\beta)a}\mathrm{e}^{(\alpha+\mathrm{i}\beta)a^\dagger}|0\rangle\\ &= \sqrt{\frac{\hbar}{2\Delta}}\cdot 2\alpha\mathrm{e}^{-(\alpha^2+\beta^2)}\mathrm{e}^{\alpha^2+\beta^2}\langle 0|0\rangle\\ &= \sqrt{\frac{2\hbar}{\Delta}}\alpha\end{aligned} \tag{2.5.7}$$

计算二极矩:

$$\begin{aligned}(\Delta x)^2 &= \left(\langle 0|\mathrm{e}^{-(\alpha^2+\beta^2)/2}\mathrm{e}^{(\alpha-\mathrm{i}\beta)a}\right)\frac{\hbar}{2\Delta}(a+a^\dagger)^2\\ &\quad\cdot\left(\mathrm{e}^{-(\alpha^2+\beta^2)/2}\mathrm{e}^{(\alpha+\mathrm{i}\beta)a^\dagger}|0\rangle\right)-(\bar{x})^2\\ &= \frac{\hbar}{2\Delta}\mathrm{e}^{-(\alpha^2+\beta^2)}\langle 0|\mathrm{e}^{(\alpha-\mathrm{i}\beta)a}(a^2+(a^\dagger)^2+2a^\dagger a+1)\mathrm{e}^{(\alpha+\mathrm{i}\beta)a^\dagger}|0\rangle-(\bar{x})^2\\ &= \frac{\hbar}{2\Delta}\mathrm{e}^{-(\alpha^2+\beta^2)}\left((\alpha+\mathrm{i}\beta)^2+(\alpha-\mathrm{i}\beta)^2+2(\alpha-\mathrm{i}\beta)(\alpha+\mathrm{i}\beta)+1\right)\\ &\quad\cdot\langle 0|\mathrm{e}^{\alpha-\mathrm{i}\beta}\mathrm{e}^{\alpha+\mathrm{i}\beta}|0\rangle-(\bar{x})^2\\ &= \frac{\hbar}{2\Delta}(4\alpha^2+1)\mathrm{e}^{-(\alpha^2+\beta^2)}\mathrm{e}^{\alpha^2+\beta^2}-\left(\sqrt{\frac{2\hbar}{\Delta}}\alpha\right)^2\\ &= \frac{\hbar}{2\Delta}\end{aligned} \tag{2.5.8}$$

还可继续计算高阶矩,这里就不再算了.

② 计算这一系统的动量期待值:

$$
\begin{aligned}
\bar{p} &= (\langle 0 \mid \mathrm{e}^{-(\alpha^2+\beta^2)/2}\mathrm{e}^{(\alpha-\mathrm{i}\beta)a})\\
&\quad\cdot\left(\mathrm{i}\sqrt{\frac{\hbar\Delta}{2}}(a^\dagger - a)\right)(\mathrm{e}^{-(\alpha^2+\beta^2)/2}\mathrm{e}^{(\alpha+\mathrm{i}\beta)a^\dagger} \mid 0\rangle)\\
&= \mathrm{i}\sqrt{\frac{\hbar\Delta}{2}}\mathrm{e}^{-(\alpha^2+\beta^2)}\langle 0 \mid \mathrm{e}^{(\alpha-\mathrm{i}\beta)a}(a^\dagger - a)\mathrm{e}^{(\alpha+\mathrm{i}\beta)a^\dagger} \mid 0\rangle\\
&= \mathrm{i}\sqrt{\frac{\hbar\Delta}{2}}\mathrm{e}^{-(\alpha^2+\beta^2)}\langle 0 \mid (\alpha - \mathrm{i}\beta - \alpha - \mathrm{i}\beta)\mathrm{e}^{(\alpha-\mathrm{i}\beta)a}\mathrm{e}^{(\alpha+\mathrm{i}\beta)a^\dagger} \mid 0\rangle\\
&= 2\beta\sqrt{\frac{\hbar\Delta}{2}}\mathrm{e}^{-(\alpha^2+\beta^2)}\mathrm{e}^{\alpha^2+\beta^2}\\
&= \sqrt{2\hbar\Delta}\beta
\end{aligned}
\tag{2.5.9}
$$

计算二极矩:

$$
\begin{aligned}
(\Delta p)^2 &= (\langle 0 \mid \mathrm{e}^{-(\alpha^2+\beta^2)/2}\mathrm{e}^{(\alpha-\mathrm{i}\beta)a})\left(-\frac{\hbar\Delta}{2}(a^\dagger - a)^2\right)\\
&\quad\cdot(\mathrm{e}^{-(\alpha^2+\beta^2)/2}\mathrm{e}^{(\alpha+\mathrm{i}\beta)a^\dagger} \mid 0\rangle) - (\bar{p})^2\\
&= -\frac{\hbar\Delta}{2}\mathrm{e}^{-(\alpha^2+\beta^2)}\langle 0 \mid \mathrm{e}^{(\alpha-\mathrm{i}\beta)a}((a^\dagger)^2 + a^2 - 2a^\dagger a - 1)\mathrm{e}^{(\alpha+\mathrm{i}\beta)a^\dagger} \mid 0\rangle - (\bar{p})^2\\
&= -\frac{\hbar\Delta}{2}\mathrm{e}^{-(\alpha^2+\beta^2)}((\alpha - \mathrm{i}\beta)^2 + (\alpha + \mathrm{i}\beta)^2 - 2(\alpha - \mathrm{i}\beta)(\alpha + \mathrm{i}\beta) - 1)\\
&\quad\cdot\langle 0 \mid \mathrm{e}^{(\alpha-\mathrm{i}\beta)a}\mathrm{e}^{(\alpha+\mathrm{i}\beta)a^\dagger} \mid 0\rangle - (\bar{p})^2\\
&= -\frac{\hbar\Delta}{2}\mathrm{e}^{-(\alpha^2+\beta^2)}(-4\beta^2 - 1)\mathrm{e}^{\alpha^2+\beta^2} - (\sqrt{2\hbar\Delta}\cdot\beta)^2\\
&= \frac{\hbar\Delta}{2}
\end{aligned}
\tag{2.5.10}
$$

和位置算符的情况类似,亦可继续去算高阶矩.

③ 结果的物理意义:

从得到的式(2.5.7)和式(2.5.8)知,当我们去观测这一系统的位置时,发现它是一个以 $x_0 = \alpha\sqrt{\frac{2\hbar}{\Delta}}$ 为中心的位置表象中的波包.理由是:除了位置中心外,它有表征一定宽度的二极矩,还有反映波包复杂结构的高阶矩.故是一个用波函数 $\psi(x)$ 表征的波包:

$$
\int \psi(x) \mid x\rangle \mathrm{d}x
$$

完全类似，如果去观测系统的动量，根据计算的结果式(2.5.9)和式(2.5.10)知它是一个动量表象中的波包．波包中心为 $p_0=\sqrt{2\hbar\Delta}\cdot\beta$，表征宽度的二极矩为$\frac{\hbar\Delta}{2}$，还有表征其动量波包的复杂结构的高阶矩．所以在作观测时，它显示为一个动量表象中以动量波函数 $\varphi(p)$组成的波包：

$$\int\varphi(p)\mid p\rangle\mathrm{d}p$$

和前面的第一个例子类似，亦可用图 2.3 来描述．

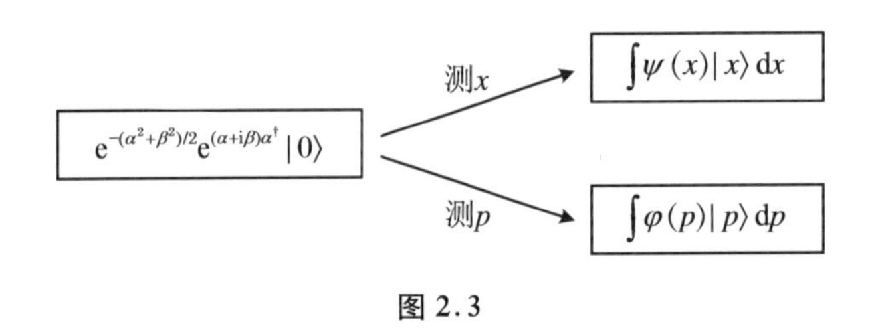

图 2.3

这里亦和上一个例子一样，显然系统在被观测物理量 x 时表观表现为一个位置表象中的波包，在被观测动量时表观表现为一个动量表象中的波包．显然在这个例子里我们一样不能认为在不被观测时它以$\int\psi(x)\mid x\rangle\mathrm{d}x$ 这样的波包形式存在，亦不能认为没有被观测时它以$\int\varphi(p)\mid p\rangle\mathrm{d}p$ 的波包形式存在．我们设想在无观测（实际上在观测时就有非微观的宏观因素的介入）时微观系统以 $\mathrm{e}^{-(\alpha^2+\beta^2)/2}\mathrm{e}^{(\alpha+\mathrm{i}\beta)a^\dagger}\mid 0\rangle$的态矢形式存在是合理的，因为微观客体以$(a,a^\dagger)$表述中的态矢存在是一个在物理上确定的形式．它符合科学的决定论精神．在观测时，由于我们要进行不同物理量的观测，实验设置不同，随之而来的是非微观的影响不同，因此我们观测到的表观的状态会有所不同亦能被理解．在这样的分析下，微观客体的存在和在被观测、被感知条件下的表观表现并不是一个概念．回到第一个例子，就更清楚地理解两个自旋$\frac{1}{2}$的粒子的纠缠态不能说是存在“一猫生、另一猫死和一猫死、另一猫生”的两可状态或两猫都半死半活的两种状态的组合．这两种情况只是在不同观测条件下系统出现的表观的状态．

2.6 如何理解微观客体的存在

可以说有不少人都考虑过这样的问题：我们对微观世界的认知在多大程度上反映了微观客体的真实状况？本章尝试给出一个较为明确的答案，其中心思想是将微观客体的存在与我们在观测时微观客体的表观表现的状态区分开．对于这一论断，我们感到还需要作几点讨论．

（1）其实早在 Dirac 的工作中就提出了这一思想的初步论述，他是针对量子理论是否符合科学的决定论的问题而提出的．他的回答是：在宏观物理中，状态的物理量是确定的，因而符合决定论；到微观物理中，不是物理量确定，而是表征微观客体的态矢是确定的，所以依然符合科学的决定论．

由当时 Dirac 的论证，可知有关微观客体存在的问题最早在 Dirac 的论证中得到了初步的解答，只是不够仔细和完善．分析如下：

① 他认为微观客体的存在是确定的．从图 2.3 来说明就是图中左方的态矢 $e^{-(\alpha^2+\beta^2)/2}e^{(\alpha+i\beta)a^\dagger}|0\rangle$．这里把他比较泛泛而谈的态矢给出明确具体的表示．

② 他没有指明图中右方的态矢中的 $\int\psi(x)\mid x\rangle dx$ 或 $\int\varphi(p)\mid p\rangle dp$ 不是微观客体的存在．

③ 在 Dirac 的时代，自然没有将图 2.3 中微观客体的存在与观测时的表观表现之间的关系给出．

（2）有可能会提出这样的质疑：如果将图 2.3 的左方态矢作为微观客体的存在，我们只能知道去观测时它的表现，不观测时它就只不过是我们的认知系统里一个数学和物理的符号，那么仍然没有回答它是一个什么样的形态的问题．

对于这样的质疑，我们将用宏观物理中的类似情况来解释．其实在宏观世界我们可以把一个物体的存在和一个物理系统的形态等同起来．因为人类有几种感觉器官，人类得到一个物理系统的形态准确来讲是一个观测的过程，只不过比较特殊的是人的感官观测后得到的结果在我们的大脑中形成了一个特别的形态．但是即便在宏观世界里，这种情形亦是有限的．例如对于光的存在，可见光有各种颜色的具体形态：红色、蓝色……然而红外光、紫外光无法感知，我们无法通过感官在大脑里给出一个色的形态．又如声音，各种可以接收到的声频都会给我们的大脑以声调、声响的形态，而超声则不然.从光与声的例子可知,如果能在我们的大脑里给出形态.我们就可确认它们的存在;如果不能在大脑里给出形态,难道就认为这样的物理系统不存在吗?显然,在宏观物理范畴内,我们已经明白,无论是光还是声,在我们的观测仪器给出的光谱、声谱中,无论是哪一种光和声,其地位都是一样的,都有具体的数值表征,因此微观物理的情况仍然是一样的,微观客体的存在的依据同样是它在观测中给出的表观表现.我们所谓的形态是在宏观世界里与人的有限感官能力结合产生的很有限的一种认知现象,不能和对客体存在的科学判断等同起来.换句话说,我们要求微观客体在人的大脑中有一个具体的形态的想法和科学上的客体存在的准确含意相差很远.

(3) 这里的讨论还可和自然中的物质结构的图像联系起来.过去我们对自然的物质结构大体上认为宏观世界的客体由尺度小很多的微观世界里的那些基本物质单元所组成,后者是宏观世界的砖石.从本章讨论的内容来看,微观客体和宏观物理除了尺度上的显著差异外,在由单纯和单一的微观客体向宏观世界过渡中,各种不同量纲的可观测物理量出现了(表述变换中从无量纲到有量纲),并且质量不同的物理系统都表现出从微观到宏观的单纯到纷繁复杂的转换过程,体现出由微观到宏观不仅是量的改变,亦是质的改变.在这种质的改变的物理机制中,表述变换是最初的一步.当然,多体系统的复杂性、统计、随机等物理因素以及其他因素的共同作用构成了极其丰富的宏观的物理世界,而量子理论中的表述变换肯定是其中的一个因素.

最后对本章作一个小结:

(1) 第一次提出量子理论中存在的表述变换.

(2) 讨论了表述变换的物理含意以及其中包含的新的非经典效应.

(3) 表述变换已揭示出在一次量子化框架下可以引入湮灭、产生算符,它们符合玻色型的对易关系,初步预示二次量子化不是物理上必要的前提.

(4) 从表述理论看出,和过去沿用至今的正则量子化比较,标准量子化与量子理论的基本原理更贴近.原因是:首先它不需要附加条件,其次是它还可能给出解决量子场论中长期存在的困难.这样的方案将在后面予以讨论.

(5) 在上面讨论的内容的基础上讨论了微观客体的存在问题,从中看出过去许多人想得出微观客体具有什么样的形态这种考虑实际上是不合理的,它和准确的微观客体的存在这一命题相去甚远.

(6) 微观世界到宏观世界的从简到繁的最初和物理机制清楚的一步从这里讨论的内容中可以窥见.

第3章

物理的自由 Dirac 粒子

在第1章中讨论了目前对费米系统或者说对结合了相对论和量子物理的Dirac理论的各种质疑.在第1章中还提到,按Weinberg在他的《量子场论》中声称的看法,必须把原来的Dirac理论抛弃,改为现在量子场论的理论体系,才能得到正确的结果.这一看法留待后面再仔细分析.在本章中,我们先考虑量子理论能否仍然停留在Dirac理论的框架之内,再对他关于真实的自由Dirac粒子的理解作一个剖析,看是否能找到解决这些质疑的正确途径.

3.1 如何着手弥补原有理论的不足

Dirac虽然成功地结合相对论和量子物理,得到了他认为的自由Dirac粒子满足的动力学方程，或者给出了自由 Dirac 粒子的哈密顿量，但是正如第 1 章中指出的那样，Schrödinger按照他证明的 Dirac 粒子运动时含有颤动，说明对于自由Dirac 粒子来讲，必须在粒子的内、外自由度间具有相互作用. 而他得出的自由 Dirac 粒子的哈密顿量为

$$H = c\boldsymbol{\alpha} \cdot \hat{\boldsymbol{p}} + \beta mc^2 \tag{3.1.1}$$

其中没有内、外自由度的相互作用的表示部分，所以原有理论自然是不自洽的、不完善的. 事实上，Dirac 在他的书中除了写出式(3.1.1)的结果，还写出了把电磁场包含进来时 Dirac 粒子的哈密顿量：

$$H = c\boldsymbol{\alpha} \cdot \left(\hat{\boldsymbol{p}} - \frac{e}{c}\boldsymbol{A}(\boldsymbol{r})\right) + \beta mc^2 \tag{3.1.2}$$

因此可以认为式(3.1.2)的哈密顿量才是真实的自由 Dirac 粒子的哈密顿量. 在写出式(3.1.2)时，为方便下面讨论，在式(3.1.2)中采用了 Coulomb 规范，故式中只出现电磁场的矢量势. 之所以将式(3.1.2)解释为物理真实的自由 Dirac 粒子的哈密顿量，除了在那里明确给出内、外自由度之间的相互作用是已知的自然界中四种相互作用之一的电磁相互作用，根据已有的规范理论，Dirac 粒子带有电荷，它一定会和内禀的规范场——电磁场有相互作用，这里的电磁场不是外界环境加在 Dirac 粒子上的外加电磁场.

作了这样的物理诠释后，再回头来看物理的自由 Dirac 粒子. 除了包含已知的内、外自由度两部分，应当还包括内禀的规范场——电磁场. 于是作为这三部分的整体的物理的 Dirac 粒子，还应把电磁场的哈密顿量部分加进来. Schrödinger 指出的内、外自由度间的作用现在来看就是电磁场作为中介的作用. 从这样的角度看，Dirac 粒子包含的实际是三部分，它是内部自由度、外部自由度和内禀电磁场的集合体系. 它应该以三部分的集合体的稳定状态存在. 因此下一步的工作是求这个集合体的最低能量的稳定态.

1. 给出哈密顿量

在求解之前，要在哈密顿量中加上电磁场的裸能部分，并约定将单模光场的湮灭、产生算符 $a(\boldsymbol{k}_j)$，$a^{\dagger}(\boldsymbol{k}_j)$改记为沿 x_1, x_2, x_3 方向的 $a_1(k_j)$，$a_1^{\dagger}(k_j)$；$a_2(k_j)$，$a_2^{\dagger}(k_j)$；$a_3(k_j)$，$a_3^{\dagger}(k_j)$. 于是这一集合体的哈密顿量表示为

$$
\begin{aligned}
H = & c\boldsymbol{\alpha}\cdot\left(\hat{p}-\frac{e}{c}\boldsymbol{A}(\boldsymbol{r})\right)+\beta mc^2+H_{\mathrm{r}} \\
= & c\left[\alpha_1\left(-\mathrm{i}\frac{\partial}{\partial x_1}\right)+\alpha_2\left(-\mathrm{i}\frac{\partial}{\partial x_2}\right)+\alpha_3\left(-\mathrm{i}\frac{\partial}{\partial x_3}\right)\right] \\
& -e\alpha_1\sum^{k_j}\sqrt{\frac{1}{2ck_j}}\left[a_2(k_j)\mathrm{e}^{\mathrm{i}k_jx_2}+a_2^{\dagger}(k_j)\mathrm{e}^{-\mathrm{i}k_jx_2}+a_3(k_j)\mathrm{e}^{\mathrm{i}k_jx_3}+a_3^{\dagger}(k_j)\mathrm{e}^{-\mathrm{i}k_jx_3}\right] \\
& -e\alpha_2\sum^{k_j}\sqrt{\frac{1}{2ck_j}}\left[a_1(k_j)\mathrm{e}^{\mathrm{i}k_jx_1}+a_1^{\dagger}(k_j)\mathrm{e}^{-\mathrm{i}k_jx_1}+a_3(k_j)\mathrm{e}^{\mathrm{i}k_jx_3}+a_3^{\dagger}(k_j)\mathrm{e}^{-\mathrm{i}k_jx_3}\right] \\
& -e\alpha_3\sum^{k_j}\sqrt{\frac{1}{2ck_j}}\left[a_1(k_j)\mathrm{e}^{\mathrm{i}k_jx_1}+a_1^{\dagger}(k_j)\mathrm{e}^{-\mathrm{i}k_jx_1}+a_2(k_j)\mathrm{e}^{\mathrm{i}k_jx_2}+a_2^{\dagger}(k_j)\mathrm{e}^{-\mathrm{i}k_jx_2}\right] \\
& +\beta mc^2+\sum^{k_j}(ck_j)\left[a_1^{\dagger}(k_j)a_1(k_j)+a_2^{\dagger}(k_j)a_2(k_j)+a_3^{\dagger}(k_j)a_3(k_j)\right]
\end{aligned}
\tag{3.1.3}
$$

看一下上式右方的第三行，它对应的是式(3.1.2)中的 $\alpha_1\cdot(eA_1(\boldsymbol{r}))$这一项. 因为 $A_1(\boldsymbol{r})$中的横光场一定是沿 x_2 方向和 x_3 方向的，所以出现的是 $a_2(k_j)\mathrm{e}^{\mathrm{i}k_jx_2}$，$a_2^{\dagger}(k_j)\mathrm{e}^{-\mathrm{i}k_jx_2}$，$a_3(k_j)\mathrm{e}^{\mathrm{i}k_jx_3}$，$a_3^{\dagger}(k_j)\mathrm{e}^{-\mathrm{i}k_jx_3}$，而不出现纵向的 $a_1(k_j)$，$a_1^{\dagger}(k_j)$项. 此外，由于 $\boldsymbol{\alpha}$，β 都是 4×4 矩阵，故式(3.1.3)实质是一个算符矩阵，为了以后计算方便，把它表示为

$$
H=\begin{pmatrix}
H_{11} & H_{12} & H_{13} & H_{14} \\
H_{21} & H_{22} & H_{23} & H_{24} \\
H_{31} & H_{32} & H_{33} & H_{34} \\
H_{41} & H_{42} & H_{43} & H_{44}
\end{pmatrix}
\tag{3.1.4}
$$

如果 $\boldsymbol{\alpha}$,β 取为第 1 章中的表象,上式中的矩阵元算符分别为($a_i(k_j)$,$a_i^\dagger(k_j)$→a_{ij},$a_{ij}^\dagger$,…,$\hbar=1$)

$$H_{11}=mc^2+\sum_j(ck_j)(a_{1j}^\dagger a_{1j}+a_{2j}^\dagger a_{2j}+a_{3j}^\dagger a_{3j})$$

$$H_{12}=0$$

$$H_{13}=-\mathrm{i}\frac{\partial}{\partial x_3}-e\sum_j\sqrt{\frac{1}{2ck_j}}(a_{1j}\mathrm{e}^{\mathrm{i}k_jx_1}+a_{1j}^\dagger\mathrm{e}^{-\mathrm{i}k_jx_1}+a_{2j}\mathrm{e}^{\mathrm{i}k_jx_2}+a_{2j}^\dagger\mathrm{e}^{-\mathrm{i}k_jx_2})$$

$$\begin{aligned}H_{14}=&-\mathrm{i}\frac{\partial}{\partial x_1}-\frac{\partial}{\partial x_2}\\&-e\sum_j\sqrt{\frac{1}{2ck_j}}(a_{2j}\mathrm{e}^{\mathrm{i}k_jx_2}+a_{2j}^\dagger\mathrm{e}^{-\mathrm{i}k_jx_2}+a_{3j}\mathrm{e}^{\mathrm{i}k_jx_3}+a_{3j}^\dagger\mathrm{e}^{-\mathrm{i}k_jx_3})\\&+\mathrm{i}e\sum_j\sqrt{\frac{1}{2ck_j}}(a_{1j}\mathrm{e}^{\mathrm{i}k_jx_1}+a_{1j}^\dagger\mathrm{e}^{-\mathrm{i}k_jx_1}+a_{3j}\mathrm{e}^{\mathrm{i}k_jx_3}+a_{3j}^\dagger\mathrm{e}^{-\mathrm{i}k_jx_3})\end{aligned}$$

$$H_{21}=0$$

$$H_{22}=mc^2+\sum_j(ck_j)(a_{1j}^\dagger a_{1j}+a_{2j}^\dagger a_{2j}+a_{3j}^\dagger a_{3j})$$

$$\begin{aligned}H_{23}=&-\mathrm{i}\frac{\partial}{\partial x_1}+\frac{\partial}{\partial x_2}\\&-e\sum_j\sqrt{\frac{1}{2ck_j}}(a_{2j}\mathrm{e}^{\mathrm{i}k_jx_2}+a_{2j}^\dagger\mathrm{e}^{-\mathrm{i}k_jx_2}+a_{3j}\mathrm{e}^{\mathrm{i}k_jx_3}+a_{3j}^\dagger\mathrm{e}^{-\mathrm{i}k_jx_3})\\&-\mathrm{i}e\sum_j\sqrt{\frac{1}{2ck_j}}(a_{1j}\mathrm{e}^{\mathrm{i}k_jx_1}+a_{1j}^\dagger\mathrm{e}^{-\mathrm{i}k_jx_1}+a_{3j}\mathrm{e}^{\mathrm{i}k_jx_3}+a_{3j}^\dagger\mathrm{e}^{-\mathrm{i}k_jx_3})\end{aligned}$$

$$H_{24}=\mathrm{i}\frac{\partial}{\partial x_3}-e\sum_j\sqrt{\frac{1}{2ck_j}}(a_{1j}\mathrm{e}^{\mathrm{i}k_jx_1}+a_{1j}^\dagger\mathrm{e}^{-\mathrm{i}k_jx_1}+a_{2j}\mathrm{e}^{\mathrm{i}k_jx_2}+a_{2j}^\dagger\mathrm{e}^{-\mathrm{i}k_jx_2})$$

$$H_{31}=-\mathrm{i}\frac{\partial}{\partial x_3}-e\sum_j\sqrt{\frac{1}{2ck_j}}(a_{1j}\mathrm{e}^{\mathrm{i}k_jx_1}+a_{1j}^\dagger\mathrm{e}^{-\mathrm{i}k_jx_1}+a_{2j}\mathrm{e}^{\mathrm{i}k_jx_2}+a_{2j}^\dagger\mathrm{e}^{-\mathrm{i}k_jx_2})$$

$$\begin{aligned}H_{32}=&-\mathrm{i}\frac{\partial}{\partial x_1}-\frac{\partial}{\partial x_2}\\&-e\sum_j\sqrt{\frac{1}{2ck_j}}(a_{2j}\mathrm{e}^{\mathrm{i}k_jx_2}+a_{2j}^\dagger\mathrm{e}^{-\mathrm{i}k_jx_2}+a_{3j}\mathrm{e}^{\mathrm{i}k_jx_3}+a_{3j}^\dagger\mathrm{e}^{-\mathrm{i}k_jx_3})\\&+\mathrm{i}e\sum_j\sqrt{\frac{1}{2ck_j}}(a_{1j}\mathrm{e}^{\mathrm{i}k_jx_1}+a_{1j}^\dagger\mathrm{e}^{-\mathrm{i}k_jx_1}+a_{3j}\mathrm{e}^{\mathrm{i}k_jx_3}+a_{3j}^\dagger\mathrm{e}^{-\mathrm{i}k_jx_3})\end{aligned}$$

$$H_{33} = - mc^2 + \sum_j (ck_j)(a_{1j}^\dagger a_{1j} + a_{2j}^\dagger a_{2j} + a_{3j}^\dagger a_{3j})$$

$$H_{34} = 0$$

$$\begin{aligned} H_{41} = &- \mathrm{i}\frac{\partial}{\partial x_1} + \frac{\partial}{\partial x_2} \\ &- e\sum_j \sqrt{\frac{1}{2ck_j}}(a_{2j}\mathrm{e}^{\mathrm{i}k_jx_2} + a_{2j}^\dagger \mathrm{e}^{-\mathrm{i}k_jx_2} + a_{3j}\mathrm{e}^{\mathrm{i}k_jx_3} + a_{3j}^\dagger \mathrm{e}^{-\mathrm{i}k_jx_3}) \\ &- \mathrm{i}e\sum_j \sqrt{\frac{1}{2ck_j}}(a_{1j}\mathrm{e}^{\mathrm{i}k_jx_1} + a_{1j}^\dagger \mathrm{e}^{-\mathrm{i}k_jx_1} + a_{3j}\mathrm{e}^{\mathrm{i}k_jx_3} + a_{3j}^\dagger \mathrm{e}^{-\mathrm{i}k_jx_3}) \end{aligned}$$

$$H_{42} = \mathrm{i}\frac{\partial}{\partial x_3} + e\sum_j \sqrt{\frac{1}{2ck_j}}(a_{1j}\mathrm{e}^{\mathrm{i}k_jx_1} + a_{1j}^\dagger \mathrm{e}^{-\mathrm{i}k_jx_1} + a_{2j}\mathrm{e}^{\mathrm{i}k_jx_2} + a_{2j}^\dagger \mathrm{e}^{-\mathrm{i}k_jx_2})$$

$$H_{43} = 0$$

$$H_{44} = - mc^2 + \sum_j (ck_j)(a_{1j}^\dagger a_{1j} + a_{2j}^\dagger a_{2j} + a_{3j}^\dagger a_{3j}) \tag{3.1.5}$$

2. 求稳定状态

如果仍然用原来无电磁相互作用的自由 Dirac 方程来表述物理的自由 Dirac 粒子，那么自然存在负能态集的问题，亦谈不上稳定的能量状态. 现在把物理的自由 Dirac 粒子理解为包含了由它激发真空产生的电磁场，那么最关键和最重要的问题显然是：还存在负能态吗？还是存在一个最低能量的正的稳定态？如果后者的答案是肯定的，那么这种新的看法才有意义，否则应该否定.

然而要严格求解这一问题显然是十分繁杂甚至是不可能的，原因是 Dirac 粒子有四个分量，同时电磁场是一个多模的光场. 这样，系统的态矢需表示为一个多分量和多模场的态矢，如下面的式(3.1.6)所示. 显然由这样复杂的表示去计算它的定态(假定有的话)是几乎不可能严格求解的，因此必须采用近似计算.

如果我们想严格求解，则定态矢需设为

$$
|\rangle = N\begin{pmatrix}
\int \Psi_1(\boldsymbol{x},\{\rho_{1j},\eta_{1j}\},\{\rho_{2j},\eta_{2j}\},\{\rho_{3j},\eta_{3j}\}) \\
\cdot \exp\left[-\sum_j(\rho_{1j}^2+\eta_{1j}^2+\rho_{2j}^2+\eta_{2j}^2+\rho_{3j}^2+\eta_{3j}^2)\right] \\
\cdot \prod_j |\rho_{1j}+\mathrm{i}\eta_{1j}\rangle|\rho_{2j}+\mathrm{i}\eta_{2j}\rangle|\rho_{3j}+\mathrm{i}\eta_{3j}\rangle \frac{\mathrm{d}\rho_{1j}\mathrm{d}\eta_{1j}\mathrm{d}\rho_{2j}\mathrm{d}\eta_{2j}\mathrm{d}\rho_{3j}\mathrm{d}\eta_{3j}}{\pi^3} \\
\int \Psi_2(\boldsymbol{x},\{\rho_{1j},\eta_{1j}\},\{\rho_{2j},\eta_{2j}\},\{\rho_{3j},\eta_{3j}\}) \\
\cdot \exp\left[-\sum_j(\rho_{1j}^2+\eta_{1j}^2+\rho_{2j}^2+\eta_{2j}^2+\rho_{3j}^2+\eta_{3j}^2)\right] \\
\cdot \prod_j |\rho_{1j}+\mathrm{i}\eta_{1j}\rangle|\rho_{2j}+\mathrm{i}\eta_{2j}\rangle|\rho_{3j}+\mathrm{i}\eta_{3j}\rangle \frac{\mathrm{d}\rho_{1j}\mathrm{d}\eta_{1j}\mathrm{d}\rho_{2j}\mathrm{d}\eta_{2j}\mathrm{d}\rho_{3j}\mathrm{d}\eta_{3j}}{\pi^3} \\
\int \Psi_3(\boldsymbol{x},\{\rho_{1j},\eta_{1j}\},\{\rho_{2j},\eta_{2j}\},\{\rho_{3j},\eta_{3j}\}) \\
\cdot \exp\left[-\sum_j(\rho_{1j}^2+\eta_{1j}^2+\rho_{2j}^2+\eta_{2j}^2+\rho_{3j}^2+\eta_{3j}^2)\right] \\
\cdot \prod_j |\rho_{1j}+\mathrm{i}\eta_{1j}\rangle|\rho_{2j}+\mathrm{i}\eta_{2j}\rangle|\rho_{3j}+\mathrm{i}\eta_{3j}\rangle \frac{\mathrm{d}\rho_{1j}\mathrm{d}\eta_{1j}\mathrm{d}\rho_{2j}\mathrm{d}\eta_{2j}\mathrm{d}\rho_{3j}\mathrm{d}\eta_{3j}}{\pi^3} \\
\int \Psi_4(\boldsymbol{x},\{\rho_{1j},\eta_{1j}\},\{\rho_{2j},\eta_{2j}\},\{\rho_{3j},\eta_{3j}\}) \\
\cdot \exp\left[-\sum_j(\rho_{1j}^2+\eta_{1j}^2+\rho_{2j}^2+\eta_{2j}^2+\rho_{3j}^2+\eta_{3j}^2)\right] \\
\cdot \prod_j |\rho_{1j}+\mathrm{i}\eta_{1j}\rangle|\rho_{2j}+\mathrm{i}\eta_{2j}\rangle|\rho_{3j}+\mathrm{i}\eta_{3j}\rangle \frac{\mathrm{d}\rho_{1j}\mathrm{d}\eta_{1j}\mathrm{d}\rho_{2j}\mathrm{d}\eta_{2j}\mathrm{d}\rho_{3j}\mathrm{d}\eta_{3j}}{\pi^3}
\end{pmatrix} \tag{3.1.6}
$$

从式(3.1.6)的普遍表示式看出,这样复杂的形式是无法求解的,所以寻求近似的解法.

3. 近似求解

已知这样的问题无法严格求解,即使用纯粹的数值求解亦不大可能.基于我们的主要目的是得出是否存在稳定态的答案,存在与否才是问题的关键,而定量的精确性并不重要,所以可以采取能准确反映物理实质的近似方法来计算,即将要得到的态矢按照变分计算的精神用试探态矢的形式来解.下面先列出试探态矢(波函数)的几点考虑.

(1) 将四分量约化为两分量，这种做法的理由是：我们已知四分量的第一分量对应于自旋沿特定方向为$\frac{\hbar}{2}$且能量是正能的分量，第二分量对应于自旋为$-\frac{\hbar}{2}$且能量是正能的分量，第三分量对应于自旋为$\frac{\hbar}{2}$且能量为负能的分量，第四分量对应于自旋为$-\frac{\hbar}{2}$且能量为负能的分量. 得到稳定态在于通过电磁作用使系统获得最低能态，因此稳定态应当是自旋取向一定的态，使这种相互作用最强. 如果四分量都有，它们的作用反而会相互抵消. 基于这样的考虑，试探态矢只取自旋取向一定的分量，例如第一、第三分量或第二、第四分量. 不过要指出的是，这样的取法不是一种近似，而是基于物理的考虑，其效果是消解了复杂性.

(2) 我们要作的第一种近似是位置的分布函数. 稳定状态的位置分布一定有以下的特点：各向同性，概率能归一. 基于这些考虑，我们用 Gauss 型波函数来作试探.

(3) 最复杂的电磁场的多模式处理起来十分繁复. 为了简化和突出物理的机制，这里用一个单一模式来代替. 因为尽管模式很多，但它们的作用的效应是相同的. 因此基于以上的考虑，将试探态矢表示为

$$
|\rangle = \begin{pmatrix} \int \mathrm{e}^{-\sigma(x_1^2+x_2^2+x_3^2)} \mid \boldsymbol{r}\rangle \mathrm{d}\boldsymbol{r} \mid 0\rangle \\ 0 \\ \mathrm{i}B\int \mathrm{e}^{-\sigma(x_1^2+x_2^2+x_3^2)} \mid \boldsymbol{r}\rangle \mathrm{d}\boldsymbol{r} \mathrm{e}^{-3\beta^2/2} \mathrm{e}^{\mathrm{i}\beta(a_1^{\dagger}(k_0)+a_2^{\dagger}(k_0)+a_3^{\dagger}(k_0))} \\ 0 \end{pmatrix} \tag{3.1.7}
$$

对式(3.1.7)给出的态矢还需说明几点：

① 取的单模场的波矢是 k_0，并以相干态来表示，β 是相干态指数，其值表征场的强弱.

② 不同的 $\boldsymbol{x}$ 处的光场应有不同的纠缠. 这里为了简化和能解析求解，作了不纠缠的近似.

③ 最后要指出的是第一分量处没有场、第三分量处才有场的依据. 这不是近似，是与一般处理二态系统时的做法相同的合理设置. 相同的机制见于 Rabi 模型，从上态跃迁到下态要放出场量子，而从下态跃迁到上态要吸收场量子. 这里处于正能分量时没有场存在，从正能分量往负能分量跃迁时就会激发真空产生场. 这种考虑与自发辐射和吸收是一回事.

4. “静止的”稳定态

式(3.1.7)中的第三分量前有因子 iB，且在一般思考下 $B<1$ 是合理的情形. 因为我们将第一分量的幅取作 1，因此第三分量取 $B<1$ 以保证稳定态是正能态，但为什么还要加上一个因子 i? 原因是我们要讨论的系统的稳定态是没有整体运动的，因此需保证其 $\boldsymbol{v}=\mathbf{0}$. 要保证这一点，第三分量前必须有这样一个相位因子.

证明如下：

$$
\begin{aligned}
\boldsymbol{v}_1 &= \langle|\ c\alpha_1\ |\rangle/\langle|\rangle \\
&= \frac{1}{\langle|\rangle}\Big(\int \mathrm{e}^{-\sigma(x_1^2+x_2^2+x_3^2)}\langle \boldsymbol{r}\mid \mathrm{d}\boldsymbol{r},0, \\
&\quad -\mathrm{i}B\int \mathrm{e}^{-\sigma(x_1^2+x_2^2+x_3^2)}\langle \boldsymbol{r}\mid \mathrm{d}\boldsymbol{r}\langle 0\mid \mathrm{e}^{-3\beta^2/2}\mathrm{e}^{-\mathrm{i}\beta(a_1(k_0)+a_2(k_0)+a_3(k_0))},0\Big) \\
&\quad \cdot c\begin{pmatrix} 0 & 0 & 0 & 1 \\ 0 & 0 & 1 & 0 \\ 0 & 1 & 0 & 0 \\ 1 & 0 & 0 & 0 \end{pmatrix}
\begin{pmatrix} \int \mathrm{e}^{-\sigma(x_1'^2+x_2'^2+x_3'^2)}\mid \boldsymbol{r}'\rangle \mathrm{d}\boldsymbol{r}' \\ 0 \\ \int \mathrm{i}B\mathrm{e}^{-\sigma(x_1'^2+x_2'^2+x_3'^2)}\mid \boldsymbol{r}'\rangle \mathrm{d}\boldsymbol{r}'\mathrm{e}^{-3\beta^2/2}\mathrm{e}^{-\mathrm{i}\beta(a_1^\dagger(k_0)+a_2^\dagger(k_0)+a_3^\dagger(k_0))}\mid 0\rangle \\ 0 \end{pmatrix} \\
&= \frac{1}{\langle|\rangle}\cdot c\Big\{\Big(\int \mathrm{e}^{-\sigma(x_1^2+x_2^2+x_3^2)}\langle \boldsymbol{r}\mid \mathrm{d}\boldsymbol{r}\Big)\cdot(0) \\
&\quad +\Big(-\mathrm{i}B\int \mathrm{e}^{-\sigma(x_1^2+x_2^2+x_3^2)}\langle \boldsymbol{r}\mid \mathrm{d}\boldsymbol{r}\mathrm{e}^{-3\beta^2/2}\mathrm{e}^{\mathrm{i}\beta(a_1^\dagger(k_0)+a_2^\dagger(k_0)+a_3^\dagger(k_0))}\Big)\cdot(0) \\
&\quad +\Big(\mathrm{i}B\int \mathrm{e}^{-\sigma(x_1'^2+x_2'^2+x_3'^2)}\mid \boldsymbol{r}'\rangle \mathrm{d}\boldsymbol{r}'\mathrm{e}^{-3\beta^2/2}\mathrm{e}^{\mathrm{i}\beta(a_1^\dagger(k_0)+a_2^\dagger(k_0)+a_3^\dagger(k_0))}\Big)\cdot(0) \\
&\quad +\Big(\int \mathrm{e}^{-\sigma(x_1^2+x_2^2+x_3^2)}\langle \boldsymbol{r}\mid \mathrm{d}\boldsymbol{r}\Big)\cdot(0)\Big\} \\
&= \mathbf{0}
\end{aligned}
\tag{3.1.8}
$$

由于 α_2 矩阵亦没有(13)和(31)的矩阵元，类似有

$$
\boldsymbol{v}_2=\mathbf{0} \tag{3.1.9}
$$

$$
\boldsymbol{v}_3=\frac{1}{\langle|\rangle}\langle|\ c\alpha_3\ |\rangle
$$

$$= \frac{1}{\langle | \rangle}\Big(\int e^{-\sigma(x_1^2+x_2^2+x_3^2)}\langle \boldsymbol{r} \mid d\boldsymbol{r}\langle 0 \mid, 0,$$

$$- iB\int e^{-\sigma(x_1^2+x_2^2+x_3^2)}\langle \boldsymbol{r} \mid d\boldsymbol{r}\langle 0 \mid e^{-3\beta^2/2}e^{-i\beta(a_1(k_0)+a_2(k_0)+a_3(k_0))}, 0\Big)$$

$$\cdot c\begin{pmatrix} 0 & 0 & 1 & 0 \\ 0 & 0 & 0 & -1 \\ 1 & 0 & 0 & 0 \\ 0 & -1 & 0 & 0 \end{pmatrix}\begin{pmatrix} \int e^{-\sigma(x_1'^2+x_2'^2+x_3'^2)} \mid \boldsymbol{r}'\rangle d\boldsymbol{r}' \mid 0\rangle \\ 0 \\ iB\int e^{-\sigma(x_1'^2+x_2'^2+x_3'^2)} \mid \boldsymbol{r}'\rangle d\boldsymbol{r}' e^{-3\beta^2/2}e^{-i\beta(a_1^\dagger(k_0)+a_2^\dagger(k_0)+a_3^\dagger(k_0))} \mid 0\rangle \\ 0 \end{pmatrix}$$

$$= \frac{c}{\langle | \rangle}\Big\{iB\iint e^{-\sigma(x_1^2+x_2^2+x_3^2)}e^{-\sigma(x_1'^2+x_2'^2+x_3'^2)}\langle \boldsymbol{r} \mid \boldsymbol{r}'\rangle d\boldsymbol{r}d\boldsymbol{r}'$$

$$\cdot \langle 0 \mid e^{-3\beta^2/2}e^{i\beta(a_1^\dagger(k_0)+a_2^\dagger(k_0)+a_3^\dagger(k_0))} \mid 0\rangle$$

$$- iB\iint e^{-\sigma(x_1^2+x_2^2+x_3^2)}e^{-\sigma(x_1'^2+x_2'^2+x_3'^2)}\langle \boldsymbol{r} \mid \boldsymbol{r}'\rangle d\boldsymbol{r}d\boldsymbol{r}'$$

$$\cdot \langle 0 \mid e^{-3\beta^2/2}e^{i\beta(a_1(k_0)+a_2(k_0)+a_3(k_0))} \mid 0\rangle\Big\}$$

$$= \frac{c}{\langle | \rangle}\Big\{iB\int e^{-2\sigma(x_1^2+x_2^2+x_3^2)}d\boldsymbol{r} \cdot e^{-3\beta^2/2} - iB\int e^{-2\sigma(x_1^2+x_2^2+x_3^2)}d\boldsymbol{r} \cdot e^{-3\beta^2/2}\Big\}$$

$$= \boldsymbol{0} \tag{3.1.10}$$

由上面的推演看出,如果第三分量前没有 i 因子,就保证不了稳定态是“静止的”.

5. 能量期待值的计算

现在根据式(3.1.7)给出的试探态矢来计算系统的能量期待值.

$$\bar{E} = \frac{1}{\langle | \rangle}\langle | H | \rangle$$

$$= \frac{1}{\langle | \rangle}\Big\{\iint e^{-\sigma(x_1^2+x_2^2+x_3^2)}\langle \boldsymbol{r} \mid d\boldsymbol{r}H_{11}e^{-\sigma(x_1'^2+x_2'^2+x_3'^2)} \mid \boldsymbol{r}'\rangle d\boldsymbol{r}'$$

$$+ iB\iint e^{-\sigma(x_1^2+x_2^2+x_3^2)}\langle \boldsymbol{r} \mid \langle 0 \mid H_{13}e^{-\sigma(x_1'^2+x_2'^2+x_3'^2)} \mid \boldsymbol{r}'\rangle$$

$$\cdot e^{-3\beta^2/2}e^{i\beta(a_1^\dagger(k_0)+a_2^\dagger(k_0)+a_3^\dagger(k_0))} \mid 0\rangle d\boldsymbol{r}d\boldsymbol{r}'$$

$$- \mathrm{i}B\iint \mathrm{e}^{-\sigma(x_1^2+x_2^2+x_3^2)}\langle \boldsymbol{r} \mid \langle 0 \mid \mathrm{e}^{-3\beta^2/2}\mathrm{e}^{\mathrm{i}\beta(a_1(k_0)+a_2(k_0)+a_3(k_0))}$$

$$\cdot H_{31}\mathrm{e}^{-\sigma(x_1'^2+x_2'^2+x_3'^2)} \mid \boldsymbol{r}'\rangle \mid 0\rangle \mathrm{d}\boldsymbol{r}\mathrm{d}\boldsymbol{r}'$$

$$+ B^2\iint \mathrm{e}^{-\sigma(x_1^2+x_2^2+x_3^2)}\langle \boldsymbol{r} \mid \langle 0 \mid \mathrm{e}^{-3\beta^2/2}\mathrm{e}^{-\mathrm{i}\beta(a_1(k_0)+a_2(k_0)+a_3(k_0))}$$

$$\cdot H_{33}\mathrm{e}^{-\sigma(x_1'^2+x_2'^2+x_3'^2)} \mid \boldsymbol{r}'\rangle \mathrm{e}^{-3\beta^2/2}\mathrm{e}^{\mathrm{i}\beta(a_1^\dagger(k_0)+a_2^\dagger(k_0)+a_3^\dagger(k_0))} \mid 0\rangle \mathrm{d}\boldsymbol{r}\mathrm{d}\boldsymbol{r}'\Big\}$$

$$= \frac{1}{\langle \mid \rangle}\Big\{\iint \mathrm{e}^{-\sigma(x_1^2+x_2^2+x_3^2)}\langle \boldsymbol{r} \mid \langle 0 \mid \Big[mc^2 + \sum_j (ck_j)(a_{1j}^\dagger a_{1j} + a_{2j}^\dagger a_{2j} + a_{3j}^\dagger a_{3j})\Big]$$

$$\cdot \mathrm{e}^{-\sigma(x_1'^2+x_2'^2+x_3'^2)} \mid \boldsymbol{r}'\rangle \mid 0\rangle \mathrm{d}\boldsymbol{r}\mathrm{d}\boldsymbol{r}'$$

$$+ \mathrm{i}B\iint \mathrm{e}^{-\sigma(x_1^2+x_2^2+x_3^2)}\langle \boldsymbol{r} \mid \langle 0 \mid$$

$$\cdot \Big[-\mathrm{i}\frac{\partial}{\partial x_3} - e\sum_j \sqrt{\frac{1}{2ck_j}}(a_{1j}\mathrm{e}^{\mathrm{i}k_jx_1} + a_{1j}^\dagger \mathrm{e}^{-\mathrm{i}k_jx_1} + a_{2j}\mathrm{e}^{\mathrm{i}k_jx_2} + a_{2j}^\dagger \mathrm{e}^{\mathrm{i}k_jx_2})\Big]$$

$$\cdot \mathrm{e}^{-\sigma(x_1'^2+x_2'^2+x_3'^2)} \mid \boldsymbol{r}'\rangle \mathrm{e}^{-3\beta^2/2}\mathrm{e}^{\mathrm{i}\beta(a_1^\dagger(k_0)+a_2^\dagger(k_0)+a_3^\dagger(k_0))} \mid 0\rangle \mathrm{d}\boldsymbol{r}\mathrm{d}\boldsymbol{r}'$$

$$- \mathrm{i}B\iint \mathrm{e}^{-\sigma(x_1^2+x_2^2+x_3^2)}\langle \boldsymbol{r} \mid \langle 0 \mid \mathrm{e}^{-3\beta^2/2}\mathrm{e}^{-\mathrm{i}\beta(a_1(k_0)+a_2(k_0)+a_3(k_0))}$$

$$\cdot \Big[-\mathrm{i}\frac{\partial}{\partial x_3} - e\sum_j \sqrt{\frac{1}{2ck_j}}(a_{1j}\mathrm{e}^{\mathrm{i}k_jx_1} + a_{1j}^\dagger \mathrm{e}^{-\mathrm{i}k_jx_1} + a_{2j}\mathrm{e}^{\mathrm{i}k_jx_2} + a_{2j}^\dagger \mathrm{e}^{\mathrm{i}k_jx_2})\Big]$$

$$\cdot \mathrm{e}^{-\sigma(x_1'^2+x_2'^2+x_3'^2)} \mid \boldsymbol{r}'\rangle \mid 0\rangle \mathrm{d}\boldsymbol{r}\mathrm{d}\boldsymbol{r}'$$

$$+ B^2\iint \mathrm{e}^{-\sigma(x_1^2+x_2^2+x_3^2)}\langle \boldsymbol{r} \mid \langle 0 \mid \mathrm{e}^{-3\beta^2/2}\mathrm{e}^{-\mathrm{i}\beta(a_1(k_0)+a_2(k_0)+a_3(k_0))}$$

$$\cdot \Big[-mc^2 + \sum_j (ck_j)(a_{1j}^\dagger a_{1j} + a_{2j}^\dagger a_{2j} + a_{3j}^\dagger a_{3j})\Big]$$

$$\cdot \mathrm{e}^{-\sigma(x_1'^2+x_2'^2+x_3'^2)} \mid \boldsymbol{r}'\rangle \mathrm{e}^{-3\beta^2/2}\mathrm{e}^{\mathrm{i}\beta(a_1^\dagger(k_0)+a_2^\dagger(k_0)+a_3^\dagger(k_0))} \mid 0\rangle \mathrm{d}\boldsymbol{r}\mathrm{d}\boldsymbol{r}'\Big\}$$

$$= \frac{1}{\langle \mid \rangle}\Big\{\int \mathrm{e}^{-\sigma(x_1^2+x_2^2+x_3^2)}(mc^2)\mathrm{d}\boldsymbol{r}$$

$$+ \mathrm{i}B\iint \mathrm{e}^{-\sigma(x_1^2+x_2^2+x_3^2)}\langle \boldsymbol{r} \mid \langle 0 \mid \Big[-2\mathrm{i}\sigma x_3' - e\sqrt{\frac{1}{2ck_0}}(\mathrm{i}\beta \mathrm{e}^{\mathrm{i}k_0x_1} + \mathrm{i}\beta \mathrm{e}^{\mathrm{i}k_0x_2})\Big]$$

$$\cdot \mathrm{e}^{-\sigma(x_1'^2+x_2'^2+x_3'^2)}\mathrm{e}^{-3\beta^2/2}\mathrm{e}^{\mathrm{i}\beta(a_1^\dagger(k_0)+a_2^\dagger(k_0)+a_3^\dagger(k_0))} \mid 0\rangle \mathrm{d}\boldsymbol{r}\mathrm{d}\boldsymbol{r}'$$

$$- \mathrm{i}B\iint \mathrm{e}^{-\sigma(x_1^2+x_2^2+x_3^2)}\langle \boldsymbol{r} \mid \langle 0 \mid \mathrm{e}^{-3\beta^2/2}\mathrm{e}^{-\mathrm{i}\beta(a_1(k_0)+a_2(k_0)+a_3(k_0))}$$

$$\cdot \Big[-2\mathrm{i}\sigma x_3' - e\sqrt{\frac{1}{2ck_0}}(-\mathrm{i}\beta \mathrm{e}^{-\mathrm{i}k_0x_1} - \mathrm{i}\beta \mathrm{e}^{-\mathrm{i}k_0x_2})\Big]$$

$$\cdot \mathrm{e}^{-\sigma(x_1'^2+x_2'^2+x_3'^2)} \mid \boldsymbol{r}'\rangle \mid 0\rangle \mathrm{d}\boldsymbol{r}\mathrm{d}\boldsymbol{r}'$$

$$+B^2\iint e^{-\sigma(x_1^2+x_2^2+x_3^2)}\langle \boldsymbol{r}\mid\langle 0\mid e^{-3\beta^2/2}e^{-i\beta(a_1(k_0)+a_2(k_0)+a_3(k_0))}$$

$$\cdot\left[-mc^2+(ck_0)(3\beta^2)\right]$$

$$\left.\cdot e^{-\sigma(x_1'^2+x_2'^2+x_3'^2)}\mid \boldsymbol{r}'\rangle e^{-3\beta^2/2}e^{i\beta(a_1^\dagger(k_0)+a_2^\dagger(k_0)+a_3^\dagger(k_0))}\mid 0\rangle d\boldsymbol{r}d\boldsymbol{r}'\right\}$$

$$=\frac{1}{\langle|\rangle}\left\{mc^2\left(\sqrt{\frac{\pi}{2\sigma}}\right)^3+Be\beta\sqrt{\frac{1}{2ck_0}}e^{-3\beta^2/2}\int e^{-2\sigma(x_1^2+x_2^2+x_3^2)}(e^{ik_0x_1}+e^{ik_0x_2})d\boldsymbol{r}\right.$$

$$\left.+B^2(-mc^2+3ck_0\beta^2)\int e^{-2\sigma(x_1^2+x_2^2+x_3^2)}d\boldsymbol{r}\right\}$$

$$=\frac{1}{(1+B^2)\left(\sqrt{\frac{\pi}{2\sigma}}\right)^3}\left\{mc^2\left(\sqrt{\frac{\pi}{2\sigma}}\right)^3\right.$$

$$+2Be\beta\sqrt{\frac{1}{2ck_0}}e^{-3\beta^2/2}\int e^{-2\sigma(x_1^2+x_2^2+x_3^2)}(\omega_0k_0x_1+\omega_0k_0x_2)d\boldsymbol{r}$$

$$\left.+B^2(-mc^2+3ck_0\beta^2)\left(\sqrt{\frac{\pi}{2\sigma}}\right)^3\right\}$$

$$=\frac{1}{(1+B^2)\left(\sqrt{\frac{\pi}{2\sigma}}\right)^3}\left\{mc^2\left(\sqrt{\frac{\pi}{2\sigma}}\right)^3+B^2(-mc^2+3ck_0\beta^2)\left(\sqrt{\frac{\pi}{2\sigma}}\right)^3\right.$$

$$\left.+2Be\beta\sqrt{\frac{1}{2ck_0}}e^{-3\beta^2/2}\left(\sqrt{\frac{\pi}{2\sigma}}\right)^3 2e^{-k_0^2/(8\sigma)}\right\}$$

$$=-\frac{1-B^2}{1+B^2}mc^2+\frac{B^2}{1+B^2}3ck_0\beta^2+\frac{4eB\beta}{1+B^2}\sqrt{\frac{1}{2ck_0}}e^{-3\beta^2/2}e^{-k_0^2/(8\sigma)}\tag{3.1.11}$$

在得到上式时用到以下几点：

$$\int e^{-2\sigma(x_1^2+x_2^2+x_3^2)}d\boldsymbol{r}=\left(\int e^{-2\sigma x^2}dx\right)^3=\left(\sqrt{\frac{\pi}{2\sigma}}\right)^3$$

$$\int xe^{-2\sigma x^2}dx=0$$

$$\int e^{-2\sigma x^2}\omega_0k_0xdx=\left(\sqrt{\frac{\pi}{2\sigma}}\right)e^{-k_0^2/(8\sigma)}$$

$$\langle|\rangle=\iint e^{-\sigma(x_1^2+x_2^2+x_3^2)}\langle \boldsymbol{r}\mid d\boldsymbol{r}\cdot e^{-\sigma(x_1'^2+x_2'^2+x_3'^2)}\mid \boldsymbol{r}'\rangle d\boldsymbol{r}'$$

$$+B^2\iint e^{-\sigma(x_1^2+x_2^2+x_3^2)}\langle \boldsymbol{r}\mid\langle 0\mid e^{-i\beta(a_1(k_0)+a_2(k_0)+a_3(k_0))}e^{-3\beta^2/2}$$

$$\cdot e^{-\sigma(x_1'^2+x_2'^2+x_3'^2)}\mid \boldsymbol{r}'\rangle e^{-3\beta^2/2}e^{i\beta(a_1^\dagger(k_0)+a_2^\dagger(k_0)+a_3^\dagger(k_0))}\mid 0\rangle d\boldsymbol{r}d\boldsymbol{r}'$$

$$= B^2\int e^{-2\sigma(x_1^2+x_2^2+x_3^2)}\mathrm{d}\boldsymbol{r}e^{-3\beta^2}\langle 0 \mid e^{-i\beta(a_1(k_0)+a_2(k_0)+a_3(k_0))}$$

$$\cdot e^{i\beta(a_1^\dagger(k_0)+a_2^\dagger(k_0)+a_3^\dagger(k_0))} \mid 0\rangle + \left(\sqrt{\frac{\pi}{2\sigma}}\right)^3$$

$$= \left(\sqrt{\frac{\pi}{2\sigma}}\right)^3 + B^2\left(\sqrt{\frac{\pi}{2\sigma}}\right)^3 e^{-3\beta^2}\cdot e^{3\beta^2} = (1+B^2)\left(\sqrt{\frac{\pi}{2\sigma}}\right)^3$$

6. 束缚能

式(3.1.11)得到的是 Dirac 粒子与其激发的电磁场在一起时的复合系统的总能量.要判断这样的复合系统是否是稳定的,就要看总能量是否比其中的粒子和场的裸能量之和更低.因为如果是这样的话,要把裸粒子和场分离就需要外加能量,故需讨论的是总能量减去裸能量之和的束缚能 ε.粒子的裸能量为 mc^2,场的裸能量是 $\frac{B^2}{1+B^2}(3ck_0\beta^2)$,其中 $3ck_0\beta^2$ 是三个方向的光子数 β^2 与该模式的一个光子的能量之积.于是束缚能应表示为

$$\varepsilon = \left(\frac{1-B^2}{1+B^2}mc^2 + \frac{B^2}{1+B^2}3ck_0\beta^2 + \frac{4eB\beta}{1+B^2}\sqrt{\frac{1}{2ck_3}}e^{-3\beta^2/2}e^{-k_0^2/(8\sigma)}\right)$$
$$- \left(mc^2 + \frac{B^2}{1+B^2}3ck_0\beta^2\right)$$
$$= -\frac{2mc^2B^2}{1+B^2} + \frac{4eB\beta}{1+B^2}\sqrt{\frac{1}{2ck_0}}e^{-3\beta^2/2}e^{-k_0^2/(8\sigma)} \tag{3.1.12}$$

下一步要问:存在 ε 取最大的负值的稳定态吗?对于这个问题,这里采用变分近似的精神来处理,即在电磁场用一个等效的 k_0 模式代换和光子数为 β^2 的单模的条件下,B 取何值时 ε 取极小值(即 ε 取最大的负值).

为简化计,引入

$$2mc^2 = \gamma$$

$$4e\beta\sqrt{\frac{1}{2ck_0}}e^{-3\beta^2/2}e^{-k_0^2/(8\sigma)} = \rho$$

式(3.1.12)化为

$$\varepsilon = \frac{1}{1+B^2}(-\gamma B^2 + \rho B) \tag{3.1.13}$$

对 ε 求 B 的变分：

$$\frac{\partial \varepsilon}{\partial B} = \frac{1}{1+B^2}(-2\gamma B + \rho) - \frac{2B}{(1+B^2)^2}(-\gamma B^2 + \rho B) = 0$$

即

$$(1+B^2)(-2\gamma B + \rho) = 2B(-\gamma B^2 + \rho B)$$

也即

$$B^2 + \frac{2\gamma B}{\rho} - 1 = 0 \tag{3.1.14}$$

两根为

$$B = -\frac{2\gamma}{\rho} \pm \sqrt{\frac{4\gamma^2}{\rho^2} + 4}$$

符合物理要求的是

$$B_0 = \sqrt{\frac{4\gamma^2}{\rho^2} + 4} - \frac{2\gamma}{\rho} \tag{3.1.15}$$

则在取 B_0 时，ε 一定是负值，并有

$$\varepsilon_0 = \frac{1}{1+B_0^2}(-\gamma B_0^2 + \rho B_0) \tag{3.1.16}$$

是最低束缚能的稳定态.

3.2 自由 Dirac 粒子为复合系统的物理意义

这一假设是从 Dirac 关于自由 Dirac 粒子在运动中存在颤动的理论引入的.因为从理论上看出，在这一理论中有若干不自洽的地方.为了化解这些疑难，在这里提出实际的物理的自由 Dirac 粒子不是原来认为的裸的 Dirac 粒子，它应当会激发真空产

生电磁场，并与其耦合形成稳定的复合系统，因而不仅运动中的颤动现象的存在可以得到证明，而且所有原来理论中的不自然和不自洽的地方都会一一化解.

不过这一结果远不只是能解释颤动这一现象，它带来的更广泛、更基本的物理意义还有如下几个方面：

(1) 过去一直把 Dirac 粒子或更多情况下称作费米子的客体理解为一个"点粒子".它虽然在一般情况下的状态是一个波包，有一定的有限的位置概率分布，同时亦有一定的有限的动量概率分布，但它仍可在极端情形下处于以位置概率分布在任意小的空间范围内的状态中.现在经过论证，对于 Dirac 粒子来说，它的外部自由度、内部自由度以及由它激发的电磁场三者耦合在一起，构成了一个稳定的耦合系统，它不再是原来意义下的点粒子.这一具有根本性的改变必然会带来不少的我们对这一方面的现象与规律的认知上的修正.

(2) 这里仔细一点来分析一下这种稳定的耦合系统形成的机制，从中可以揭示一些新的超出我们过去想象的物理图像.首先我们要强调的是，在 Dirac 的理论中有两种内部自由度：一个是自旋，另一个是正、负能分量（对应于 mc^2，$-mc^2$），和 Rabi 模型中的二态（$+\Delta$，$-\Delta$）相似.这里我们把它们叫作正能分量和负能分量的原因是要把它们和正能态、负能态区分开来，后者指的是整个系统的能量本征态.

Dirac 从不含场的自由 Dirac 粒子的哈密顿量来考虑.他当然认为粒子要稳定，只能全部概率都集中在负能分量.这和二态系统不考虑与场有相互作用时一定居于下态的情形一样.故 Dirac 提出负能海填满的假定.后来量子场论在二次量子化时将负能分量转换为反粒子，既论证了正、反粒子同时存在，亦不再需要人为的负能海填满的假定.

不过场论的做法实质上亦是人为地将 Dirac 得到的原始理论进行修改.从物理角度看，把本来具有两种内部自由度的 Dirac 粒子中的正、负能分量改换成正、反粒子，其物理实质是正、反粒子都只有自旋这一种内部自由度了.回头看一下 Dirac 的原著里关于反粒子的一段内容，他明确地指出，保留他导出的四分量的 Dirac 方程，同样可以导出电荷相反的粒子的方程，即是说对于反粒子仍有正、负能分量两部分.事实上，有了完整的费米子是内、外自由度和内禀电磁场的复合体的理解，反粒子（正电子）和电子的能谱和态矢都是一样的，差别只在带的电荷反号.

我们现在得到的结果是在 Dirac 的理论下不需要把负能分量转换成反粒子的量子场论，而且自然地得出不存在负能态的结论，因为自由 Dirac 粒子含有从真空激发而来的场，因而其中存在如下的竞争机制：

① 粒子的内部自由度居于负能分量的组分越多，能量越负.

② 负能组分越多，激发的场越多，增加的能量越多.

③ 由于场的存在，粒子与场的作用增加了能量(与一般情形的减少能量相反)，使得系统因在负能分量上的占有而带来的负能被抵消一部分.

④ 随着在负能分量上的概率幅 B 的增加，负能虽被场作用抵消一部分，但负能值仍随 B 的增加而增大，但被抵消的比例亦同时增大.

⑤ 到一定的 B_0 时，被抵消的比例大到再增大 B 时贡献的净负能反而减少.

⑥ 所以存在一个临界值 B_0，这时负能分量的负能贡献和场作用带来的净负能贡献最大.

⑦ 在 B_0 处束缚能最大，但它的值超不过系统的粒子和场的裸能量. 所以系统的总能量仍然是正的.

综上所述，这里得到的结果是 Dirac 理论中的四个分量对正、反粒子来讲都应保留，不能分割. 负能态是不会产生的，负能海填满的假定不再需要. 最为关键的表征是 Dirac 粒子具有稳定的复合系统的状态，不再是一个“点粒子”.

(3) 有意思的是，自由 Dirac 粒子的复合系统可以解释它的反常磁矩的存在. 从设的试探态矢以及系统的能量期待值的表示式(3.1.11)可以看出，其中的第三项$\frac{4eB\beta}{1+B^2}\cdot\sqrt{\frac{1}{2ck_0}}e^{-3\beta^2/2}e^{-k_0^2/(8\sigma)}$贡献一个正能的增量. 这个贡献的物理机制是什么?

如图 3.1 所示，式(3.1.7)的试探态矢是沿 z 方向的粒子，自旋为$\frac{\hbar}{2}$. 从推演的过程中清楚看出，系统内的外部自由度存在沿 x_1，x_2 两方向的运动. 粒子具有电荷，这种绕 z 方向的运动会产生轨道角动量，自然会产生磁矩，这样的磁矩的取向与自旋磁矩的方向相同. 因此对系统贡献一定的正能量. 这个由外部自由度的运动产生的和自旋取向相同的附加磁矩正是实验上肯定的反常磁矩. 换句话说，反常磁矩存在的物理由来在这里被阐明了.

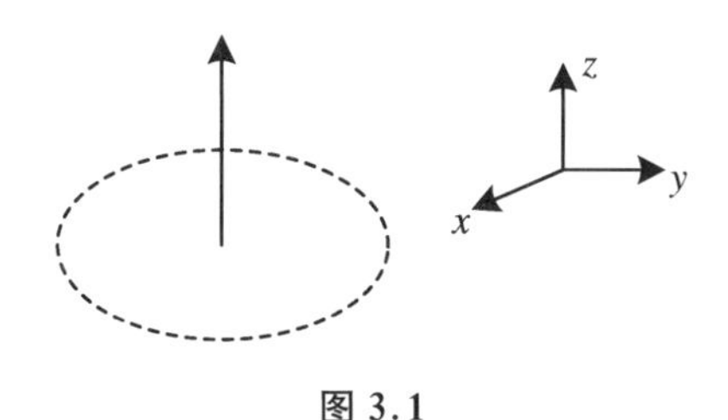

图 3.1

(4) 然后要谈的是 Dirac 粒子的产生、湮灭算符是否满足反对易的关系的问题.最简单和最直接地考虑,既然这里已阐明它不再是原来理解的点粒子,而是一个复合系统,那么自然失掉了作为点粒子的产生和湮灭的含义.这一点我们在后面还会稍仔细一点予以讨论.

(5) 如果复合体系的最低稳定能量 $\bar{E}<mc^2$,那么从这里还能得到质子质量小于中子质量的结论.不过这样的结果需要认真计算.因为虽然增加了 $-mc^2$ 分量的比例,但如果加入的场和反常磁矩的正能贡献超过 $-mc^2$ 带来的下降,那么不能得到这一结论.不过从物理机制来看,可以预期结果应当是肯定质子质量小于中子质量.

(6) 相对论的要求使 Dirac 粒子具有内部自由度的正、负能量分量($\pm mc^2$)是一个关键因素,它导致中子质量大于质子质量.

带电物质并不因同性电荷的排斥而解体,复合体不会居于负能的状态与内部自由度有负能分量是两回事.

3.3 对原有 Dirac 理论质疑的解答

有了本章对原有 Dirac 理论的物理意义的修正以及由变分计算得到的 Dirac 粒子实际为一稳定的复合体,同时看到 Dirac 粒子的反常磁矩的由来以及长期以来质子质量比中子质量略小这一疑难亦得到了解答后,我们再一一回答在第 1 章中谈到的对原有 Dirac 理论的质疑.

(1) Weinberg 对 Dirac 理论的质疑主要是两点,其中第一点是负能态的存在和负能海填满的假定不合理.现在经过修正后,Dirac 粒子作为一个复合系统具有正能的最低稳定态,自然不存在负能态的问题.因此负能海填满的假定不再需要,这一质疑自然消失.

(2) Weinberg 对 Dirac 理论的第二个质疑是反粒子的存在.在原来的 Dirac 理论中,反粒子被解释为填满的负能态海中出现了某些空穴,但是 Weinberg 提出,要是这样,带电荷的、整数自旋的玻色子就没有负能态,自然亦不会有负能态海和空穴.那么它们的反粒子从何而来？对于这一质疑，现在亦可解答了.因为 Dirac 粒子的反粒子的质量和粒子是一样的，不同的仅仅是电荷反号，所以反粒子的哈密顿量和式(3.1.3)中的 Dirac 粒子的哈密顿量完全相同，不同的只是第一项中的 e 换成 $-e$ 而已.设尝试解式(3.1.7)时将第三分量中的因子 $e^{i\beta(a_1^\dagger(k_0)+a_2^\dagger(k_0)+a_3^\dagger(k_0))}$ 换成 $e^{-i\beta(a_1^\dagger(k_0)+a_2^\dagger(k_0)+a_3^\dagger(k_0))}$ 即可.这样的变化从物理上去考虑，容易理解是来自电荷的反号；从数学的推导来看，相当于将 β 换成 $-\beta$，所以最后的式(3.1.12)中 $e\to-e$，$\beta\to-\beta$，结果不变.总的来讲，当我们修改了 Dirac 理论的物理诠释后，反粒子的存在不仅不再需要用负能海中的空穴来导入，而且符合正、反粒子对称性的普遍规律.

(3) 现在解答第 1 章中对原有 Dirac 粒子的颤动方面提出的质疑.首先 Schrödinger 为解释颤动而认为存在内、外自由度间的相互作用的问题有了答案.相互作用就是电磁场作为中介的电磁相互作用.说得更确切一点，就是正能分量和负能分量间的自发辐射与吸收.

(4) 物理的 Dirac 粒子的最低能态已不是无相互作用的平面波态.当然更高的能态亦不是只有外部自由度的粒子那样的平面波态.质能关系不会是经典粒子的相对论性关系.

(5) 颤动中外部自由度的动量改变亦有了来源.因为有内禀电磁场的参与作用，而电磁场是具有动量的，所以颤动时外部自由度的动量改变来自和电磁场的动量交换.

现在对本章作一个小结：

(1) 在 Dirac 的原始理论中，由相对论与量子物理融合得到的自由粒子的哈密顿量实质上并不对应于真实的物理粒子，因为它没有包含应有的内、外自由度间相互作用的要素.当我们将包含内禀电磁场及其作用的 Dirac 哈密顿量对应真实的粒子时，不仅得到了稳定态(近似)，亦让所有对它的质疑都得到了合理的解释，使得 Dirac 理论成为一个自洽的理论.

(2) 是否经过修正的 Dirac 理论和量子场论就完全一致了呢？之所以这么问是因为 Weinberg 的书中断言，唯有量子场论才是量子理论与相对论融合的正确理论.后面将对这一问题进行讨论.这里只需要指出这是两回事，因为量子场论处理这方面的理论仍值得加以审视，亦是我们在下面想探讨的内容.

(3) 有趣的是,通过本章的讨论,我们意识到把物理的自由的费米子客体改变为包含内、外自由度和内禀电磁场三者复合体的看法其实应该来自 Dirac 自己. 理由是:1927 年,正是 Dirac 做了激发态到低能态的自发辐射的研究工作(见式(1.2.38)后那一段关于 Dirac 的工作的叙述). 而且如上所述,上、下态间的自发辐射机制是完全一样的. 那么为什么在 90 多年前 Dirac 本人没有这样做呢? 唯一的解释是 Dirac 可能太珍爱他的负能海填满的假设以及负能海中空穴的存在预言了反粒子的存在,这是当时一个十分耀眼的理论预言.

第4章

费米系统与量子场论

首先要提到的是,以后不再用 Dirac 粒子这样的叫法,而改称为熟悉的费米子.严格来讲,两者的确还是有差别的,费米子是自旋为半整数的粒子的统称,而 Dirac 粒子专指 Dirac 理论中导出的自旋为$\frac{1}{2}$的费米子.不过,实际在大多数情况下讲的都是这种自旋为$\frac{1}{2}$的粒子.因此为了简化并和通常的描述一致起见,以后就用费米子这个词.

在讨论量子场论中有关费米系统的内容之前,要提到这样一个问题,对这一问题有四个论述起着重要和基本的作用,它们是:(1) 不同费米子的算符之间的对易问题;(2) 同一费米子的算符之间的对易问题;(3) Pauli 不相容原理;(4) 费米系统的统计问题.这四个方面的问题事实上是完全不同的,它们有各自的物理内涵.然而在很多场合中,这四个论述常被混为一谈,并常常误认为用一个统一的湮灭算符和产生算符的反对易关系就把上述四个论述都表达了.事情果真是这样吗?下面将一一进行分析和讨论.

4.1　不同费米子的算符之间的对易关系

(1) 量子理论发展中最基本的一点是从宏观物理到微观物理的转变，是物理系统的状态这一概念的改变，即状态由物理系统的一个物理量的数值组来描绘改变为由一个物理量的数值组的概率幅来描绘. 用形象的语言讲，就是宏观物理中物理系统具有确定的运动轨道的概念在微观物理中不再成立. 量子理论把这一区别宏观物理与微观物理的关键总结为一个并协原理：对应于一个自由度的物理量的算符和这一算符的时间导数算符不对易. 不同的自由度或不同模式（对场而言）的物理量和物理量对时间导数的算符是互为对易的.（这里没有用正则坐标和正则动量的表述形式，是因为这种表述形式在后面的讨论中会看到存在缺欠. 用物理量和物理量的时间导数的对易关系来表述量子物理的基本内涵才是原始的本意，不存在任何疑义.）

从并协原理的本义讲，不同物理系统和同一物理系统的两个独立无关的物理量（算符）之间是对易的，这一结论与系统的粒子是费米子还是玻色子无关，这是一个普遍的结论. 因此不论是什么样的粒子，只要是不同的粒子，它们的某一物理量 $\hat{A}$ 对于第一粒子和第二粒子如分别记为 $\hat{A}_1$ 和 $\hat{A}_2$，则应有

$$
\begin{aligned}
[\hat{A}_1, \hat{A}_2] &= [\dot{\hat{A}}_1, \dot{\hat{A}}_2] = 0 \\
[\hat{A}_1, \dot{\hat{A}}_2] &= [\dot{\hat{A}}_1, \hat{A}_2] = 0
\end{aligned}
\tag{4.1.1}
$$

由前面讨论过的表述变换知道，应有如下的变换关系：

$$
\begin{aligned}
\hat{A}_1 &= \Delta_1(a_1 + a_1^\dagger), \quad \dot{\hat{A}}_1 = \mathrm{i}\Delta_2(a_1^\dagger - a_1) \\
\hat{A}_2 &= \Delta_1(a_2 + a_2^\dagger), \quad \dot{\hat{A}}_2 = \mathrm{i}\Delta_2(a_2^\dagger - a_2)
\end{aligned}
\tag{4.1.2}
$$

如前所述，这里的 Δ_1，Δ_2 的量纲为

$$
[\Delta_1] = [\hat{A}], \quad [\Delta_2] = [\hat{A}\mathrm{T}^{-1}] \tag{4.1.3}
$$

因此由式(4.1.1)和式(4.1.2)应该得到

$$[a_1, a_2] = [a_1^\dagger, a_2^\dagger] = 0$$
$$[a_1, a_2^\dagger] = [a_1^\dagger, a_2] = 0 \tag{4.1.4}$$

这里得到的结论和以往保持的观点有显著不同,因为这里推论的结果与系统的粒子是费米子还是玻色子无关.得到的湮灭和产生算符之间的关系是对易关系,而不是反对易关系.

(2) 上面在引言中已谈到费米多体系统的 Fermi-Dirac 统计理论要求这一多体系统满足 Pauli 不相容原理.这和不同粒子的湮灭、产生算符是服从对易关系还是反对易关系并没有关系.那么为什么人们常常误解为不同费米子的湮灭和产生算符服从反对易关系是来自多体系统的统计性质呢?

为此,我们引用 Fetter 和 Walecka 在他们的《多粒子系统的量子理论》一书中的论述,来弄清事情的由来.书中的这段内容如下:

"……为方便,再次引入抽象的占据空间,并定义多体系统的态矢为

$$|\Psi(t)\rangle = \sum_{n_1, n_2, \cdots, n_\infty} f(n_1, n_2, \cdots, n_\infty, t) \,|\, n_1, n_2, \cdots, n_\infty\rangle$$

这里系数 f 所遵从的方程与玻色多体系统遵从的动力学方程一样,差别仅在于相因子以及 $n_i = 0, 1$.这个限制反映了粒子的统计性质,它必须体现在抽象占据数空间中的算法中.用 Jordan 和 Wigner 的方法引入反对易定则:

$$\{a_r, a_s^\dagger\} = \delta_{rs}$$
$$\{a_r, a_s\} = \{a_r^\dagger, a_s^\dagger\} = 0$$

其中反对易式由下式定义:

$$\{A, B\} \equiv [A, B]_+ \equiv AB + BA$$

容易看到正是这组不同的对易定则产生了正确的统计性质:

① $a_s^2 = a_s^{\dagger 2} = 0$,因而 $a_s^\dagger a_s^\dagger |0\rangle = 0$,这制止两个粒子占据同一个状态.

② $a^\dagger a = 1 - aa^\dagger$(这里的这些算符居于同一个模,因而略去了下标),因此

$$\begin{aligned}(a^\dagger a)^2 &= 1 - 2aa^\dagger + aa^\dagger aa^\dagger \\ &= 1 - 2aa^\dagger + a(1 - aa^\dagger)a^\dagger \\ &= 1 - aa^\dagger = a^\dagger a\end{aligned}$$

或

$$a^\dagger a(1 - a^\dagger a) = 0$$

最后这个关系式意味着第 s 个模的粒子数算符 $\hat{n}_s = a_s^\dagger a_s$ 具有本征值 0 或 1，这正是所要求的.此外，还可直截了当地证明对易式$[\hat{n}_r, \hat{n}_s]$为零，虽然单个的产生和湮灭算符是反对易的.这个结果使得集合$\{\hat{n}_r\}$可以同时对角化，这与占有数态矢量的定义相符合."

从以上叙述可以清楚地看出，不同费米子的产生、湮灭算符服从反对易关系(为零)和多体系统的统计物理没有关系.按这两位作者的说法，他们只是为了计算上的方便，因为这样做能保证得到这段叙述中指出的两点：一是不会出现两个粒子占据同一个状态，二是每一模式的数算符只有 0 和 1 两个本征值，使得费米系统的 Pauli 不相容原理会在计算中得到保证而已.

(3) 在(1)、(2)两部分中分别谈了费米系统中不同粒子的算符的对易关系，在(1)中根据量子理论的基本原理——并协原理及表述变换给出的结论是，不同费米子的算符(湮灭、产生)应该满足的是对易关系为零，而在(2)中给出了不同费米子的算符间的反对易关系为零.显然这两个不同的对易关系是冲突的.怎样来理解这一情况呢？这里作如下的分析：

① 从物理原理角度来看，自然是不同费米子的算符满足对易关系为零是正确的.

② 那么为什么 Fetter 和 Walecka 在他们的书中以及长期以来人们都是用反对易关系呢？在他们的书中已经作了清楚的解释.他们从一开始就明确说采用反对易关系的原因不是来自任何物理的要求，只是在 Hilbert 空间选择一组适当的基来展开多体系统的态矢，因为满足反对易关系的这组基始终保持态矢符合 Pauli 不相容原理，因而在所有计算中都不用再去考虑 Pauli 不相容原理的要求.

③ 从上面这一点讨论来看，似乎在计算中用反对易关系更好.反之，如果我们回到以物理原理为依据，在不同费米子的算符之间采用对易关系，则我们必须把 Pauli 不相容原理作为约束条件加上，动力学计算过程一定会繁复得多.

④ 不过我们必须要指出，这两种做法从本质上看一定还是不完全等价的，值得对以下两种方案作一认真的检验：

A：费米多体系统中不同粒子的算符满足反对易关系为零.

B：费米多体系统中不同粒子的算符满足对易关系为零 + Pauli 不相容原理.

即要问 A 是否真的和 B 完全等价.

我们认为结论应当是：B一定是正确的，A在多数情况下可能会得到和B一样的效果，但是对于更广泛和特殊的相互作用，把物理的多费米系统中费米子的态矢部分仍用由反对易关系导出的基来展开是否仍然可行以及能否得出和B一致的结果，显然是存在疑问的.

最后概括为更集中的一点：A与B一定不是完全等价的.这可能就是最近Anderson、文小刚他们质疑现有费米子理论的物理根源.

4.2 同一费米子的算符之间的对易问题

在前面提到过不同费米子的算符间的对易问题和同一费米子的算符间的对易是两回事.原因是不同费米子之间没有量子关联的效应，它们是相互独立的；而同一费米子的算符间存在量子关联，所以有不为零的对易关系.对于费米子和玻色子，它们的算符的对易关系不同亦许并不意外.因此同一玻色子的算符间满足对易关系，而同一费米子的算符间满足反对易关系就似乎是一个合理的自然的结果.不过，仔细想一下，玻色子和费米子之间的差异仅在于内部自由度不同，例如玻色子的自旋是正整数，费米子的自旋是半整数，而玻色子与费米子的外部自由度(x_1，x_2，x_3)是没有差别的.我们谈到费米子或玻色子的算符的对易关系，其实是指与外部自由度有关的算符，因为像自旋或角动量算符的对易关系完全是另一回事.

迄今为止，人们认为同一费米子的算符间的反对易关系是Jordan和Wigner在1928年将费米子场量子化时得出的结论.他们发现对费米子仍采用对易关系时空间的平移对称性不能保持，只有它们服从反对易关系才能得到空间平移对称.因此将反对易关系看作来自二次量子化的要求，这里与多体系统的统计性质没有物理上的关联.为了后面的讨论更为清楚起见，这里将黄涛的《量子场论导论》一书中有关J-W理论的叙述抄录如下：

自旋为$\frac{1}{2}$的粒子的旋量场遵从相对论Dirac方程，由自由旋量场$\psi(x)$的拉格朗日密度$\mathscr{L}=\mathrm{i}\bar{\psi}\gamma^{\mu}\partial_{\mu}\psi-m\bar{\psi}\psi$并按照标准的量子化步骤，首先由$\mathscr{L}$求出$\psi$的共轭动量：

$$\pi=\frac{\partial\mathscr{L}}{\partial\dot{\psi}}=\mathrm{i}\psi^{\dagger} \tag{4.2.1}$$

可见 $\mathrm{i}\psi^\dagger$ 是 ψ 的共轭动量，由此给出哈密顿量 H 和哈密顿密度 $\mathscr{H}(\pi,\psi)$：

$$H = \int \mathrm{d}^3 x \mathscr{H}(\pi,\psi) \tag{4.2.2}$$

$$\mathscr{H}(\pi,\psi) = \mathrm{i}\bar{\psi}\gamma^0\partial_0\psi \tag{4.2.3}$$

前面已指出，场量量子化后应满足运动方程

$$\partial_0\psi(x) = \mathrm{i}[H,\psi(x)] \tag{4.2.4}$$

对于四动量，则有

$$\begin{aligned}\partial_\mu\psi(x) &= \mathrm{i}[P_\mu,\psi(x)]\\ \partial_\mu\bar{\psi}(x) &= \mathrm{i}[P_\mu,\bar{\psi}(x)]\end{aligned} \tag{4.2.5}$$

此方程反映了时空平移不变性，即

$$\psi(x+a) = \mathrm{e}^{\mathrm{i}p\cdot a}\psi(x)\mathrm{e}^{-\mathrm{i}p\cdot a} \tag{4.2.6}$$

方程(4.2.5)是式(4.2.6)的微分形式，其中 P_μ 是能量-动量算符，在 Hilbert 空间里，它是时空平移变换的生成元：

$$P_\mu = \mathrm{i}\int \mathrm{d}^3 x\bar{\psi}\gamma^0\partial_\mu\psi \tag{4.2.7}$$

问题是对于自旋为$\frac{1}{2}$的费米子，如何写出正则量子化的对易关系，在前面讨论实标量场时采用了等时对易关系.实标量场是自旋为 0 的玻色场，满足 Bose-Einstein 统计，而费米子满足 Pauli 不相容原理，遵从的是 Fermi-Dirac 统计，如何写出等时对易关系式？1928 年，Jordan 和 Wigner 首先注意到了按玻色场正则量子化遇到的困难，同时提出了修改等时对易关系式的假定，实现了费米场的正确量子化方案.

为了理解问题所在，首先将场算符 $\psi(x)$，$\bar{\psi}(x)$按自由 Dirac 方程的平面波解 $u_\lambda(\boldsymbol{p})\mathrm{e}^{-\mathrm{i}p\cdot x}$，$v_\lambda(\boldsymbol{p})\mathrm{e}^{\mathrm{i}p\cdot x}$展开，为

$$\begin{aligned}\psi(x) &= \int\frac{\mathrm{d}^3 p}{(2\pi)^3}\frac{1}{2p^0}\sum_{x=1,2}[b_\lambda(\boldsymbol{p})u_\lambda(\boldsymbol{p})\mathrm{e}^{-\mathrm{i}p\cdot x}+d_\lambda^\dagger(\boldsymbol{p})v_\lambda(\boldsymbol{p})\mathrm{e}^{\mathrm{i}p\cdot x}]\\ \bar{\psi}(x) &= \int\frac{\mathrm{d}^3 p}{(2\pi)^3}\frac{1}{2p^0}\sum_{x=1,2}[b_\lambda^\dagger(\boldsymbol{p})\bar{u}_\lambda(\boldsymbol{p})\mathrm{e}^{\mathrm{i}p\cdot x}+d_\lambda(\boldsymbol{p})\bar{v}_\lambda(\boldsymbol{p})\mathrm{e}^{-\mathrm{i}p\cdot x}]\end{aligned} \tag{4.2.8}$$

其中 $b,d,b^\dagger,d^\dagger$ 都是 Hilbert 空间的算符且仅是三维动量 $\boldsymbol{p}$ 的函数；u,v 是 Dirac

旋量,注意到

$$u_\lambda(\boldsymbol{p}) = \frac{\not{p} + m}{\sqrt{p^0 + m}}\begin{pmatrix}\chi_\lambda \\ 0\end{pmatrix}$$

$$v_\lambda(\boldsymbol{p}) = \frac{-\not{p} + m}{\sqrt{p^0 + m}}\begin{pmatrix}0 \\ \chi_\lambda\end{pmatrix}$$

则有

$$\begin{aligned}\bar{u}_\lambda(\boldsymbol{p})\gamma^0 u_{\lambda'}(\boldsymbol{p}) &= (\chi_\lambda^\dagger, 0)\frac{\not{p} + m}{\sqrt{p^0 + m}}\frac{\not{p} + m}{\sqrt{p^0 + m}}\begin{pmatrix}\chi_{\lambda'} \\ 0\end{pmatrix} \\ &= \frac{1}{p^0 + m}(\chi_\lambda^\dagger, 0)\begin{pmatrix}(2p_0^2 + 2mp_0)I & 2p_0\boldsymbol{\sigma}\cdot\boldsymbol{p} \\ 2p_0\boldsymbol{\sigma}\cdot\boldsymbol{p} & (2p_0^2 - 2mp_0)I\end{pmatrix}\begin{pmatrix}\chi_{\lambda'} \\ 0\end{pmatrix} \\ &= 2p^0\delta_{\lambda\lambda'}\end{aligned}$$

其中 $\chi_\lambda(\lambda = 1,2)$是二分量旋量,且是 $\boldsymbol{\sigma}\cdot\hat{\boldsymbol{p}}\left(\hat{\boldsymbol{p}} = \frac{\boldsymbol{p}}{|\boldsymbol{p}|}\right)$的本征态,如在静止系中,它们是 Pauli 矩阵 $\sigma^3 = \begin{pmatrix}1 & 0 \\ 0 & -1\end{pmatrix}$的本征态.

类似地,对于 $v(\boldsymbol{p})$,有等式

$$\begin{aligned}\bar{v}_\lambda(\boldsymbol{p})\gamma^0 v_{\lambda'}(\boldsymbol{p}) &= (0, \chi_\lambda^\dagger)\frac{-\not{p} + m}{\sqrt{p^0 + m}}\frac{-\not{p} + m}{\sqrt{p^0 + m}}\begin{pmatrix}0 \\ \chi_{\lambda'}\end{pmatrix} \\ &= \frac{1}{p^0 + m}(0, \chi_\lambda^\dagger)\begin{pmatrix}(2p_0^2 - 2mp_0)I & 2p_0\boldsymbol{\sigma}\cdot\boldsymbol{p} \\ 2p_0\boldsymbol{\sigma}\cdot\boldsymbol{p} & (2p_0^2 + 2mp_0)I\end{pmatrix}\begin{pmatrix}0 \\ \chi_{\lambda'}\end{pmatrix} \\ &= 2p^0\delta_{\lambda\lambda'}\end{aligned}$$

因此 u, v 存在正交归一关系:

$$\begin{aligned}\bar{u}_\lambda(\boldsymbol{p})\gamma^0 u_{\lambda'}(\boldsymbol{p}) &= \bar{v}_\lambda(\boldsymbol{p})\gamma^0 v_{\lambda'}(\boldsymbol{p}) = 2p^0\delta_{\lambda\lambda'} \\ \bar{u}_\lambda(\boldsymbol{p})\gamma^0 v_{\lambda'}(\boldsymbol{p}) &= \bar{v}_\lambda(\boldsymbol{p})\gamma^0 u_{\lambda'}(\boldsymbol{p}) = 0\end{aligned} \tag{4.2.9}$$

将式(4.2.8)代入 P_μ 的表达式(4.2.7),并利用 u, v 的正交归一关系(4.2.9),可以得到

$$P_\mu = \int \mathrm{d}^3 x \mathrm{i}\bar{\psi}\gamma^0\partial_\mu\psi$$

$$= \int \frac{d^3 p}{(2\pi)^3} \frac{1}{2p^0} \sum_{\lambda=1,2} p_\mu [b_\lambda^\dagger(\boldsymbol{p}) b_\lambda(\boldsymbol{p}) - d_\lambda(\boldsymbol{p}) d_\lambda^\dagger(\boldsymbol{p}) e^{ip\cdot x}]$$

$$= \int \widetilde{d} p \sum_{\lambda=1,2} p_\mu [b_\lambda^\dagger(\boldsymbol{p}) b_\lambda(\boldsymbol{p}) - d_\lambda(\boldsymbol{p}) d_\lambda^\dagger(\boldsymbol{p})] \tag{4.2.10}$$

其中$\widetilde{d} p = \frac{d^3 p}{(2\pi)^3} \frac{1}{2p^0}$，注意到标量场的能量-动量算符为

$$P_\mu = \int \widetilde{d} p p_\mu \frac{1}{2} [a^\dagger(\boldsymbol{p}) a(\boldsymbol{p}) + a(\boldsymbol{p}) a^\dagger(\boldsymbol{p})]$$

两者的 P_μ 表述式有一明显区别，即式(4.2.10)中两项间为负号. 仍像实标量场的量子化那样，由平移不变性而要求 $b, d, b^\dagger, d^\dagger$ 算符满足对易关系

$$\begin{aligned}
[P_\mu, b_\lambda(\boldsymbol{p})] &= - p_\mu b_\lambda(\boldsymbol{p}) \\
[P_\mu, d_\lambda(\boldsymbol{p})] &= - p_\mu d_\lambda(\boldsymbol{p}) \\
[P_\mu, b_\lambda^\dagger(\boldsymbol{p})] &= - p_\mu b_\lambda^\dagger(\boldsymbol{p}) \\
[P_\mu, d_\lambda^\dagger(\boldsymbol{p})] &= - p_\mu d_\lambda^\dagger(\boldsymbol{p})
\end{aligned} \tag{4.2.11}$$

以定义 Hilbert 空间基矢. 现在将 P_μ 的表达式(4.2.10)代入式(4.2.11)，由式(4.2.11)的第一式得到

$$\int \frac{d^3 q}{(2\pi)^3} \frac{1}{2q_0} \sum_\lambda q_\mu [b_\lambda^\dagger(\boldsymbol{q}) b_\lambda(\boldsymbol{q}) - d_\lambda(\boldsymbol{q}) d_\lambda^\dagger(\boldsymbol{q}), b_{\lambda'}(\boldsymbol{p})] = - p_\mu b_{\lambda'}(\boldsymbol{p})$$

此式等价于

$$\begin{aligned}
&[\sum_\lambda b_\lambda^\dagger(\boldsymbol{q}) b_\lambda(\boldsymbol{q}) - d_\lambda(\boldsymbol{q}) d_\lambda^\dagger(\boldsymbol{q}), b_{\lambda'}(\boldsymbol{p})] \\
&= - (2\pi)^3 2p^0 \delta^3(\boldsymbol{p} - \boldsymbol{q}) b_{\lambda'}(\boldsymbol{p})
\end{aligned}$$

假定

$$[d_\lambda(\boldsymbol{q}) d_\lambda^\dagger(\boldsymbol{q}), b_{\lambda'}(\boldsymbol{p})] = 0$$

则导致

$$\begin{aligned}
&\sum_\lambda (b_\lambda^\dagger(\boldsymbol{q}) \{b_\lambda(\boldsymbol{q}), b_{\lambda'}(\boldsymbol{p})\} - \{b_\lambda^\dagger(\boldsymbol{q}), b_{\lambda'}(\boldsymbol{p})\} b_\lambda(\boldsymbol{q})) \\
&= - (2\pi)^3 2p^0 \delta^3(\boldsymbol{p} - \boldsymbol{q}) b_{\lambda'}(\boldsymbol{p})
\end{aligned}$$

由式(4.2.11)中的另外三个等式可导出类似的三个关系式. 不难看出，如果假定基本

的湮灭算符 b,d 和产生算符 $b^\dagger,d^\dagger$ 满足反对易关系：

$$\{b_\lambda(\boldsymbol{q}),b^\dagger_{\lambda'}(\boldsymbol{p})\}=\{d_\lambda(\boldsymbol{q}),d^\dagger_{\lambda'}(\boldsymbol{p})\}=(2\pi)^3 2p^0\delta^3(\boldsymbol{p}-\boldsymbol{q})\delta_{\lambda\lambda'} \tag{4.2.12}$$

所有其他反对易子为零，则式(4.2.11)和类似的三个关系都可以满足，这里 $\{X,Y\}\equiv XY+YX$. 上述事实表明，对于费米场，反对易关系(4.2.12)和平移不变性(4.2.11)是自洽的，还可以看出 $b^\dagger(\boldsymbol{p}),d^\dagger(\boldsymbol{p})$ 的作用是产生四动量 P_μ，而 $b(\boldsymbol{p})$，$d(\boldsymbol{p})$的作用是消灭四动量 P_μ. 利用 $b,d,b^\dagger,d^\dagger$ 的反对易关系(4.2.12)，可以证明场算符 $\psi,\psi^\dagger$ 满足等时反对易关系：

$$\begin{aligned}&\{\psi_\rho(\boldsymbol{x},t),\mathrm{i}\psi^\dagger_\sigma(\boldsymbol{y},t)\}=\mathrm{i}\delta^3(\boldsymbol{x}-\boldsymbol{y})\delta_{\rho\sigma}\\&\{\psi_\rho(\boldsymbol{x},t),\psi_\sigma(\boldsymbol{y},t)\}=\{\psi^\dagger_\rho(\boldsymbol{x},t),\psi^\dagger_\sigma(\boldsymbol{y},t)\}=0\end{aligned} \tag{4.2.13}$$

其中 ρ,σ 是场的旋量指标. 在证明式(4.2.13)时要用到 u,v 的自旋求和公式. 注意到式(4.2.1)中 ψ 的共轭动量为 $\pi=\mathrm{i}\psi^\dagger$，式(4.2.13)正是费米场的 Jordan-Wigner 量子化假定下 ψ 和 π 应遵从的反对易关系.

以上是 Jordan 和 Wigner 论证同一费米子的算符应满足反对易关系的内容. 和 4.1 节讨论不同费米子的算符对易问题不同，J-W 关于同一费米子的对易问题的论证不是一个数学技巧，而是来自物理原理，确切地讲是来自空间平移对称性的要求. 然而我们在第 3 章重新考虑了 Dirac 理论，解决了原来对 Dirac 理论的质疑，同时看到物理的自由 Dirac 粒子，即费米子已不是原来想象的点粒子，而是一个有结构的复合系统. 因此它的动量 $\hat{\boldsymbol{p}}$ 不是一个守恒量，它亦不满足经典粒子的质能关系，因为它的定态集包括最低能的稳定态都不是能量和动量的共同本征态. 这样一来，由于 $\hat{\boldsymbol{p}}$ 不是守恒量，对费米子来讲，空间平移对称性不再成立，因此 J-W 理论的依据已不再存在. 于是问题回到同上面讨论的不同费米子的算符间的对易问题一样的状况. 从严格意义上讲，从外部自由度来看费米子与玻色子是一样的，因而同一费米子的湮灭、产生算符间应该亦是对易关系而不是反对易关系.

根据上面的讨论可以看到，对于同一费米子的算符间的对易关系，和前面讨论的不同费米子的情形一样，亦有两种量子化的方案：

A：同一费米子的算符(湮灭、产生)遵从反对易关系，并自然满足 Pauli 不相容原理.

B：同一费米子的算符遵从对易关系，但需附加上 Pauli 不相容原理的要求.

不论是同一费米子还是不同费米子的对易问题，都有一个现在通行的反对易关系的 A 方案和理论上应该有的 B 方案. 不过从讨论中可以设想，在很多情形下这两种方案得到的结果会是等效的，然而从本质上讲它们仍然不可能完全等价. 如前所述，在有的情况下差别就会显现出来，为我们解决近来发现的一些无法用现行理论(A 方案)来解释的实验现象提供了一个可能的途径(B 方案).

讨论至此要附带谈一个问题. 在上面的讨论中，已看到当年 Jordan 和 Wigner 证明费米子的湮灭、产生算符必须遵守反对易关系是来自空间平移对称性的要求，或者更确切地说，是根据费米子(自由 Dirac 粒子)的动量应该是守恒量而来的. 这里我们指出，依据我们在第 3 章得到的费米子是一个复合体的结论及其动量并不守恒，可知 J-W 的论证依据已不存在，而根据费米子的外部自由度与玻色子的外部自由度相同这点论证它的算符(湮灭、产生)一样应该遵从的是对易关系. 这时可能会产生如下疑问：第 3 章中的所有讨论及计算都是源自 Dirac 一开始提出的颤动问题，原来 Dirac 证明费米子有颤动的一个依据是基于动量守恒的，现在得到费米子的动量 $\hat{\boldsymbol{p}}$ 不守恒，是否会导致 Dirac 原来证明的颤动存在的结论不成立了？失掉论证的最初依据，以上的论证还有效吗？

答案是 Dirac 的证明依然成立. 理由如下：让我们回头再去审视一下 Dirac 的证明. 在那里从式(1.3.5)到式(1.3.6)的确应用了 $\hat{p}_1$ 是守恒量的条件，所以就这点来说，的确原来的证明不成立了. 不过不要忘记，在上一章中已给出了物理的费米子不再遵从式(3.1.1)，物理的费米子的哈密顿量是由式(3.1.3)表示的，因此费米子的正则动量是

$$\hat{\mathscr{P}} = \hat{\boldsymbol{p}} - \frac{e}{c}\boldsymbol{A}(\boldsymbol{r})$$

取代了式(3.1.1)中的动量 $\hat{\boldsymbol{p}}$，而且立即看出 $\hat{\boldsymbol{p}}$ 虽然不再是守恒量，但 $\mathscr{P}$ 仍是守恒量. 因此 Dirac 原来关于颤动存在的证明只要相应地从式(3.1.2)出发，依据 H 与 $\mathscr{P}$ 是守恒量，则各个步骤和结果都不改变.

4.3 Pauli 不相容原理与两种统计规律

(1) 两种对易关系与不相容原理无关.

前面讨论了费米子的对易关系，知道现行的做法是 A 方案，即不论是同一费米子

还是不同费米子，算符满足的都是反对易关系.但更合乎物理原理的应当是B方案，即应当用对易关系来处理，但必须还要加入符合Pauli不相容原理的要求.换句话说，分别采用两种方案计算得到的定态集合，用A方案保证算出的定态集上的粒子数一定是$n=0$或1；用B方案计算得不出$n=0$或1的结果，因此还要加上Pauli不相容原理，舍去$n\geqslant 2$的状态.一个典型的例子就是原子的壳层结构.原子物理中，计算系统时得出了不同壳层的定态集，实际上电子并不都居于能量最低的那一壳层，而是每一壳层都只允许确定数目的电子布居，当一层填满后，余下的电子将去填充下一壳层，就是这个道理.

根据以上分析，我们便可以得出结论：Pauli不相容原理和费米系统遵守对易关系还是反对易关系无关，更不能说Pauli不相容原理是费米子要服从反对易关系的理论基础.

(2) Pauli不相容原理与两种统计.

因为费米子对易的两种方案与Pauli不相容原理是独立的两件事，并无关联，所以玻色多体系统遵从的Bose-Einstein统计和费米多体系统遵从的Fermi-Dirac统计自然亦和费米子的算符是对易还是反对易没有关系.说得更明白一点，不会因为对费米系统从采取A方案转为采取B方案就会影响到费米多体系统的统计性质.最后要指出的是，两种多体系统的统计规律的出现只是因为费米多体系统必须服从Pauli不相容原理，否则费米多体系统亦会同样服从Boltzmann统计法则.

4.4 关于Weinberg对费米系统的论断

在第1章里讲述了Weinberg在其《量子场论》一书中从量子场论的角度对原有Dirac理论在负能海假定和正、反粒子对称这两个问题上提出了质疑，并且他用量子场论发展过程中得到的结果证明用场论的办法二次量子化费米系统不会产生负能态的问题，因而不需要负能海填满的假定，同时正、反粒子对称亦自然存在. Weinberg断定只有量子场论是相对论与量子物理融合的唯一理论途径.不过我们在第3章中利用物理的自由费米子所认定的改变，同样得到了负能态不存在的结果以及正、反粒子对称亦同样地存在.不仅如此，得到的结果中还揭示出反常磁矩存在的物理根源以及质子质量略小于中子质量的原由.于是自然会产生这样一个疑问:第3章中由费米子认定的修正和量子场论是否就是等效的两种理论?在回答这一问题之前,我们需要澄清如下几个逻辑上的关系:

(1) 不论是第3章对费米子认定的修正还是量子场论解决了原有 Dirac 理论中的负能态存在和正、反粒子对称缺失的疑难,都只能说这两种理论均没有原有理论的欠缺或不自洽之处,但不能得出新理论正确的结论.

(2) 从(1)的分析知道,认为两种理论一定等效的观点是不成立的.

(3) 因此再引申认为两种新理论是等效的更不成立.至于哪一个新理论站得住脚,以及这两种理论是否依据的基础原理是一致的,都需要仔细地进行论证.

综合以上各点,可见需要我们对两种理论进行剖析和比较,为此我们先作如下的一般考虑:

① 首先大体来看两者有什么不同.我们可以指出两者的一个不同是量子场论进行了二次量子化;而第3章中的做法只是认定物理的费米子的哈密顿量不是式(3.1.1)而是式(3.1.2),这就是说量子化的全部原理都没有作变动,保持原来的量子化的基本原理,所以它是一个一次量子化理论.

② 为什么量子场论要进行二次量子化?理由之一是只有一次量子化的量子力学不能描述粒子的产生与湮灭和不同种类的粒子间的转换.不过我们对二次量子化可以从两个方面加以质疑:一是从宏观物理转入微观物理时微观世界的性质和宏观世界相比有了改变,所谓一次量子化,其实就是描述微观世界物理性质改变的那些新原理的统称.可是再进行一次量子化的依据是什么?难道进入了另一个更微小的世界?二是既然进行二次量子化,必然有新的一些原则被引进,或者说不会和原来的那些原理一致,那么我们就要问:一次量子化时的那些基本原理是仍然确定还是需要作一定的修正?一次量子化和二次量子化一定不是完全一致的.

4.5 一个体现一次量子化和二次量子化不同的例子

为了明显地看出一次量子化和二次量子化的具体差别,我们将第1章中式(1.2.56)后 Fock, Furry 和 Oppenheimer 的工作作为例子来讨论.讨论的系统就是

Dirac 理论中的“自由 Dirac 粒子”系统.其哈密顿量是

$$\mathscr{H} = -\mathrm{i}\hbar c\boldsymbol{\alpha}\cdot\nabla + \beta mc^2 \tag{4.5.1}$$

(1) 首先要指出,在一次量子化的理论框架下用来讨论的是态矢不变、算符随着时间改变的 Heisenberg 绘景.这一系统有平面波解,这个平面波解在 Schrödinger 绘景中满足的本征方程是

$$\mathscr{H}u_k(\boldsymbol{x}) = \hbar\omega_k u_k(\boldsymbol{x}) \tag{4.5.2}$$

u_k 是一个四行一列的波函数,$\boldsymbol{k}$ 本来是连续改变的,但在这里取分立值的形式,目的是简化和看得更清楚,同时不影响我们讨论的内容.因$\{u_k\}$是 $\mathscr{H}$ 的本征解集,故不同的模式间有正交归一关系.系统的任一态矢 ψ 可用$\{u_k\}$作基来展开:

$$\psi(\boldsymbol{x}) = \sum_k u_k(\boldsymbol{x})f_k \tag{4.5.3}$$

由于我们要和量子场论的二次量子化作比较,因此还要转回到 Heisenberg 绘景,这时概率幅 f_k 作为算符应该是随 t 改变的.由于在 Schrödinger 绘景中波函数随 t 改变,在初始时刻 $t=0$ 时波函数为

$$\psi(t=0) = \sum_k f_k u_k(\boldsymbol{x})$$

演化到时刻 t,系统的波函数是

$$\psi(t) = \sum_k f_k u_k(\boldsymbol{x})\mathrm{e}^{-\mathrm{i}\omega_k t}$$

可知从 $t=0$ 到 t 时刻,概率幅从 f_k 演化到 $f_k\mathrm{e}^{-\mathrm{i}\omega_k t}$:

$$f_k(t) = f_k\mathrm{e}^{-\mathrm{i}\omega_k t} \tag{4.5.4}$$

(2) 现在转到二次量子化的量子场论框架下讨论,这时 $f_k(t)$或 f_k 看作波幅的经典量,重新引入产生、湮灭算符来描绘这个经典量,这就是式(1.2.56)的含义:在二次量子化中将经典量 f_k 量子化为湮灭算符 a_k.于是原来在一次量子化中的哈密顿量可表示为

$$\begin{aligned} H &= \int \mathrm{d}^3x\psi^\dagger(\boldsymbol{x})\mathscr{H}\psi(\boldsymbol{x}) = \sum_k \hbar\omega_k |f_k|^2 \\ &\to \sum_k \hbar\omega_k a_k^\dagger a_k \end{aligned} \tag{4.5.5}$$

第二步，由于 ω_k 有 $\omega_k<0$ 的负数那一部分，他们将正频部分的 $\hat{f}_k$ 对应于湮灭算符，$\hat{f}_k^\dagger$ 对应于产生算符，而将负频部分的湮灭、产生算符重新定义为

$$\begin{aligned} \hat{f}_k &= a_k, \quad \hat{f}_k^\dagger = a_k^\dagger \quad (\omega_k>0) \\ b_k^\dagger &= a_k, \quad b_k \equiv a_k^\dagger \quad (\omega_k<0) \end{aligned} \tag{4.5.6}$$

即把负频的产生算符改成了反粒子的湮灭算符，把负频的湮灭算符改成反粒子的产生算符，于是波函数表示为

$$\psi(\boldsymbol{x}) = \sum_k^{(+)} a_k u_k(\boldsymbol{x}) + \sum_k^{(-)} b_k^\dagger u_k(\boldsymbol{x}) \tag{4.5.7}$$

以及

$$H = \sum_k^{(+)} \hbar\omega_k a_k^\dagger a_k + \sum_k^{(-)} \hbar|\omega_k| b_k^\dagger b_k + E_0 \tag{4.5.8}$$

其中

$$E_0 = -\sum_k^{(-)} \hbar|\omega_k| \tag{4.5.9}$$

$\sum^{(+)}$ 表示只对正频求和，$\sum^{(-)}$ 表示只对负频求和.

从以上量子场论的做法看，由于负频部分的二次量子化改成反粒子的算符，既避免了负能态的出现，又自然地导入了反粒子和保证了正、反粒子的对称性. 这就是 Weinberg 认为唯有量子场论才是解决相对论与量子物理融合的途径的理由.

(3) 现在我们可以用这个具体的例子来比较场论和前面经过重新认定的物理的费米子的一次量子化. 从这个例子可以看到，一次量子化和量子场论的二次量子化的确有不一致的地方. 在第 3 章里原有 Dirac 理论的修正仅仅是将原来认为式(3.1.1)是自由费米子的哈密顿量的物理认定换为认定式(3.1.2)才是自由费米子的哈密顿量，而一次量子化或量子力学的所有原理都保持不变，因此相应的表述变换的关系仍然成立. 作为物理量算符的概率幅 $\hat{f}_k$ 及它的导数算符 $\dot{\hat{f}}_k$ 按照第 2 章中的表述理论的变换式(2.4.1)就应有

$$\begin{aligned} \hat{f}_k &= \Delta_1(\boldsymbol{k})(a_k + a_k^\dagger) \\ \dot{\hat{f}}_k &= \mathrm{i}\Delta_2(\boldsymbol{k})(a_k^\dagger - a_k) \end{aligned} \tag{4.5.10}$$

(4) 现在来比较这一具体的物理系统的两种量子化方案的异同之处.

① 如前所述，二次量子化能化解负能态的存在，且反粒子不需要用空穴的概念来产生，而一次量子化亦能做到这点．在用式(3.1.2)作为费米子的哈密顿量后，其能谱自然不会出现负能态，而反粒子与正粒子的区别仅在于荷的符号改变，只要在态矢中适当地考虑了荷反号后的相应改变，则求解的能谱自然一样得到．就解决原有理论中的疑难来讲，两者的作用是相同的．

② 但在引入粒子的湮灭、产生算符的问题上，两者有显著差别．在有了表述理论和表述变换的普遍准则后，我们看到，在一次量子化的理论框架下，湮灭和产生算符是理论中固有的，不需要再添加新原理来导入．粒子的外部自由度既可以用位置和位置的时间导数的算符对来描写它的物理过程，亦能用湮灭和产生算符对来描写．在二次量子化理论框架下，湮灭、产生算符要由另加量子化的方案来引入．在现在这个例子中，一次量子化由已有的普遍准则(4.5.10)给出，而在量子场论的二次量子化理论中，是由式(4.5.6)给定的．两者有显著的不同，最突出的不同是二次量子化把一次量子化中粒子的所有模式分成了两份，一份保留给粒子，另一份(负频)给了反粒子．从以后发展得更完善的量子场论形式知道，场论将 u_k 四分量中的第一、第二分量当作粒子的部分，第三、第四分量当作反粒子的部分，根源就来自上述工作．

最后，对本章内容作一个小结：

(1) 费米系统的四方面论述——不同粒子的算符的对易、同一粒子的算符的对易、Pauli 不相容原理、玻色系统的 Bose-Einstein 统计和费米系统的 Fermi-Dirac 统计是互相独立的四个问题，但通常容易把它们混淆起来．从本章的讨论可以看出，应将费米子的算符对易纠正为对易关系，但必须同时考虑 Pauli 不相容原理．

(2) 在解决原来 Dirac 理论中的若干不自洽的疑难上，一次量子化和二次量子化都能做到．但一次量子化理论不会触动原有的量子理论，而二次量子化则不然．从这个意义上讲，目前的量子理论的确没有构成一个统一的理论．要达到这一点，至少现有的量子场论和量子力学的理论框架该如何协调是一个需要考虑的问题．

(3) 虽然一次量子化和量子场论间存在不协调的地方，但理论上都有合理的依据，并且有理由相信，用两种理论的形式处理过去考虑过的问题，结果可能会在相当程度上是相合或相近的．

(4) 不过，由于原理上的根本性差别，我们仍有理由相信一些特定的实验会给出这两种不同理论体系的差异，并能用来作出判断．在现有理论无法解释的一些实验中，按本章分析，用改正了的一次量子化设想去重新分析计算以期获得正确答案的做法是一种值得尝试的途径．

第 5 章

电磁场量子化

上一章我们讨论了费米系统中的一次量子化和二次量子化(量子场论)两种理论形式的比较,集中讨论了这两种理论体系在处理费米系统上的差异,并由此看出量子理论的现有体系不是一个统一的理论.本章将讨论一次量子化的量子力学和量子场论在处理电磁场量子化问题上的差异.为什么我们改成量子力学和量子场论在处理这一问题上的差异而不说是量子化上的差异?原因是量子场论在处理电磁场时亦只是一次量子化,并没有进行二次量子化.这点和处理费米系统的情况不同.量子场论处理电磁场的量子化时,从经典的电磁场理论出发只进行了一次量子化,没有像对费米系统那样在一次量子化基础上将其作为"经典场"再进行一次量子化.那么是否可以说既然量子力学和量子场论对电磁场都只作了一次量子化,便认为这两个理论体系在电磁场量子化的问题上是一致的?本章将要讨论的主要内容就是阐明两者在这个问题上仍然是不相同的.不同的地方不是一次量子化和二次量子化的区别,而是量子场论采用的是正则量子化方案.在本章中,我们将要阐明正则量子化方案存在有欠缺的地方,同时要指出量子化方案的更合理选择是量子力学理论给出的自然导出的标准正则化方案.本章不仅要论证标准量子化比起正则量子化更合理,而且还要指出利用标准量子化可以解决量子场论中的一个固有困难.

5.1 量子场论对电磁场的量子化

在经典物理中,粒子和场的不同是很明显的.经典物理中的粒子具有三维的外部自由度,粒子的三个位置量是主要的物理量.系统的动力学规律就是这三个物理量随时间的变化规律.进入到微观世界后,发现经典物理的这一基本规律改变了.对于微观物理系统,这三个物理量在某一时刻一般都不会取一定值.仅有的规律是在某一时刻它们出现一定值的概率能确定.微观系统的状态随时间的变化由这样的概率随时间的变化规律替代.再推论下去,不仅三个位置物理量是如此,其他物理量亦是如此.因此微观系统的动力学规律(或状态随时间的变化规律)以物理量集合取值的概率幅(波函数)随时间的变化来描述,即

$$\psi(\{\langle \hat{A}_i \rangle\}, t = 0) \quad \rightarrow \quad \psi(\{\langle \hat{A}_i \rangle\}, t)$$

表征这一基本规律的一个量子理论的原理是物理量算符与它的时间导数算符之间的对易关系.上一章还谈到,在表征这一基本规律时,非相对论量子力学中有两个等效的表示方法:

$$[\hat{A}, \dot{\hat{A}}] = \cdots$$

$$[\hat{Q}, \hat{P}] = \cdots$$

即存在一个物理量算符和它的时间导数的对易关系,我们把它叫作标准量子化.

过去是把 $\hat{A}$ 作为一个分析力学的正则坐标,再找到它的正则动量,给出两者的对易关系,称作正则量子化.本章将以电磁场的量子化为典型的事例来讨论这两种量子化方案.为此,我们首先将黄涛的《量子场论导论》一书中关于电磁场的正则量子化的论述抄录过来,好与标准量子化作比较:

为了保持 Lorentz 协变性,采用 Lorenz 规范量子化,引入拉格朗日乘子 α,将协变规范条件并入 $\mathscr{L}$:

$$\mathscr{L} = -\frac{1}{4}F^2 - \frac{1}{2\alpha}(\partial \cdot A)^2 \tag{5.1.1}$$

采用 Feynman 规范，$\alpha = 1$. 先不考虑规范条件$\partial \cdot A = 0$，由上述拉格朗日密度将 A^μ 场量子化. 类似于实标量场，假定等时正则对易关系为

$$\begin{aligned} [A_\mu(\boldsymbol{x},t),\pi_\nu(\boldsymbol{y},t)] &= \mathrm{i}g_{\mu\nu}\delta^3(\boldsymbol{x}-\boldsymbol{y}) \\ [A_\mu(\boldsymbol{x},t),A_\nu(\boldsymbol{y},t)] &= [\pi_\mu(\boldsymbol{x},t),\pi_\nu(\boldsymbol{y},t)] = 0 \end{aligned} \tag{5.1.2}$$

其中 $\pi_\mu = -F_{0\mu} - g_{0\mu}(\partial^\nu A_\nu)$. 这里的 $A_\mu(x)$经典场为实场，量子化后应为厄米算符. 式(5.1.2)意味着

$$\begin{aligned} [A_0(\boldsymbol{x},t),\pi_0(\boldsymbol{y},t)] &= \mathrm{i}\delta^3(\boldsymbol{x}-\boldsymbol{y}) \\ [A_i(\boldsymbol{x},t),\pi_j(\boldsymbol{y},t)] &= -\mathrm{i}\delta_{ij}\delta^3(\boldsymbol{x}-\boldsymbol{y}) \end{aligned} \tag{5.1.3}$$

因为 $\pi^0 = -\partial \cdot A$，所以$\partial \cdot A = 0$ 作为算符方程与正则对易关系(5.1.1)是不自洽的. 为此令算符方程$\partial \cdot A \neq 0$，将 $\pi_\mu = -F_{0\mu} - g_{0\mu}(\partial^\nu A_\nu)$代入式(5.1.2)，可得对易关系：

$$\begin{aligned} [A_\mu(\boldsymbol{x},t),A_\nu(\boldsymbol{y},t)] &= [\dot{A}_\mu(\boldsymbol{x},t),\dot{A}_\nu(\boldsymbol{y},t)] = 0 \\ [A_\mu(\boldsymbol{x},t),\dot{A}_\nu(\boldsymbol{y},t)] &= -\mathrm{i}g_{\mu\nu}\delta^3(\boldsymbol{x}-\boldsymbol{y}) \end{aligned} \tag{5.1.4}$$

为了构造 Hilbert 空间的基矢，类似于实标量场，对 $A_\mu(x)$作平面波展开：

$$A_\mu(x) = \int \widetilde{\mathrm{d}}k \sum_{\lambda=0}^{3}\left(a^{(\lambda)}(\boldsymbol{k})\varepsilon_\mu^{(\lambda)}(\boldsymbol{k})\mathrm{e}^{-\mathrm{i}k\cdot x} + a^{(\lambda)\dagger}(\boldsymbol{k})\varepsilon_\mu^{(\lambda)}(\boldsymbol{k})\mathrm{e}^{\mathrm{i}k\cdot x}\right) \tag{5.1.5}$$

其中$\widetilde{\mathrm{d}}k = \dfrac{\mathrm{d}^3 k}{(2\pi)^3 2k^0}$，$a^{(\lambda)}(\boldsymbol{k})$和 $a^{(\lambda)\dagger}(\boldsymbol{k})$分别为矢量场 A_μ 的湮灭和产生算符，仅为三维动量 $\boldsymbol{k}$ 的函数，$\mathrm{e}^{\mp\mathrm{i}k\cdot x}$是算子$\square$的本征解. 由于矢量场是无质量的，因而 k 满足

$$k^2 = (k^0)^2 - \boldsymbol{k}^2 = 0, \quad k^0 = |\boldsymbol{k}| > 0 \tag{5.1.6}$$

这里 $k^2 = 0$ 表明 k 在光锥上，$k^0 > 0$ 意味着 k 在向前光锥上. $\widetilde{\mathrm{d}}k$ 在 $k^2 = 0$ 时也是 Lorentz 不变的. 由展开式(5.1.5)可见，A_μ 自动满足场方程$\square A_\mu = 0$. 对于矢量场 A_μ 的傅里叶分量$A_\mu(\boldsymbol{k})$，引入四个基矢 $\varepsilon_\mu^{(\lambda)}(\boldsymbol{k})$，称为光子极化：

$$\varepsilon^{(0)} = \begin{pmatrix}1\\0\\0\\0\end{pmatrix}, \quad \varepsilon^{(1)} = \begin{pmatrix}0\\1\\0\\0\end{pmatrix}, \quad \varepsilon^{(2)} = \begin{pmatrix}0\\0\\1\\0\end{pmatrix}, \quad \varepsilon^{(3)} = \begin{pmatrix}0\\0\\0\\1\end{pmatrix} \tag{5.1.7}$$

例如，$\boldsymbol{k}$ 平行于第三轴，则 $k^\mu=(k^0,0,0,|\boldsymbol{k}|)$，有

$$k\cdot\varepsilon^{(1,2)}=0$$

对于圆偏振情况，横向极化矢量可取为

$$\varepsilon^{(\pm)}=\frac{\varepsilon^{(1)}\pm\mathrm{i}\varepsilon^{(2)}}{\sqrt{2}} \tag{5.1.8}$$

极化矢量式(5.1.7)满足正交完备条件：

$$\begin{aligned}&\sum_{\lambda\lambda'}g_{\lambda\lambda'}\varepsilon_\mu^{(\lambda)}(\boldsymbol{k})\varepsilon_\nu^{(\lambda')}(\boldsymbol{k})=g_{\mu\nu}\\&\varepsilon^{(\lambda)\mu}(\boldsymbol{k})\cdot\varepsilon_\mu^{(\lambda')}(\boldsymbol{k})=g^{\lambda\lambda'}\end{aligned} \tag{5.1.9}$$

第二式和第一式的左边分别为

$$\begin{aligned}\varepsilon^{(\lambda)\mu}(\boldsymbol{k})\cdot\varepsilon_\mu^{(\lambda')}(\boldsymbol{k})&=g_{\mu\nu}\varepsilon^{(\lambda)\mu}(\boldsymbol{k})\cdot\varepsilon^{(\lambda')\nu}(\boldsymbol{k})\\&=\varepsilon^{(\lambda)0}\cdot\varepsilon^{(\lambda')0}-\varepsilon^{(\lambda)1}\cdot\varepsilon^{(\lambda')1}-\varepsilon^{(\lambda)2}\cdot\varepsilon^{(\lambda')2}-\varepsilon^{(\lambda)3}\cdot\varepsilon^{(\lambda')3}\end{aligned}$$

$$\sum_{\lambda\lambda'}g_{\lambda\lambda'}\varepsilon_\mu^{(\lambda)}(\boldsymbol{k})\varepsilon_\nu^{(\lambda')}(\boldsymbol{k})=\varepsilon_\mu^{(0)}\varepsilon_\nu^{(0)}-\varepsilon_\mu^{(1)}\varepsilon_\nu^{(1)}-\varepsilon_\mu^{(2)}\varepsilon_\nu^{(2)}-\varepsilon_\mu^{(3)}\varepsilon_\nu^{(3)}$$

由此易知式(5.1.9)成立.式(5.1.9)的第一式表达了极化矢量的完备条件，第二式表达了极化矢量的正交归一条件.一般来说，对于一固定 k，$k^\mu=(k^0,k^1,k^2,k^3)$，设 n 代表沿时间轴的四矢量，满足 $n^2=1$，$n^0>0$，取标量极化矢量

$$\varepsilon^{(0)}=n \tag{5.1.10}$$

和横向极化矢量 $\varepsilon^{(1)}$，$\varepsilon^{(2)}$ 在与 k，n 正交的平面内，使得

$$\varepsilon^{(\lambda)}(\boldsymbol{k})\cdot\varepsilon^{(\lambda')}(\boldsymbol{k})=-\delta_{\lambda\lambda'}\quad(\lambda,\lambda'=1,2) \tag{5.1.11}$$

[注意上式右方的负号!]

再选择纵向极化矢量 $\varepsilon^{(3)}$ 在(n,k)平面内，与 n 正交并且是归一化的，即满足

$$\varepsilon^{(3)}(\boldsymbol{k})\cdot n=0,\quad[\varepsilon^{(3)}(\boldsymbol{k})]^2=-1 \tag{5.1.12}$$

容易证明，它们符合正交完备条件的要求.考虑到式(5.1.8)的圆偏振情况，$\varepsilon^{(\lambda)}(\boldsymbol{k})$ 可以是复的.极化矢量满足的正交归一条件为

$$\begin{aligned}&\sum_\lambda\frac{\varepsilon_\mu^{(\lambda)}(\boldsymbol{k})\varepsilon_\nu^{(\lambda)*}(\boldsymbol{k})}{\varepsilon^{(\lambda)\rho}(\boldsymbol{k})\cdot\varepsilon_\rho^{(\lambda)*}(\boldsymbol{k})}=g_{\mu\nu}\\&\varepsilon^{(\lambda)\mu}(\boldsymbol{k})\cdot\varepsilon_\mu^{(\lambda')}(\boldsymbol{k})=g^{\lambda\lambda'}\end{aligned} \tag{5.1.13}$$

其中第一式表达了极化矢量的完备性.从式(5.1.9)可见,归一化并不是简单地为1,而是不确定的 $g^{\lambda\lambda'}$,因此第一式要保留分母[它不是1].当 $n^0=1$ 和 $\boldsymbol{k}$ 平行于第三轴时,就回到式(5.1.7).考虑式(5.1.13)的第二式,第一式可记为

$$\sum_{\lambda,\lambda'} g^{\lambda\lambda'}\varepsilon_{\mu}^{(\lambda)}(\boldsymbol{k})\varepsilon_{\nu}^{(\lambda')*}(\boldsymbol{k}) = g_{\mu\nu} \tag{5.1.14}$$

仅考虑横向极化情况,上式变为

$$\sum_{\lambda=1,2}\varepsilon_{\mu}^{(\lambda)}(\boldsymbol{k})\varepsilon_{\nu}^{(\lambda)*}(\boldsymbol{k}) = -g_{\mu\nu} \quad (g^{11}=g^{22}=-1)$$

现在讨论对易关系式(5.1.4)的物理内容.由展开式(5.1.5),利用平面波解和极化矢量的正交归一关系,可以证明在横向极化下有

$$a^{(\lambda)}(\boldsymbol{k}) = \mathrm{i}\int \mathrm{d}^3 x \mathrm{e}^{\mathrm{i}k\cdot x}\overleftrightarrow{\partial}_0 \varepsilon_{\mu}^{(\lambda)} A^{\mu}(\boldsymbol{x},t)$$

$$a^{(\lambda)\dagger}(\boldsymbol{k}) = -\mathrm{i}\int \mathrm{d}^3 x \mathrm{e}^{-\mathrm{i}k\cdot x}\overleftrightarrow{\partial}_0 \varepsilon_{\mu}^{(\lambda)} A^{\mu}(\boldsymbol{x},t)$$

正则对易关系式(5.1.4)等价于假定对易关系($\lambda,\lambda'=0,1,2,3$)

$$\begin{aligned}
&[a^{(\lambda)}(\boldsymbol{k}),a^{(\lambda')\dagger}(\boldsymbol{k})] = -g^{\lambda\lambda'}2k^0(2\pi)^3\delta^3(\boldsymbol{k}-\boldsymbol{k}')\\
&[a^{(\lambda)}(\boldsymbol{k}),a^{(\lambda')}(\boldsymbol{k}')] = [a^{(\lambda)\dagger}(\boldsymbol{k}),a^{(\lambda')\dagger}(\boldsymbol{k}')] = 0
\end{aligned} \tag{5.1.15}$$

基于对易关系式(5.1.15),可以构造 Fock 空间,首先定义真空态$|0\rangle$:

$$a^{(2)}(\boldsymbol{k})\,|\,0\rangle = 0 \quad (\text{对所有 } \lambda,\boldsymbol{k}) \tag{5.1.16}$$

其中四个极化矢量包括两个物理态和两个非物理态,注意到式(5.1.15)的第一个对易关系式中多了一个因子 $g^{\lambda\lambda'}$,标量极化与其他三个极化分量相差一个负号,$g^{00}=1$,这就使得由 $a^{(\lambda)\dagger}(\boldsymbol{k})$构造出的 Fock 空间中出现负模态,例如单粒子标量极化态为

$$|\,\boldsymbol{k}\rangle = a^{(0)\dagger}(\boldsymbol{k})\,|\,0\rangle$$

利用式(5.1.15)的对易关系,会发现它的模方为负:

$$\langle \boldsymbol{k}\,|\,\boldsymbol{k}\rangle = \langle 0\,|\,a^{(0)}(\boldsymbol{k})a^{(0)\dagger}(\boldsymbol{k})\,|\,0\rangle = -\langle 0\,|\,0\rangle < 0$$

这表明在由产生算符 $a^{(\lambda)\dagger}(\boldsymbol{k})$构造出的 Fock 空间中,标量极化单粒子态为负模方态.另一方面,横向与纵向极化单粒子态为正模方态,即此 Hilbert 空间中的内积度规是不定的,可正可负.这种度规不确定性意味着 Hilbert 空间中态概率可正可负,直接违背了量子力学中概率恒为正的基本原理.由于 Hilbert 空间度规不定,物理态在相

互作用影响下就可能造成非物理态激发，从而导致破坏幺正性的严重困难. 例如守恒四动量中能量和动量分别为

$$
\begin{aligned}
H &= \int \widetilde{\mathrm{d}} k \omega_k \left[\sum_{\lambda=1}^{3} a^{(\lambda)\dagger}(\boldsymbol{k}) a^{(\lambda)}(\boldsymbol{k}) - a^{(0)\dagger}(\boldsymbol{k}) a^{(0)}(\boldsymbol{k}) \right] \\
\boldsymbol{P} &= \int \widetilde{\mathrm{d}} k \boldsymbol{k} \left[\sum_{\lambda=1}^{3} a^{(\lambda)\dagger}(\boldsymbol{k}) a^{(\lambda)}(\boldsymbol{k}) - a^{(0)\dagger}(\boldsymbol{k}) a^{(0)}(\boldsymbol{k}) \right]
\end{aligned}
\tag{5.1.17}
$$

此表达式相当于4个质量为0的实标量场的能量和动量之和，但是0分量前有负号，这将可能造成能量和动量平均值为负的困难. 显然仅由 A^μ 场量子化生成的Hilbert空间已超出量子力学中正常的Hilbert空间. 虽然保持了Lorentz协变性，但这样生成的Hilbert空间除了包含所有物理态，还包含了非物理态，而且这些非物理的标量光子和纵向光子伴随着物理的横向极化光子态无所不在，从而破坏了幺正性. 要想去掉非物理态，必须考虑规范条件$\partial^\mu A_\mu = 0$. 如何在量子语境中实现Lorenz条件，以保证在较小的子空间内仅含物理态？上一节已表明它作为算符方程与对易关系不自洽. 但是由于物理上可观测的是力学量算符在物理态上的平均值，人们可以弱化Lorenz条件算符方程，使它在平均值意义上成立. 因此可选择Lorenz条件在任一物理态$|\psi\rangle$上平均值为0，即

$$
\langle \psi | \partial^\mu A_\mu | \psi \rangle = 0 \tag{5.1.18}
$$

这样弱化的Lorenz条件从大的Hilbert空间中挑选出物理态子空间 H_1. 这意味着虽然由 $a^{(\lambda)}(\boldsymbol{k})$和 $a^{(\lambda)\dagger}(\boldsymbol{k})$生成的Hilbert空间不是正定的，但人们可以通过挑出物理态的子空间保持正定性质. 类似于标量场情况，将式(5.1.5)中的 $A_\mu(x)$分成正频和负频两部分：

$$
\begin{aligned}
A_\mu(x) &= A_\mu^{(+)}(x) + A_\mu^{(-)}(x) \\
A_\mu^{(+)}(x) &= \int \widetilde{\mathrm{d}} k \sum_{\lambda=0}^{3} \left[a^{(\lambda)}(\boldsymbol{k}) \varepsilon_\mu^{(\lambda)}(\boldsymbol{k}) \mathrm{e}^{-\mathrm{i}k\cdot x} \right] \\
A_\mu^{(-)}(x) &= \int \widetilde{\mathrm{d}} k \sum_{\lambda=0}^{3} \left[a^{(\lambda)}(\boldsymbol{k}) \varepsilon_\mu^{(\lambda)*}(\boldsymbol{k}) \mathrm{e}^{\mathrm{i}k\cdot x} \right]
\end{aligned}
$$

式(5.1.18)意味着任意态$|\psi_i\rangle$，$|\psi_j\rangle$满足条件

$$
\langle \psi_i | (\partial \cdot A^{(+)} + \partial \cdot A^{(-)}) | \psi_j \rangle = 0
$$

正像在时空坐标下引入度规张量 $g^{\mu\nu}$ 使内积 $x^2 = g^{\mu\nu} x_\mu x_\nu$ 可正可负，为了在生成的Hilbert空间不定度规下正确量子化，Gupta 和 Bleuler 引入了厄米度规算符 η，满足

$\eta^2=1$,而此 Hilbert 空间中态矢的内积和力学量 F 在态上的平均值定义为

$$\begin{aligned}&\langle\psi\mid\eta\mid\psi\rangle\\&\langle\psi\mid\eta F\mid\psi\rangle\end{aligned}\tag{5.1.19}$$

例如,对于不同极化的态矢内积有

$$\langle a\mid\eta\mid b\rangle=\begin{cases}-\delta_{ab} & (a\text{ 为标量极化单粒子态})\\+\delta_{ab} & (a\text{ 为横、纵单粒子态})\end{cases}$$

[b 是什么已无所谓,因为 $b\neq a$ 时总为 0.]

Lorenz 条件(5.1.18)在不定度规下理解为$\langle\psi|\eta\partial\cdot A|\psi\rangle=0$.注意$(\partial\cdot A^{(+)})^\dagger=\partial\cdot A^{(-)}$,为了使式(5.1.18)成立,要求对 H_1 中的任意物理态$|\psi\rangle$有

$$\partial\cdot A^{(-)}\mid\psi\rangle=0\quad\text{或}\quad\partial\cdot A^{(+)}\mid\psi\rangle=0$$

但 $\partial\cdot A^{(-)}|\psi\rangle=0$ 不可能满足,因为$\partial\cdot A^{(-)}$含产生算符,至少作用于真空态不为零,于是式(5.1.18)简化为

$$\partial^\mu A_\mu^{(+)}\mid\psi\rangle=0\tag{5.1.20}$$

即$\partial\cdot A$ 的正频(湮灭算符)部分作用于 H_1 空间中的物理态为零.由于条件(5.1.20)是线性的,H_1 空间中的物理态都是 Hilbert 空间基矢量的线性叠加,显然只考虑基矢量就够了.对于任一基矢量$|\psi\rangle$,总可以由横向极化光子产生算符、纵向和标量极化光子产生算符作用于真空态得到.这样$|\psi\rangle$可以因子化为横向极化光子态和纵标极化光子态的乘积:

$$\mid\psi\rangle=\mid\psi_{\mathrm{T}}\rangle\mid\phi\rangle\tag{5.1.21}$$

其中$|\psi_{\mathrm{T}}\rangle$为横光子态,$|\phi\rangle$仅含纵光子和标量光子态.注意到对于横向极化光子有$\varepsilon^{(\lambda)}\cdot\boldsymbol{k}=0(\lambda=1,2)$,所以

$$\begin{aligned}\mathrm{i}\partial\cdot A^{(+)}&=\int\widetilde{\mathrm{d}}k\mathrm{e}^{-\mathrm{i}k\cdot x}\sum_{\lambda=0,1,2,3}a^{(\lambda)}(\boldsymbol{k})\varepsilon_\mu^{(\lambda)}(\boldsymbol{k})k^\mu\\&=\int\widetilde{\mathrm{d}}k\mathrm{e}^{-\mathrm{i}k\cdot x}\sum_{\lambda=0,3}a^{(\lambda)}(\boldsymbol{k})\varepsilon_\mu^{(\lambda)}(\boldsymbol{k})\cdot\boldsymbol{k}\end{aligned}\tag{5.1.22}$$

因此条件(5.1.20)归结为 $\mathrm{i}\partial\cdot A^{(+)}$对$|\phi\rangle$的作用:

$$\sum_{\lambda=0,3}\boldsymbol{k}\cdot\varepsilon^{(\lambda)}(\boldsymbol{k})a^{(\lambda)}(\boldsymbol{k})\mid\phi\rangle=0\tag{5.1.23}$$

条件(5.1.23)意味着 H_1 空间的物理态中标量光子与纵光子同时存在,不存在只含其中一种态.但式(5.1.23)并不能完全决定$|\phi\rangle$,它仍然有一定的任意性,即所含纵光子和标量光子数目的任意性.由式(5.1.19)可以定义横光子的粒子数算符

$$N=\int \widetilde{\mathrm{d}}k\sum_{\lambda=1}^{2}a^{(\lambda)\dagger}(\boldsymbol{k})a^{(\lambda)}(\boldsymbol{k}) \tag{5.1.24}$$

和纵光子与标量光子的粒子数算符

$$N'=\int \widetilde{\mathrm{d}}k[a^{(3)\dagger}(\boldsymbol{k})a^{(3)}(\boldsymbol{k})-a^{(0)\dagger}(\boldsymbol{k})a^{(0)}(\boldsymbol{k})] \tag{5.1.25}$$

注意标量光子的数算符为$-a^{(0)\dagger}(\boldsymbol{k})a^{(0)}(\boldsymbol{k})$,负号来自 $a^{(0)}(\boldsymbol{k})$,$a^{(0)\dagger}(\boldsymbol{k})$的对易关系(见式(5.1.15)).若取 $\boldsymbol{k}$ 平行于第三轴,$\varepsilon^{(\lambda)}$为式(5.1.7)的形式,则式(5.1.23)成为

$$[a^{(0)}(\boldsymbol{k})-a^{(3)}(\boldsymbol{k})]|\phi\rangle=0 \tag{5.1.26}$$

这里态$|\phi\rangle$的一般形式是包含纵光子、标量光子的 n 个光子的态$|\phi_n\rangle$的线性组合:

$$|\phi\rangle=c_0|\phi_0\rangle+c_1|\phi_1\rangle+\cdots+c_n|\phi_n\rangle \tag{5.1.27}$$

其中$|\phi_0\rangle\equiv|0\rangle$是无粒子的态,将式(5.1.27)代入式(5.1.26)得必须有

$$[a^{(0)}(\boldsymbol{k})-a^{(3)}(\boldsymbol{k})]|\phi_n\rangle=0$$

及相应的厄米共轭式

$$\langle\phi_n|[a^{(3)\dagger}(\boldsymbol{k})-a^{(0)\dagger}(\boldsymbol{k})]=0$$

于是有

$$\begin{aligned}\langle\phi_n|N'|\phi_n\rangle&=n\langle\phi_n|\phi_n\rangle\\&=\langle\phi_n|\int\widetilde{\mathrm{d}}k[a^{(3)\dagger}(\boldsymbol{k})a^{(3)}(\boldsymbol{k})-a^{(0)\dagger}(\boldsymbol{k})a^{(0)}(\boldsymbol{k})]\phi_n\rangle\\&=0\end{aligned} \tag{5.1.28}$$

导致当且仅当 $n=0$ 时态的模方才不为零:

$$\langle\phi_n|\phi_n\rangle=\delta_{n0} \tag{5.1.29}$$

式(5.1.27)和式(5.1.29)给出

$$\langle\phi|\phi\rangle=|c_0|^2\geqslant 0 \tag{5.1.30}$$

及

$$\langle \phi | N' | \phi \rangle = 0 \tag{5.1.31}$$

这就保证了 $c_n(n\neq 0)$的任意性不影响物理观测量,例如对于 H_1 中的态$|\psi\rangle = |\psi_T\rangle \cdot |\phi\rangle$,式(5.1.27)定义的 H 的平均值为

$$\begin{aligned}
&\frac{\langle \psi | H | \psi \rangle}{\langle \psi | \psi \rangle} \\
&= \frac{\langle \phi | \langle \psi_T | \int \widetilde{\mathrm{d}} k \omega_k \left[\sum_{\lambda=1}^{3} a^{(\lambda)\dagger}(\boldsymbol{k}) a^{(\lambda)}(\boldsymbol{k}) - a^{(0)\dagger}(\boldsymbol{k}) a^{(0)}(\boldsymbol{k}) \right] | \psi_T \rangle | \phi \rangle}{\langle \psi_T | \psi_T \rangle \langle \phi | \phi \rangle} \\
&= \langle \phi | \langle \psi_T | \int \widetilde{\mathrm{d}} k \left[\omega_k \sum_{\lambda=1,2} a^{(\lambda)\dagger}(\boldsymbol{k}) a^{(\lambda)}(\boldsymbol{k}) + \omega_\lambda (a^{(3)\dagger}(\boldsymbol{k}) a^{(3)}(\boldsymbol{k}) \right. \\
&\quad \left. - a^{(0)\dagger}(\boldsymbol{k}) a^{(0)}(\boldsymbol{k})) \right] | \psi_T \rangle | \phi \rangle \cdot \frac{1}{\langle \psi_T | \psi_T \rangle \langle \phi | \phi \rangle} \\
&= \frac{\langle \psi_T | \int \widetilde{\mathrm{d}} k \omega_k \sum_{\lambda=1,2}^{3} a^{(\lambda)\dagger}(\boldsymbol{k}) a^{(\lambda)}(\boldsymbol{k}) | \psi_T \rangle}{\langle \psi_T | \psi_T \rangle}
\end{aligned}$$

5.2　电磁场的标准量子化

上一节讲述了在正则量子化的理论框架下对电磁场作不定度规的量子化,现在再来作电磁场的标准量子化.在前面谈过,标准量子化是将经典物理中的物理系统的物理量转化为算符,同时将物理量对时间的导数亦转化为算符,并让这一对算符满足一定的对易关系.

经典的电磁场作为一个物理系统包括电场和磁场两部分,记电场强度为 $\boldsymbol{E}$,磁感应强度为 $\boldsymbol{B}$.自由空间中它们遵从的场方程为

$$\nabla \cdot \boldsymbol{E} = 0$$

$$\nabla \times \boldsymbol{B} - \frac{1}{c^2} \frac{\partial \boldsymbol{E}}{\partial t} = \boldsymbol{0}$$

$$
\begin{aligned}
\nabla \times \boldsymbol{E} + \frac{\partial \boldsymbol{B}}{\partial t} &= \boldsymbol{0} \\
\nabla \cdot \boldsymbol{B} &= 0
\end{aligned}
\tag{5.2.1}
$$

用场强的形式进行量子化不方便，应将电磁场整体用一个物理量表示，而在经典物理中已做了这点，即引入 $\boldsymbol{E}$，$\boldsymbol{B}$ 和 $\boldsymbol{A}$，φ 的以下关系：

$$
\begin{aligned}
\boldsymbol{E} &= -\frac{\partial \boldsymbol{A}}{\partial t} - \nabla \varphi \\
\boldsymbol{B} &= \nabla \times \boldsymbol{A}
\end{aligned}
\tag{5.2.2}
$$

$\boldsymbol{A}$ 与 φ 满足以下方程：

$$
\nabla \cdot \boldsymbol{A} + \frac{1}{c^2}\frac{\partial \varphi}{\partial t} = 0 \tag{5.2.3}
$$

不过引入的 $\boldsymbol{A}$，φ 多出了自由度，应当用规范条件将多余的自由度去掉，留下有物理意义的部分. 为确定起见，选定 Coulomb 规范：

$$
\nabla \cdot \boldsymbol{A} = 0 \tag{5.2.4}
$$

上式表示只剩下矢量势的物理的横场部分，并有

$$
\boldsymbol{E} = -\frac{\partial \boldsymbol{A}}{\partial t}, \quad \boldsymbol{B} = \nabla \times \boldsymbol{A} \tag{5.2.5}
$$

及

$$
\nabla^2 \boldsymbol{A} - \frac{1}{c^2}\frac{\partial^2 \boldsymbol{A}}{\partial t^2} = 0 \tag{5.2.6}
$$

由式(5.2.6)知 $\boldsymbol{A}$ 可用平面波展开：

$$
\boldsymbol{A}_\lambda(\boldsymbol{r},t) = \int \boldsymbol{e}_\lambda f_\lambda(\boldsymbol{k}) \mathrm{e}^{\mathrm{i}\boldsymbol{k}\cdot\boldsymbol{r} - \mathrm{i}\omega t}\mathrm{d}\boldsymbol{k} \tag{5.2.7}
$$

① 其中 $\boldsymbol{e}_\lambda$ 是极化矢量，因为有式(5.2.4)，所以需有

$$
\boldsymbol{e}_1 \cdot \boldsymbol{k} = \boldsymbol{e}_2 \cdot \boldsymbol{k} = 0 \tag{5.2.8}
$$

因此对确定的模式 $\boldsymbol{k}$，有与 $\boldsymbol{k}$ 正交的面上的两个正交、独立的单矢 $\boldsymbol{e}_1(\boldsymbol{k})$，$\boldsymbol{e}_2(\boldsymbol{k})$.

② 将式(5.2.7)代入式(5.2.6)知 $\omega = ck$.

③ 矢量场由各种平面波（$\boldsymbol{k}$ 模式）组成. 同一（$\boldsymbol{k}$）模式有两个互为独立的波，$f_\lambda(\boldsymbol{k})\mathrm{e}^{\mathrm{i}\boldsymbol{k}\cdot\boldsymbol{r}-\mathrm{i}\omega t} \equiv f_\lambda(\boldsymbol{k},t)\mathrm{e}^{\mathrm{i}\boldsymbol{k}\cdot\boldsymbol{r}}$.

有了以上关于经典电磁场的准备，就可以进行电磁场的标准量子化的讨论了.从上面的讨论知电磁场由不同模式($\boldsymbol{k}$)组成，表征这些模式的场的经典物理量是$f_\lambda(\boldsymbol{k},t)$，因此我们应用标准量子化时就是将$f_\lambda(\boldsymbol{k},t)$与它的时间导数$\dot{f}_\lambda(\boldsymbol{k},t)$的对易关系写出：

$$
\begin{aligned}
&[\hat{f}_\lambda(\boldsymbol{k},t),\hat{f}_{\lambda'}(\boldsymbol{k}',t)]=[\hat{\dot{f}}_\lambda(\boldsymbol{k},t),\hat{\dot{f}}_{\lambda'}(\boldsymbol{k}',t)]=0\\
&[\hat{f}_\lambda(\boldsymbol{k},t),\hat{\dot{f}}_{\lambda'}(\boldsymbol{k}',t)]=\mathrm{i}\rho(\boldsymbol{k})\delta_{\boldsymbol{kk}'}\delta_{\lambda\lambda'}
\end{aligned}
\tag{5.2.9}
$$

式(5.2.9)第二式右方的$\rho(\boldsymbol{k})$因子是一个理论上的关键因素.在关于表达变换的讨论中已指出它不应是一个与$\boldsymbol{k}$无关的常量.

表述变换给出

$$
\begin{aligned}
&\hat{f}_\lambda(\boldsymbol{k},t)=\Delta_1\cdot j(\boldsymbol{k})(a_\lambda(\boldsymbol{k},t)+a_\lambda^\dagger(\boldsymbol{k},t))\\
&\hat{\dot{f}}_\lambda(\boldsymbol{k},t)=\mathrm{i}\Delta_2\cdot j(\boldsymbol{k})(a_\lambda^\dagger(\boldsymbol{k},t)-a_\lambda(\boldsymbol{k},t))
\end{aligned}
\tag{5.2.10}
$$

其中

$$
\begin{aligned}
&[a_\lambda(\boldsymbol{k},t),a_{\lambda'}(\boldsymbol{k}',t)]=[a_\lambda^\dagger(\boldsymbol{k},t),a_{\lambda'}^\dagger(\boldsymbol{k}',t)]=0\\
&[a_\lambda(\boldsymbol{k},t),a_{\lambda'}^\dagger(\boldsymbol{k}',t)]=\delta_{\lambda\lambda'}\delta_{\boldsymbol{kk}'}
\end{aligned}
\tag{5.2.11}
$$

① Δ_1是系统中的物理参量组成的参量，其量纲与$f_\lambda(\boldsymbol{k},t)$的量纲相同，$\Delta_2$的量纲与$f_\lambda(\boldsymbol{k},t)\mathrm{T}^{-1}$的量纲相同，即

$$
[\Delta_1]=[f_\lambda(\boldsymbol{k},t)],\quad [\Delta_2]=[f_\lambda(\boldsymbol{k},t)\mathrm{T}^{-1}]
\tag{5.2.12}
$$

② $j(\boldsymbol{k})$是一个依赖于$\boldsymbol{k}$但无量纲的变量.

③ 为什么在式(5.2.10)中已有了Δ_1,Δ_2还要加上因子$j(\boldsymbol{k})$？这是因为将式(5.2.10)代入式(5.2.9)后可知

$$
\rho(\boldsymbol{k})=\Delta_1\Delta_2 j^2(\boldsymbol{k})
\tag{5.2.13}
$$

或

$$
j(\boldsymbol{k})=\sqrt{\frac{\rho(\boldsymbol{k})}{\Delta_1\Delta_2}}
\tag{5.2.14}
$$

从式(5.2.14)看出，当我们为了保证$\hat{f}_\lambda$和$\hat{\dot{f}}_\lambda$具有正确的量纲时引进了Δ_1,Δ_2.在这里出现了理论上的一个重要因素.我们在第2章里已论证过，标准量子化中的Δ_1，

Δ_2 是和不同的模式有关的量(在电磁场的情况下),即和模式 $\boldsymbol{k}$ 有关.因此应有式(5.2.13)或式(5.2.14),而且正是这点使标准量子化更真实,直接体现了从宏观物理到微观物理的转化的实质.

标准量子化就是式(5.2.10)及其逆变换:

$$
\begin{aligned}
a_\lambda(\boldsymbol{k},t) &= \frac{1}{2}\left(\frac{1}{\Delta_1 j(\boldsymbol{k})}\hat{f}_\lambda(\boldsymbol{k},t) - \frac{1}{\Delta_2 j(\boldsymbol{k})}\dot{\hat{f}}_\lambda(\boldsymbol{k},t)\right) \\
a_\lambda^\dagger(\boldsymbol{k},t) &= \frac{1}{2}\left(\frac{1}{\Delta_1 j(\boldsymbol{k})}\hat{f}_\lambda(\boldsymbol{k},t) + \frac{1}{\Delta_2 j(\boldsymbol{k})}\dot{\hat{f}}_\lambda(\boldsymbol{k},t)\right)
\end{aligned}
\tag{5.2.15}
$$

最后利用经典物理中的关系

$$
\begin{aligned}
\boldsymbol{E} &= \mathrm{i}\sum_\lambda \boldsymbol{e}_\lambda \int \omega f_\lambda(\boldsymbol{k},t)\mathrm{e}^{\mathrm{i}\boldsymbol{k}\cdot\boldsymbol{r}-\mathrm{i}\omega t}\mathrm{d}\boldsymbol{k} \\
\boldsymbol{B} &= \mathrm{i}\sum_\lambda \boldsymbol{e}_\lambda \int f_\lambda(\boldsymbol{k},t)(\boldsymbol{k}\times \mathrm{e}^{\mathrm{i}\boldsymbol{k}\cdot\boldsymbol{r}-\mathrm{i}\omega t})\mathrm{d}\boldsymbol{k}
\end{aligned}
\tag{5.2.16}
$$

$$
\begin{aligned}
H &= \frac{\varepsilon_0}{2}\int (E^2 + c^2 B^2)\mathrm{d}\boldsymbol{r} \\
&= \sum_\lambda \varepsilon_0 \int c^2 k^2 [f_\lambda(\boldsymbol{k},t)\dot{f}_\lambda(\boldsymbol{k},t) + \dot{f}_\lambda(\boldsymbol{k},t) f_\lambda(\boldsymbol{k},t)]\mathrm{d}\boldsymbol{k}
\end{aligned}
\tag{5.2.17}
$$

$$
\begin{aligned}
G &= \varepsilon_0 \int \boldsymbol{E}\times\boldsymbol{B}\,\mathrm{d}\boldsymbol{r} \\
&= \sum_\lambda \varepsilon_0 \int \omega \boldsymbol{k}[f_\lambda(\boldsymbol{k},t)\dot{f}_\lambda(\boldsymbol{k},t) + \dot{f}_\lambda(\boldsymbol{k},t) f_\lambda(\boldsymbol{k},t)]\mathrm{d}\boldsymbol{k}
\end{aligned}
\tag{5.2.18}
$$

利用式(5.2.10)的量子化得量子化后的哈密顿量:

$$
H = \sum_\lambda \int \hbar\omega(\boldsymbol{k}) j^2(\boldsymbol{k})\left(a_\lambda^\dagger(\boldsymbol{k},t) a_\lambda(\boldsymbol{k},t) + \frac{1}{2}\right)\mathrm{d}\boldsymbol{k} \tag{5.2.19}
$$

$$
\boldsymbol{G} = \sum_\lambda \int \hbar\boldsymbol{k} j^2(\boldsymbol{k})(a_\lambda^\dagger(\boldsymbol{k},t) a_\lambda(\boldsymbol{k},t))\mathrm{d}\boldsymbol{k} \tag{5.2.20}
$$

在得到式(5.2.19)和式(5.2.20)时将变换中的 Δ_1,Δ_2 选成和正则量子化中的一样,使得 H,G 的积分式中除多出 $j^2(\boldsymbol{k})$ 的因子外,其余部分相同,这样做便于看出两种量子化的不同之处.

5.3 两种量子化的比较

(1) 一个显著的不同点是:无论是 H 还是 G 中,标准量子化的公式中对 $\boldsymbol{k}$ 的积分多了一个 $j^2(\boldsymbol{k})$ 因子.从这点可知两种量子化方案确实是不相同的.那么两种方案不同的根源在哪里?

(2) 如果回到最熟悉的、最基本的物理量 $\hat{x}$ 算符,正则量子化指的是 $\hat{x}$ 和动量 $\hat{p}$ 的对易关系

$$[\hat{x},\hat{x}]=[\hat{p},\hat{p}]=0,\quad [\hat{x},\hat{p}]=\mathrm{i}\hbar \tag{5.3.1}$$

和将上面的基本对易关系推广到任意一个物理量:把这一物理量看作一个正则坐标,找寻它的相应正则动量,表示为 $\hat{Q},\hat{P}$,将式(5.3.1)推广为

$$[\hat{Q},\hat{Q}]=[\hat{P},\hat{P}]=0,\quad [\hat{Q},\hat{P}]=\mathrm{i}\hbar \tag{5.3.2}$$

(3) 与式(5.3.1)相对应的标准量子化是利用 $\hat{p}=m\dot{\hat{x}}$的关系把量子化表示为

$$[\hat{x},\hat{x}]=[\dot{\hat{x}},\dot{\hat{x}}]=0,\quad [\hat{x},\dot{\hat{x}}]=\frac{\mathrm{i}\hbar}{m} \tag{5.3.3}$$

这时比较式(5.3.2)和式(5.3.3)会发现:

① 正则量子化的第二对易式对不论什么系统和什么物理量都保持为恒量$\mathrm{i}\hbar$.

② 标准量子化的第二式则不然,它随系统的性质而改变,这里式(5.3.3)的第二式右边随质量 m 的不同而不同.因此把标准量子化方案式(5.3.3)推广到一般的算符 $\hat{A}$ 及各种物理系统时应当表示为

$$[\hat{A},\hat{A}]=[\dot{\hat{A}},\dot{\hat{A}}]=0,\quad [\hat{A},\dot{\hat{A}}]=\mathrm{i}\hbar\rho(\{\alpha\}) \tag{5.3.4}$$

其中$\{\alpha\}$是物理系统中的有关物理参量,而且 $\rho(\{\alpha\})$随物理系统不同而不同.

从这里的讨论看出,正则量子化具有表观上对易后始终是一个固定数的"优点",这亦许就是在量子场论中采用正则量子化的原因.

(4) 如果作原理性的思考,情况则不然.首先来看式(5.3.1).如果说式(5.3.1)成

立且式(5.3.1)与式(5.3.3)等效的话，其实是有前提的.对非相对论性的粒子系统来讲，式(5.3.1)和式(5.3.3)是等效的，但对于相对论性的粒子系统，原来的 $p=m\dot{x}$ 在经典物理的框架下已经不成立了，于是：

① 如果认为$[\hat{x},\hat{p}]=\mathrm{i}\hbar$在非相对论性系统中成立，那么一定在相对论性系统中不成立.反之，如果认为该式对相对论性系统成立，对非相对论性系统就不应成立.

② 标准量子化方案就没有这个问题.因为对非相对性系统来说，$\rho(\{\alpha\})=\dfrac{1}{m}$，而对相对论性的系统来说，$\rho(\{\alpha\})\neq\dfrac{1}{m}$，说明依不同的物理系统和它涉及的相对论性的不同程度，会有不同的 $\rho(\{\alpha\})$.

所以从一般原理来考虑两种量子化方案，发现有如下几点不同之处：

标准量子化是反映微观系统本质的、直接的量子化形式.正则量子化是在式(5.3.1)的特定情况下一种原理的外推假设.它存在两个普遍疑点：一是是否任意微观系统中的各种物理量都能找到相应的正则动量；二是对易关系是否都能保持是一个与系统及物理量本身都无关的常量 $\mathrm{i}\hbar$(从非相对论性到相对论性就是一个明显的反例).

(5) 不定度规量子化是正则量子化吗？

最后还要谈一下对电磁场的不定度规量子化的一些分析：

① 从寻求 A_μ 的相应正则动量的要求来看，在式(5.1.1)中已在原有的拉格朗日密度上加了一项$\dfrac{1}{2\alpha}(\partial\cdot A)^2$，可见作为出发点的拉格朗日密度已经改变了.

② 量子化后会出现物理上不应有的标量光子和纵光子.

③ 为了消除非物理的标量光子和纵光子，又在求期待值的规则中引入了人为的不定度规.

通过上述几点分析可以看出，即使是按正则量子化的原有含义来看，电磁场的不定度规量子化亦不符合原有的正则量子化的要求.所以把它和由量子理论的原则直接表示出的标准量子化比较，两者得到的结果有差异是不奇怪的.直接的标准量子化的结果应当是可靠的，而不定度规量子化连正则量子化都不是，因此它的结果与标准量子化有偏离便不足为奇了.

第 6 章

与电磁场标准量子化有关的问题

通过前面关于电磁场的两种量子化方案的讨论看出，不仅它们不是等效的，而且得到的结果亦不相同，特别是标准量子化中的 H 和 G 公式中对 $\boldsymbol{k}$ 的积分比以往用不定度规量子化的结果多了一个因子 $\hat{j}_{\lambda}^{2}(\boldsymbol{k})$. 这一因子的出现会带来什么新物理结果和有着什么重要的意义是下面要讨论的内容.

① 首先将 $\hat{j}_{\lambda}^{2}(\boldsymbol{k})$ 改表示成 $f_{\lambda}(\boldsymbol{k})$ 并称之为谱密度，理由是对 $\mathrm{d}\boldsymbol{k}$ 积分时对不同的 $\boldsymbol{k}(\sim\omega_k)$ 不再是平权的了. 因此 $f_{\lambda}(\boldsymbol{k})$ 可以解释为在 $\boldsymbol{k}$ 的领域里 $\boldsymbol{k}$ 的分布的疏密程度或 $\boldsymbol{k}$ 贡献的权重的差别.

② 考虑到 $\lambda=1,2$ 应当是等权的，不应有差别，故 $f_{\lambda}(\boldsymbol{k})$ 可表示为 $f(\boldsymbol{k})$.

③ 由于空间的各向同性，$f(\boldsymbol{k})$ 应改为 $f(k)$.

④ 过去的量子场论的做法相当于 $f(k)=1$ 的情形. 初看起来，$f(k)$ 取为 1 似乎是合理和自然的，在通常的光的频率范围内人们的确亦没有发现不同频率的光的行为与贡献有权重的区别. 不过如果我们想到 $f(k)=1$ 在 $\omega\to\infty$ 时亦有一样的贡献，就不难察觉这种情形的不合理. 而这正是量子场论中长期以来困扰我们的关键所在，所

以在量子场论中为此付出了许多精力构造重整化理论，去清除这个本不应该存在的发散困难.发散的产生不是自然的本质，仅是我们的认知体系本身造成的困难.现在通过对量子化方案较为深入的分析，看到它在量子化方案中确实有不依据原理的地方，从而得到与基本原理有了背离的结果.当我们以和基本的量子物理原理相契合的标准量子化得出谱密度因子$f(k)$后，会想到如果 $f(k)$有以下的性质：

$$f(k) \approx 1 \quad (k \text{ 有限并不太大})$$

$$f(k) \to 0 \quad (k \to \infty)$$

则在原来计算中出现的发散自然就不再出现，例如 $f(k)$取如下的函数形式：

$$f(k) = \mathrm{e}^{-\alpha k} \quad (\alpha \ll 1)$$

就具有这样的性质. α 是一个具有量纲为$[\alpha]=[\mathrm{L}^{-1}]$的参量，因为上面已提出过，$f(k)$应当是一个和 k 有关但无量纲的因子.

6.1 谱密度和 Casimir 效应

在 Casimir 效应问题中，最简单的例子是两个平行板间的零点能.如图 6.1 所示，平板的面积为 A，两板间距为 a，只要 A 足够大，a 足够小，便可近似认为板是无限大的，因此平行于板的 x，y 方向的光场的波矢可以看作不受任何限制的，即 k_x，k_y 在$(-\infty,\infty)$中连续变化，但在 z 方向上，由于存在 $\psi(x,y,0)=\psi(x,y,a)=0$ 的边界条件，故波函数应含有 $\psi\sim\sin(k_z z)$的因子，即要求 k_z 只能取如下的分立值：

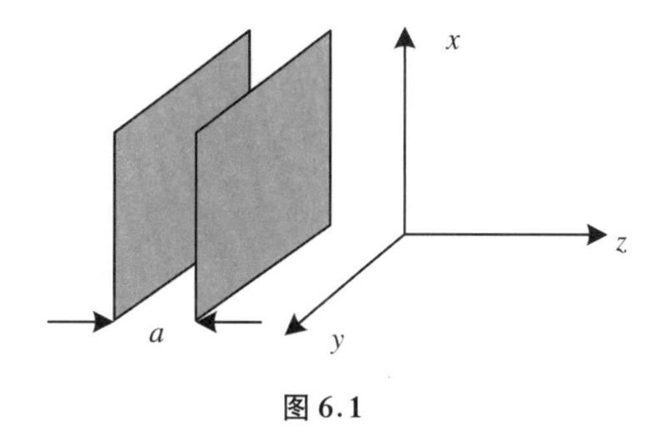

图 6.1

$$k_z = \frac{n\pi}{a} \quad (n = 1,2,\cdots) \tag{6.1.1}$$

在板间不同模式的光子能量可表示为(取 $c=\hbar=1$)

$$\omega_k^{(n)} = \sqrt{k_x^2 + k_y^2 + \left(\frac{n\pi}{a}\right)^2} \tag{6.1.2}$$

两板间的零点能 $E(a)$ 为

$$E(a) = 2A\sum_{n=1}^{\infty}\int \frac{1}{2}\omega_k^{(n)} \frac{\mathrm{d}^2 k}{(2\pi)^2} \tag{6.1.3}$$

上式右边的因子 2 来自两个极化矢量的贡献.

如定义

$$k = \sqrt{k_x^2 + k_y^2} \tag{6.1.4}$$

则对于确定的 n,有

$$[\omega_k^{(n)}]^2 = k_x^2 + k_y^2 + \left(\frac{n\pi}{a}\right)^2 = k^2 + \left(\frac{n\pi}{a}\right)^2 \tag{6.1.5}$$

由此可得

$$k\mathrm{d}k = \omega_k^{(n)}\mathrm{d}\omega_k^{(n)} \tag{6.1.6}$$

可将式(6.1.3)改写为

$$\begin{aligned} E(a) &= \sum_{n=1}^{\infty} A\int \frac{k\mathrm{d}k\mathrm{d}\varphi}{(2\pi)^2}\omega_k^{(n)} = \sum_{n=1}^{\infty} A\int \frac{k\mathrm{d}k(2\pi)}{(2\pi)^2}\omega_k^{(n)} \\ &= A\sum_{n=1}^{\infty}\frac{1}{2\pi}\int_{n\pi/a}^{\infty}\omega_k^{(n)}(\omega_k^{(n)}\mathrm{d}\omega_k^{(n)}) \end{aligned} \tag{6.1.7}$$

虽然推演到这里都是在重复已有的有关 Casimir 效应的论述,但是有一点必须提出:上面的推导仍然遵循以往的观点,把 $|\boldsymbol{k}\lambda\rangle^{(1)}$ 作为完备基对待.换句话说,没有考虑到谱密度因子 $f(k)=f(\omega_k^{(n)})$ 的存在.现在将这一因素考虑进来时,应把式(6.1.7)改表示为

$$E(a) = A\sum_{n=1}^{\infty}\frac{1}{2\pi}\int_{n\pi/a}^{\infty} f(\omega_k^{(n)})\omega_k^{(n)}(\omega_k^{(n)}\mathrm{d}\omega_k^{(n)}) \tag{6.1.8}$$

即板上单位面积上的零点能为

$$\frac{E(a)}{A} = \sum_{n=1}^{\infty} \frac{1}{2\pi}\int_{n\pi/a}^{\infty} f(\omega_k^{(n)})\omega_k^{(n)}(\omega_k^{(n)}\mathrm{d}\omega_k^{(n)}) \tag{6.1.9}$$

有趣的是，过去在讨论 Casimir 效应的过程中，当导出式(6.1.7)时，由于看到式(6.1.7)的积分是发散的，因而引入一个正常化因子，让中间过程成为可积的，然后再用重整化的办法最终得到有限的物理结果.需要指出的是，现在的做法与原来的重整化的方法是不同的：

① 现在的 $f(\omega_k^{(n)})$不是重整化方法中的正常因子，它不是人为引入和最后要去掉的非物理实在的数学工具，而是在真实物理中必须考虑进来的因子.

② 过去引入的正常化因子的数学形式是多种多样的，虽然这样的人为形式可以各不相同，但不影响最后的结果，它们最后都会被消掉；而现在的 $f(\omega_k^{(n)})$是真实的物理因子，它的形式和所含的参量应该是确定的.

③ 我们的任务就是依据这些物理问题的结果找出 $f(\omega)$. 由 Casimir 的实验结果，我们猜想 $f(\omega)$的数学形式是

$$f(\omega) = \mathrm{e}^{-\sigma\omega} \tag{6.1.10}$$

其中 σ 是待定的量.这一猜想首先确定了 f 的函数形式，而且很容易看出它会保证式(6.1.8)的可积性. 至于对 $f(\omega)$的猜想是否正确，我们在下面将用它去计算理论的结果，然后和实验作比较，看两者是否符合来判断.

将式(6.1.10)代入式(6.1.9)，得

$$\begin{aligned}
E(a) &= \frac{A}{2\pi}\sum_{n=1}^{\infty}\int_{n\pi/a}^{\infty} \mathrm{e}^{-\sigma\omega}\omega^2\mathrm{d}\omega \\
&= \frac{A}{2\pi}\frac{\mathrm{d}^2}{\mathrm{d}\sigma^2}\sum_{n=1}^{\infty}\int_{n\pi/a}^{\infty} \mathrm{e}^{-\sigma\omega}\mathrm{d}\omega \\
&= \frac{A}{2\pi}\frac{\mathrm{d}^2}{\mathrm{d}\sigma^2}\sum_{n=1}^{\infty}\frac{1}{\sigma}\mathrm{e}^{-n\pi/\sigma} \\
&= \frac{A}{2\pi}\frac{\mathrm{d}^2}{\mathrm{d}\sigma^2}\left(\frac{1}{1-\mathrm{e}^{-\sigma\pi/a}} - 1\right)
\end{aligned} \tag{6.1.11}$$

得到上式的结果用到了

$$(\mathrm{e}^x - 1)\sum_{n=1}^{\infty}\mathrm{e}^{-nx} = 1$$

$$\frac{1}{1-\mathrm{e}^{-\sigma\pi/a}} - 1 = \frac{\mathrm{e}^{-\sigma\pi/a}}{1-\mathrm{e}^{-\sigma\pi/a}} = \frac{1}{\mathrm{e}^{\sigma\pi/a}-1}$$

再利用如下的展开式：

$$\frac{1}{1-\mathrm{e}^{-x}}=-\sum_{n=0}^{\infty}B_n\frac{x^{n-1}}{n!} \tag{6.1.12}$$

其中 B_n 是伯努利数，将式(6.1.12)代入式(6.1.11)，得

$$\begin{aligned}\frac{1}{A}E(a)&=-\frac{1}{2\pi}\frac{\mathrm{d}^2}{\mathrm{d}\sigma^2}\frac{1}{\sigma}\left[1+\sum_{n=0}^{\infty}B_n\frac{\left(-\frac{\sigma\pi}{a}\right)^{n-1}}{n!}\right]\\&=\frac{1}{2\pi}\frac{\mathrm{d}^2}{\mathrm{d}\sigma^2}\left(-\frac{1}{\sigma}+B_0\cdot\frac{a}{\pi\sigma^2}-B_1\cdot\frac{1}{\sigma}+B_2\cdot\frac{\pi}{2a}\right.\\&\quad\left.-B_3\cdot\frac{\pi^2\sigma}{6a^2}+B_4\cdot\frac{\pi^2\sigma^3}{120a^4}+\cdots\right)\\&=3B_0\frac{a}{\pi^2\sigma^4}-(1+B_1)\frac{1}{\pi\sigma^3}+B_4\frac{\pi^2}{24a^3}-B_5\frac{\pi^3\sigma}{40a^4}+\cdots\end{aligned} \tag{6.1.13}$$

在板间距有限时，两板之间的空间并不是处于真空的状态，而是处于异于真空的另一个物理状态. 只有当两块板不存在或者两块板移到无穷远($a\to\infty$)时，原来两块板间的那部分空间才居于真空态，此时这部分空间的单位面积上的能量可以通过令式(6.1.13)中的 $a\to\infty$ 得到：

$$\frac{E_\nu(a)}{A}=\lim_{a\to\infty}\frac{E(a)}{A}=3B_0\frac{a}{\pi^2\sigma^4}-(1+B_1)\frac{1}{\pi\sigma^3} \tag{6.1.14}$$

由于我们总是把真空的能量选为能量零点，故板间单位面积上观测到的能量为

$$\begin{aligned}\frac{E_{\mathrm{ef}}(a)}{A}&=3B_0\frac{a}{\pi^2\sigma^4}-(1+B_1)\frac{1}{\pi\sigma^3}+B_4\frac{\pi^2}{24a^3}-B_5\frac{\pi^3\sigma}{40a^4}\\&\quad+\cdots-3B_0\frac{a}{\pi^2\sigma^4}+(1+B_1)\frac{1}{\pi\sigma^3}\\&=B_4\frac{\pi^2}{24a^3}-B_5\frac{\pi^3\sigma}{40a^4}+B_6\frac{\pi^4\sigma^2}{120a^5}+\cdots\end{aligned} \tag{6.1.15}$$

对 a 求导，便得到板的单位面积上受到的力为

$$\frac{1}{A}F=\frac{\partial}{\partial a}\left(\frac{E_{\mathrm{ef}}(a)}{A}\right)=-\frac{B_4\pi^2}{8a^4}-\frac{B_6\pi^4\sigma^2}{24a^6}+\cdots \tag{6.1.16}$$

讨论至此，可以得到的结论如下：① 由设定的 $f(\omega)=\mathrm{e}^{-\sigma\omega}$ 确实得到$\frac{F}{A}\sim\frac{1}{a^4}$，即板

上单位面积受到的力与板间距 a 的负四次方成比例的结果与实验符合. ② 由于 σ 值的确定依赖于式(6.1.16)以后的高阶项,它们的贡献体现在实际的精确的实验结果与$\frac{1}{a^4}$的最低近似之间的差异,但是目前的实验给不出较为精确的高阶修正,所以靠现有的实验不足以确定 σ 的值.因此我们现在只能将 $f(k)$设为式(6.1.10)所示的函数形式且只能给出正比于$\frac{1}{a^4}$的规律. σ 的值有待更精确的实验给出.

6.2 黑体辐射

在量子物理的发展初期,黑体辐射起了十分重要的作用,这是因为量子物理的理论部分是由上世纪一批杰出物理学家提出的和宏观物理截然不同的若干原理构成的.但是对微观系统的实验那时却很难做到.因此理论与实验的比较成了量子物理发展中最困难的事情.Dirac 在他的《量子力学原理》一书中谈到这个问题时说得比较清楚.他说做一个观测微观系统的实验的构想就不容易,甚至有可能是难以实现的.因此在上世纪初,量子物理发展起来以后几乎没有真正意义上的直接对单个微观客体做的观测或实验.近年来,国内外涌现出不少关于单个微观客体的实验,引起了大家的注意.为什么最近有不少这样的实验出现呢? 据信是因为是技术的进步让我们能够制备和测量哪怕是很小能量份额的微观客体,如一个电子或一个光子.不过对于这些实验,我们不禁要问的是:Dirac 当年说关于单个微观客体的实验难做,仅仅是技术上产生一个微小能量的能力限制的吗? 事实上,仔细阅读一下这些发表的关于个别微观客体的实验,几乎都没有体会到 Dirac 所说的实验的难处,也未说明他们的实验是如何克服 Dirac 所说的困难和实验的可信性是如何得到保证的.下面再仔细一点来阐释.

(1) 我们要提到的第一点是量子物理中对一个微观客体去观测它的某一个量的实验必须要多次重复,因为按照量子理论的测量原理,去测某一物理量,它一定塌缩到某一本征态,同时测得的是某一相应的本征值.每次测得的本征值都不相同.只有重复测量许多次,得出各个本征值的概率分布,才算完成测量.这就出现一个问题:显然在多次实验中要保证实验的环境是同一个,使得该微观客体所处的状态(即态矢)

是同一个，那么就应给出论证，说明每次实验时各种条件是一致的.更严谨一点讲，应该分析实验的哪些条件有可能出现偏离，这些偏离又将如何影响观测的结果.要知道实验的宏观偏离一般对微观客体的状态会产生相当的影响.因此一个所谓的关于个别微观客体的量子物理实验不把这一问题回答清楚就很难说是真正意义上的关于个别微观客体的实验.

（2）另一个更为本质和让 Dirac 感到甚至不能完成微观系统的测量实验的因素是量子物理和宏观物理在测量上的一个显著区别：对于一个宏观物理系统，你可以对它测量这个物理量，亦可测量那个物理量，还可同时测量几个物理量；而在量子物理中，测量这一物理量的实验和测量那一物理量的实验是不一样的.为了讨论得清楚和简单，我们就取位置和动量这两个物理量为例来说明.对于一个微观客体，只能要么安排一个测量它的位置的实验，要么安排一个测量它的动量的实验.因为前一个实验保证你测量一次后，系统塌缩到位置的本征态，给出一个确定值，因此它一定不是测量动量的实验，反之亦然.

从目前不少的实验中看到，作者都声称自己做了微观客体的位置测量的工作.但是我们看到的结果是所指的微观客体的位置处出现的是一个斑，不是一个（几何）点.它不是位置本征态，特别是一个斑亦可解释为动量本征态的组合.可见这既不是量子理论意义下的位置测量，亦不是动量测量.这时将实验结果和理论相对照，实际上已失掉本来的意义.这样的做法需要作者提出一个充足的理由，来说明自己的实验哪怕是近似合理的位置测量或是动量测量.

（3）从以上的分析看出，在量子物理发展早期，人们无法对个别微观客体进行直接的观测实验.因此间接的实验验证就显得尤为重要.这就是为什么黑体辐射在量子物理的发展中受到特别关注.由于对微观客体直接实验的困难，我们把希望寄托在一个由大量微观客体组成的系统身上.这时的系统是一个由大量微观客体组成的多体系统.这样的系统既包含微观世界的量子性质的统计性质，亦有多体系统固有的统计性质，而且正是这一统计性质保证了对这一大量微观客体组成的系统的一次测量等价于对个别微观客体的多次测量.因此黑体辐射的理论与实验的符合不仅间接证实了量子理论的正确性，亦同时证实了统计物理的理论.

此外亦可以看出，前面所谈的直接对个别微观客体做实验的两个实质困难自然就避免了，因为对大系统的一次测量等价于对个别微观客体的多次测量.在对大系统的一次测量中，微观客体受到的环境影响自然是同一个，而且对同一个宏观系统做不同的物理量的观测都是允许的.

(4) 在量子物理发展初期,除了黑体辐射,氢原子光谱当然亦是一个重要的实验.事实上,氢原子光谱的实验从上面的讨论来看亦是一个关于大系统的实验.因为事实上观察到的光谱是对大量氢原子组成的系统做实验得来的,不是对个别氢原子来做的,宏观的统计意义亦在其中.不过我们要提到氢原子光谱的实验只涉及电子的量子行为,它受到的核的影响是作为一个给定的外势来处理的.而黑体辐射不仅涉及电子的量子行为,亦涉及电磁场(光场)的量子化.所以比起氢原子光谱,黑体辐射把量子物理中的粒子量子化的研究扩充到包括光场的量子化,范围更广阔一些.

下面将喀兴林的《高等量子力学》一书中的黑体辐射的有关内容复述如下.

1. 辐射场和电子的相互作用的系统和哈密顿量

原子中的电子受到核与其他电子产生的 $\boldsymbol{A}_0(\boldsymbol{r})$ 和 $\varphi_0(\boldsymbol{r})$ 的作用,这里不予考虑,只考虑电子的内禀电磁场.

系统的哈密顿量是(内禀)辐射场的哈密顿量和电子的哈密顿量之和,辐射场的哈密顿量为

$$\begin{aligned} H_{\mathrm{r}} &= \sum_{\lambda}\int \hbar\omega a^{\dagger}(\boldsymbol{k}\lambda)a(\boldsymbol{k}\lambda)\mathrm{d}\boldsymbol{k} \\ &= \sum_{\lambda}\int \hbar\omega N(\boldsymbol{k}\lambda)\mathrm{d}\boldsymbol{k} \end{aligned} \tag{6.2.1}$$

在相对论情形下,电子的哈密顿量为

$$H_{\mathrm{e}} = c\boldsymbol{\alpha}\cdot(\boldsymbol{p}-e\boldsymbol{A}) - e\varphi_0 \tag{6.2.2}$$

上式中 βmc^2 略去未写,其中

$$\boldsymbol{A}(\boldsymbol{R}) = \sum_{\lambda}\int\sqrt{\frac{\hbar}{2\varepsilon_0\omega}}[a(\boldsymbol{k}\lambda)\boldsymbol{A}_{k\lambda} + a^{\dagger}(\boldsymbol{k}\lambda)\boldsymbol{A}_{k\lambda}^{*}]\mathrm{d}\boldsymbol{k} \tag{6.2.3}$$

$$\boldsymbol{A}_{k\lambda}(\boldsymbol{k}) = \boldsymbol{e}_{\lambda}\mathrm{e}^{\mathrm{i}\boldsymbol{k}\cdot\boldsymbol{R}} \tag{6.2.4}$$

整个系统的哈密顿量为

$$\begin{aligned} H &= H_{\mathrm{e}} + H_{\mathrm{r}} \\ &= (c\boldsymbol{\alpha}\cdot\boldsymbol{p} - e\varphi_0) + \sum_{\lambda}\int\hbar\omega N(\boldsymbol{k}\lambda)\mathrm{d}\boldsymbol{k} - ec\boldsymbol{\alpha}\cdot\boldsymbol{A}(\boldsymbol{R}) \end{aligned} \tag{6.2.5}$$

$$= H_0 + H' \tag{6.2.6}$$

哈密顿量可重新划分为两部分,其中 H_0 是裸电子和裸辐射场的哈密顿量,第二部分

$$H' = -ec\boldsymbol{\alpha} \cdot \boldsymbol{A}(\boldsymbol{R}) \tag{6.2.7}$$

是相互作用项.下面的计算是将 H' 作为微扰来处理的,这时 $N(\boldsymbol{k}\lambda)$ 与 H 不对易,光子数不守恒,在非相对论极限下($N(\boldsymbol{k}\lambda) = a^{\dagger}(\boldsymbol{k}\lambda)a(\boldsymbol{k}\lambda)$)

$$\begin{aligned} H_{\mathrm{e}} &= \frac{1}{2m}(\boldsymbol{p} - e\boldsymbol{A})^2 - e\varphi_0 \\ &\approx \left(\frac{1}{2m}\boldsymbol{p}^2 - e\varphi_0\right) - \frac{e}{m}\boldsymbol{p} \cdot \boldsymbol{A} + \frac{e^2}{2m}\boldsymbol{A}^2 \end{aligned} \tag{6.2.8}$$

这时有

$$\begin{aligned} H &= H_{\mathrm{e}} + H_{\mathrm{r}} \\ &= \left(\frac{1}{2m}\boldsymbol{p}^2 - e\varphi_0\right) + \sum_{\lambda}\int \hbar\omega N(\boldsymbol{k}\lambda)\mathrm{d}\boldsymbol{k} - \frac{e}{m}\boldsymbol{p} \cdot \boldsymbol{A} - \frac{e}{2m}\boldsymbol{A}^2 \qquad (6.2.9) \\ &= H_0 + H_1' + H_2' \qquad (6.2.10) \end{aligned}$$

其中

$$H_1' = -\frac{e}{m}\sum_{\lambda}\int\sqrt{\frac{\hbar}{2\varepsilon_0\omega}}\boldsymbol{p} \cdot [a(\boldsymbol{k}\lambda)\boldsymbol{A}_{k\lambda} + a^{\dagger}(\boldsymbol{k}\lambda)\boldsymbol{A}_{k\lambda}^{*}]\mathrm{d}\boldsymbol{k} \tag{6.2.11}$$

$$H_2' = -\frac{e}{2m}\boldsymbol{A}^2 \tag{6.2.12}$$

一般情形下,H_2' 比 H_1' 小很多,故不需考虑 H_2'.

2. 跃迁概率

(1) 在考虑电子和辐射场系统的一个初态 $|i\rangle$ 和一个末态 $|f\rangle$ 间的跃迁时,$|i\rangle$,$|f\rangle$ 都指的是 H_0 的本征态(无作用),故可表示为电子状态与场的状态的直积:

$$\begin{aligned} |i\rangle &= |A; n(\boldsymbol{k}^{\alpha}\lambda^{\alpha}), n(\boldsymbol{k}^{\beta}\lambda^{\beta}), \cdots\rangle \\ |f\rangle &= |B; n'(\boldsymbol{k}^{\alpha}\lambda^{\alpha}), n'(\boldsymbol{k}^{\beta}\lambda^{\beta}), \cdots\rangle \end{aligned} \tag{6.2.13}$$

如只考虑放出或吸收一个光子的过程,则有

$$|i\rangle = |A;n(\boldsymbol{k}\lambda)\rangle,\quad |f\rangle = |B;n(\boldsymbol{k}\lambda)+1\rangle \tag{6.2.14}$$

上式中隐含其余的 $\boldsymbol{k}'\lambda'$ 的光子数不变(略去不写).又如光在原子上的散射的初、末态可表示为

$$\begin{aligned} |i\rangle &= |A;n(\boldsymbol{k}\lambda),n'(\boldsymbol{k}'\lambda')\rangle \\ |f\rangle &= |B;n(\boldsymbol{k}\lambda)-1,n'(\boldsymbol{k}'\lambda')+1\rangle \end{aligned} \tag{6.2.15}$$

(2) 给定初态 $|i\rangle = |\Psi(0)\rangle$,求 $t = T\to\infty$ 时系统的末态:

$$|\Psi(T)\rangle = U(T,0)|\Psi(0)\rangle = U(T,0)|i\rangle$$

则系统处于末态 $|f\rangle$ 的概率为

$$W(T) = |\langle f|\Psi(T)\rangle|^2 = |\langle f|U(T,0)|i\rangle|^2 \tag{6.2.16}$$

在相互作用绘景中,$U_{\mathrm{I}}(T,0)$ 可展开为

$$\begin{aligned} U_{\mathrm{I}}(T,0) &= 1 + \left(-\frac{\mathrm{i}}{\hbar}\right)\int_0^T \mathrm{d}t_1 H_1^{\mathrm{I}}(t_1) + \left(-\frac{\mathrm{i}}{\hbar}\right)^2\int_0^T \mathrm{d}t_1 H_1^{\mathrm{I}}(t_1)\int_0^{t_1}\mathrm{d}t_2 H_1^{\mathrm{I}}(t_2) + \cdots \\ &= 1 + U_{\mathrm{I}}^{(1)} + U_{\mathrm{I}}^{(2)} + \cdots \end{aligned} \tag{6.2.17}$$

(3) 一阶微扰:

$$\begin{aligned} \langle f|U_{\mathrm{I}}^{(1)}(T,0)|i\rangle &= -\frac{\mathrm{i}}{\hbar}\langle f|\int_0^T H_1^{\mathrm{I}}(t_1)\mathrm{d}t|i\rangle \\ &= -\frac{\mathrm{i}}{\hbar}\langle f|\int_0^T \mathrm{e}^{-(\mathrm{i}/\hbar)H_0 t}H'\mathrm{e}^{(\mathrm{i}/\hbar)H_0 t}\mathrm{d}t|i\rangle \\ &= -\frac{\mathrm{i}}{\hbar}\langle f|H'|i\rangle\int_0^T \mathrm{e}^{-(\mathrm{i}/\hbar)(E_f-E_i)t}\mathrm{d}t \\ &= H'_{fi}\frac{1}{E_f-E_i}(\mathrm{e}^{-(\mathrm{i}/\hbar)(E_f-E_i)T}-1) \end{aligned} \tag{6.2.18}$$

其中

$$H'_{fi} = \langle f|H'|i\rangle$$

由此得单位时间内从 $|i\rangle$ 跃迁到 $|f\rangle$ 的概率为

$$\begin{aligned} w_{fi} &= \lim_{T\to\infty}\frac{W}{T} = \lim_{T\to\infty}\frac{1}{T}|\langle f|U_{\mathrm{I}}(T,0)|i\rangle|^2 \\ &= |H'_{fi}|^2\lim_{T\to\infty}\frac{2\left[1-\cos\frac{1}{\hbar}(E_f-E_i)T\right]}{T(E_f-E_i)^2} \end{aligned}$$

$$= \frac{2\pi}{\hbar} \mid H'_{fi} \mid^2 \delta(E_f - E_i) \tag{6.2.19}$$

其中用到

$$\lim_{T \to \infty} \frac{1 - \cos Tx}{Tx^2} = \pi\delta(x) \tag{6.2.20}$$

（4）二阶微扰：

$$\begin{aligned}
&\langle f \mid H_{\mathrm{I}}^{(2)} \mid i \rangle \\
&= \left(-\frac{\mathrm{i}}{\hbar}\right)^2 \langle f \mid \int_0^T \mathrm{d}t_1 \mathrm{e}^{-(\mathrm{i}/\hbar)H_0 t_1} H' \mathrm{e}^{(\mathrm{i}/\hbar)H_0 t_1} \int_0^{t_1} \mathrm{d}t_2 \mathrm{e}^{-(\mathrm{i}/\hbar)H_0 t_2} H' \mathrm{e}^{(\mathrm{i}/\hbar)H_0 t_2} \mid i \rangle \\
&= \left(\frac{\mathrm{i}}{\hbar}\right)^2 \sum_n H'_{fn} H'_{ni} \int_0^T \mathrm{d}t_1 \mathrm{e}^{-(\mathrm{i}/\hbar)(E_f - E_n)t_1} \int_0^{t_1} \mathrm{d}t_2 \mathrm{e}^{-(\mathrm{i}/\hbar)(E_n - E_i)t_2} \\
&= \sum_n H'_{fn} H'_{ni} \frac{1}{E_n - E_i} \left[\frac{\mathrm{e}^{-(\mathrm{i}/\hbar)(E_f - E_i)T} - 1}{E_f - E_i} - \frac{\mathrm{e}^{-(\mathrm{i}/\hbar)(E_f - E_n)T} - 1}{E_f - E_n} \right] \\
&= \left(\sum_n \frac{H'_{fn} H'_{ni}}{E_n - E_i} \right) \frac{\mathrm{e}^{-(\mathrm{i}/\hbar)(E_f - E_i)T} - 1}{E_f - E_i} - \sum_n \left(\frac{H'_{fn} H'_{ni}}{E_n - E_i} \frac{\mathrm{e}^{-(\mathrm{i}/\hbar)(E_f - E_n)T} - 1}{E_f - E_n} \right) &(6.2.21) \\
&= A + B &(6.2.22)
\end{aligned}$$

故有

$$\begin{aligned}
w_{fi} &= \lim_{T \to \infty} \frac{W}{T} = \lim_{T \to \infty} \frac{\mid \langle f \mid U_{\mathrm{I}}^{(2)} \mid i \rangle \mid^2}{T} \\
&= \lim_{T \to \infty} \frac{A^2}{T} + \lim_{T \to \infty} \frac{A^* B + AB^* + B^2}{T} \\
&= \left| \sum_n \frac{H'_{fn} H'_{ni}}{E_n - E_i} \right|^2 2 \lim_{T \to \infty} \frac{1 - \cos \frac{1}{\hbar}(E_f - E_i)T}{T(E_f - E_i)^2} + 0 \\
&= \left| \sum_n \frac{H'_{fn} H'_{ni}}{E_n - E_i} \right|^2 \frac{2\pi}{\hbar} \delta(E_f - E_i) &(6.2.23)
\end{aligned}$$

取极限时，B^2 和 $A^* B + AB^*$ 的项为 0.

3. 原子对光的发射和吸收

（1）发射. 设原子态 A，B 是无简并的，

$$
\begin{aligned}
|i\rangle &= |A, n(\boldsymbol{k}\lambda)\rangle, \qquad E_i = E_A + n\hbar ck \\
|f\rangle &= |B, n(\boldsymbol{k}\lambda)+1\rangle, \quad E_f = E_B + (n+1)\hbar ck
\end{aligned}
\tag{6.2.24}
$$

只考虑一阶微扰来计算 $H'_{fi} = \langle f|H'_1|i\rangle$，而

$$
H'_1 = \frac{e}{m}\sum_{\lambda'}\int\sqrt{\frac{\hbar}{2\varepsilon_0\omega}}\boldsymbol{p}\cdot\boldsymbol{e}_{\lambda'}(a_{k'\lambda'}\mathrm{e}^{\mathrm{i}\boldsymbol{k}'\cdot\boldsymbol{R}} + a^{\dagger}_{k'\lambda'}\mathrm{e}^{-\mathrm{i}\boldsymbol{k}'\cdot\boldsymbol{R}})\mathrm{d}\boldsymbol{k}' \tag{6.2.25}
$$

由于

$$
\begin{aligned}
&\langle n(\boldsymbol{k}'\lambda') \mid n(\boldsymbol{k}\lambda)\rangle = \delta_{\lambda\lambda'}\delta(\boldsymbol{k}'-\boldsymbol{k}) \\
&\langle n(\boldsymbol{k}\lambda)+1 \mid a_{k'\lambda'} \mid n(\boldsymbol{k}\lambda)\rangle = 0 \\
&\langle n(\boldsymbol{k}\lambda)+1 \mid a^{\dagger}_{k'\lambda'} \mid n(\boldsymbol{k}\lambda)\rangle = \sqrt{n(\boldsymbol{k}\lambda)+1}\,\delta_{\lambda'\lambda}\delta(\boldsymbol{k}'-\boldsymbol{k})
\end{aligned}
$$

故 $\langle f|H'_1|i\rangle$ 中只有一项不为零：

$$
H'_{fi} = \langle f \mid H'_1 \mid i\rangle = -\frac{e}{m}\sqrt{\frac{\hbar}{2\varepsilon_0\omega}}\langle B \mid [\boldsymbol{p}\cdot\boldsymbol{e}_{\lambda}(0+\sqrt{n(\boldsymbol{k}\lambda)+1}\mathrm{e}^{-\mathrm{i}\boldsymbol{k}\cdot\boldsymbol{r}})] \mid A\rangle
$$

当原子尺度比光的波长小得多时，可取偶极近似 $\mathrm{e}^{-\mathrm{i}\boldsymbol{k}\cdot\boldsymbol{r}}\approx 1$，这时有

$$
\begin{aligned}
\langle B \mid \boldsymbol{p}\mathrm{e}^{-\mathrm{i}\boldsymbol{k}\cdot\boldsymbol{r}} \mid A\rangle &\approx \langle B \mid \boldsymbol{p} \mid A\rangle \\
&= m\langle B \mid \dot{\boldsymbol{R}} \mid A\rangle \\
&= m\langle B \mid \frac{\mathrm{i}}{\hbar}[H_0, \boldsymbol{R}] \mid A\rangle \\
&= \frac{\mathrm{i}m}{\hbar}\langle B \mid (H_0\boldsymbol{R} - \boldsymbol{R}H_0) \mid A\rangle \\
&= \frac{\mathrm{i}m}{\hbar}(E_A - E_B)\langle B \mid \boldsymbol{R} \mid A\rangle
\end{aligned}
$$

于是有

$$
H'_{fi} = \mathrm{i}e\sqrt{\frac{1}{2\varepsilon_0\hbar\omega}}\sqrt{n+1}(E_A - E_B)\boldsymbol{R}_{BA}\cdot\boldsymbol{e}_{\lambda} \tag{6.2.26}
$$

其中 $n = n(\boldsymbol{k}\lambda)$，$\boldsymbol{R}_{BA} = \langle B|\boldsymbol{R}|A\rangle$.

由于 $E_f - E_i = \hbar ck - (E_A - E_B)$，将式(6.2.26)代入式(6.2.19)，得

$$
w(\boldsymbol{k}\lambda) = \frac{\pi e^2}{\varepsilon_0\hbar^2\omega}(n+1)(E_A - E_B)^2 \mid \boldsymbol{R}_{BA}\cdot\boldsymbol{e}_{\lambda}\mid^2\delta[\hbar ck - (E_A - E_B)]
$$

对 $\boldsymbol{k}$ 积分，得

$$w\mathrm{d}\Omega=\frac{1}{(2\pi)^2}\int\frac{\pi e^2}{\varepsilon_0\hbar^2\omega}(n+1)(E_A-E_B)^2$$

$$\cdot|\boldsymbol{R}\cdot\boldsymbol{e}_\lambda|^2\delta[\hbar ck-(E_A-E_B)]k^2\mathrm{d}k\mathrm{d}\Omega$$

$$=\frac{e^2\omega^3}{8\pi^2\varepsilon_0\hbar c^3}(n+1)|\boldsymbol{R}_{BA}\cdot\boldsymbol{e}_\lambda|^2\mathrm{d}\Omega \tag{6.2.27}$$

注意上式对 k 积分时,由于有 δ 函数 $\delta[\hbar\omega-(E_A-E_B)]$,故式中的 ω 为

$$\omega=\frac{E_A-E_B}{\hbar} \tag{6.2.28}$$

如不考虑偏振,在 $\mathrm{d}\Omega$ 方向上放出频率 $\omega=\dfrac{E_A-E_B}{\hbar}$ 的光子的概率为(通常 $n(\boldsymbol{k}1)=n(\boldsymbol{k}2)$)

$$w\mathrm{d}\Omega=\frac{e^2\omega^3}{8\pi^2\varepsilon_0\hbar c^3}(n+1)\sum_{\lambda=1,2}|\boldsymbol{R}_{BA}\cdot\boldsymbol{e}_\lambda|^2\mathrm{d}\Omega$$

$$=\frac{e^2\omega^3}{4\pi^2\varepsilon_0\hbar c^3}(n+1)|\boldsymbol{R}_{BA}|^2\sin^2\theta\mathrm{d}\Omega \tag{6.2.29}$$

再对 $\mathrm{d}\Omega$ 积分,得发射概率为

$$w=\frac{e^2\omega^3}{3\pi\varepsilon_0\hbar c^3}(n+1)|\boldsymbol{R}_{BA}|^2 \tag{6.2.30}$$

(2) 吸收情形为

$$\begin{aligned}|i\rangle&=|B,n(\boldsymbol{k}\lambda)\rangle, & E_i&=E_B+n\hbar ck\\|f\rangle&=|A,n(\boldsymbol{k}\lambda)-1\rangle, & E_f&=E_A+(n-1)\hbar ck\end{aligned} \tag{6.2.31}$$

所有的计算与发射情况相同,唯一的不同在于不为零的项来自算符 $a_{\boldsymbol{k}\lambda}$(这时因子 $\sqrt{n+1}$成为$\sqrt{n}$),故只需将式(6.2.30)中的 $n+1$ 改为 n.于是吸收一个光子的概率为

$$w'=\frac{e^2\omega^3}{3\pi\varepsilon_0\hbar c^3}n|\boldsymbol{R}_{BA}|^2 \tag{6.2.32}$$

(3) 结论:

① 如果不用电子具有内禀的辐射场的理论,就得不出以上结果.

② 式(6.2.32)告诉我们原子吸收光子的概率与辐射场中的能量密度成正比,与其他频率的光子数无关.

③ 原子发射光子的概率与吸收的不同在于第二个因子 $n+1$. 这表示尽管 $n(\omega)=0$,多出的因子 1 仍然来自自发发射,表明原来量子力学原理认为的在没有外场扰动时系统的状态就不会改变的结论不对. 这样的规律亦可看作真空辐射的零点振动激发导致自发发射.

④ 发射对应的因子 $n+1$ 中 n 表示的那部分称作受激发射,1 表示的那部分是自发发射.

4. 黑体辐射问题

这里把黑体辐射问题中的黑体简化为在不同能级间跃迁的大量原子所组成的系统,系统与辐射场在平衡时温度为 T. 下面求辐射场中不同频率的能量密度.

设 $n(A)$,$n(B)$分别为处于 A,B 二能级的原子的数目,它们应服从 Boltzmann 分布:

$$\frac{n(A)}{n(B)} = \frac{e^{-E_A/(kT)}}{e^{-E_B/(kT)}} \tag{6.2.33}$$

辐射平衡的条件是光子频率为$\hbar\omega = E_A - E_B$ 的光量子的发射数目与吸收数目应相等,即

$$w(\boldsymbol{k}\lambda)e^{-E_A/(kT)} = w'(\boldsymbol{k}\lambda)e^{-E_B/(kT)} \tag{6.2.34}$$

将式(6.2.30)和式(6.2.32)中的 w 与 w'代入,并利用$|\boldsymbol{k}| = \dfrac{E_A - E_B}{\hbar c}$,得平衡时辐射场中动量为 $\boldsymbol{k}$、偏振为 λ 的光子数为

$$n(\boldsymbol{k}\lambda) = \frac{1}{e^{\hbar\omega/(kT)} - 1} \tag{6.2.35}$$

有了平衡辐射场中光子频率为 ω 的光子数后,辐射场中 ω 和$\omega + d\omega$ 之间的能量密度便可得到:

$$\rho(\omega)d\omega = \frac{1}{V}\cdot 2\sum_{\omega}^{\omega+d\omega}\frac{1}{e^{\hbar\omega/(kT)} - 1}\hbar\omega$$

将求和换为积分,则有如下关系:

$$\rho(\omega)\mathrm{d}\omega = \frac{2\hbar\omega}{V}\frac{1}{\mathrm{e}^{\hbar\omega/(kT)}-1}\frac{V}{(2\pi)^3}4\pi k^2\mathrm{d}k$$

$$= \frac{\hbar\omega^3}{\pi^2 c^3}\frac{1}{\mathrm{e}^{\hbar\omega/(kT)}-1}\mathrm{d}\omega$$

最后得到平衡时辐射场中的能量密度的 Planck 黑体辐射公式：

$$\rho(\omega) = \frac{\hbar\omega^3}{\pi^2 c^3}\frac{1}{\mathrm{e}^{\hbar\omega/(kT)}-1} \tag{6.2.36}$$

在量子物理发展的整个时期，对黑体辐射的理论结果有过各种各样的推导，用以导出式(6.2.36). 这里所述的是比较近期的一种. 这里的理论推演应当说从物理实质上是最贴近这一物理现象的微观过程的，亦直接联系于光场的量子化的机制. 不过从原理的意义上来看，电子的哈密顿量 H_e 的表示式(6.2.2)和原来的"最小作用量"的形式没有改变，改变的仅是这一表示式的意义，从以前只认为 φ_0，$\boldsymbol{A}$ 代表外加的电磁场变成了它们亦可以是电子内禀的伴随电磁场或真空(自由空间)的零点电磁扰动产生的场.

5. 黑体辐射与谱密度

(1) 上一章谈到的光场量子化中的谱密度的存在会不会对黑体辐射的结果有影响？根据在第 3 章中量子化应按照标准量子化的方案来进行的精神，在式(5.2.9)和式(5.2.10)的表述变换中应含有一个无量纲的因子 $j(k)$. 在前面 Casimir 效应的讨论中发现这一因子 $j(k)$的一种可能形式是 $\mathrm{e}^{-\sigma\omega/2}$. 由此可知，在以上的黑体辐射的推演过程中式(6.2.3)应改为

$$\boldsymbol{A}(\boldsymbol{R}) = \sum_\lambda \sqrt{\frac{\hbar}{2\varepsilon_0\omega}}j(\omega)[a(\boldsymbol{k}\lambda)\boldsymbol{A}_{\boldsymbol{k}\lambda} + a^\dagger(\boldsymbol{k}\lambda)\boldsymbol{A}^*_{\boldsymbol{k}\lambda}]\mathrm{d}\boldsymbol{k}$$

尽管上面的展开式中多了 $j(\omega)$这样的因子，但仔细看一下上面的推导便可知，所有原来推导的每一步仍然可以一样进行，不同的仅是把 $j(\omega)$这一因子保留在内，于是只要最后得到的发射概率式(6.2.30)改为

$$w = \frac{e^2\omega^3}{3\pi\varepsilon_0\hbar c^3}(j(\omega))^2(n+1)\mid \boldsymbol{R}_{BA}\mid^2 \tag{a}$$

吸收一个光子的概率改为

$$w' = \frac{e^2\omega^3}{3\pi\varepsilon_0\hbar c^3}(j(\omega))^2 n \mid \boldsymbol{R}_{BA} \mid^2 \tag{b}$$

即可,不过重新将(a),(b)两式代入式(6.2.34)时,w 与 w'增加的因子$(j(\omega))^2$ 在公式两边会被消掉.故式(6.2.35)仍然成立.黑体辐射公式(6.2.36)不会因 $j(\omega)$的存在而改变.

(2) 谱密度是否存在以及如果存在是 ω 的什么样的函数,这样的问题用黑体辐射公式去检验是无法得到答案的,因为在式(6.2.36)中它已被消掉.但是(a),(b)两式中都含有$(j(\omega))^2$ 这个因子,所以可以利用黑体的单独发射和吸收来验证谱密度因子的存在.因此我们在这里建议可以设计一个黑体装置,将光强分布为 $A_0(\omega)$的一束光射入黑体,经过足够的时间 T 后,再从黑体中出来,这时这束光的强度分布成为了 $A(\omega,T)$,通过这样的途径来实验.仔细分析如下:

① $t=0$ 时分别选定 $A_0(\omega)$中高频 ω_1 邻近的一段谱和低频 ω_2 附近的一段谱这两种情况.第一种情况下,$A_0(\omega_1)\Delta\omega$ 是围绕ω_1 的一段 $\Delta\omega$ 中的光强:

$$A_0(\omega_1)\Delta\omega = n_0(\omega_1)\hbar\omega_1\Delta\omega \tag{6.2.37}$$

第二种情况下,$A_0(\omega_2)\Delta\omega$ 是围绕ω_2 的一段 $\Delta\omega$ 中的光强:

$$A_0(\omega_2)\Delta\omega = n_0(\omega_2)\hbar\omega_2\Delta\omega \tag{6.2.38}$$

② 在 $t\to t+\mathrm{d}t$ 的 $\mathrm{d}t$ 小时段中,第一种情形从

$$A(\omega_1,t)\Delta\omega = n(\omega_1,t)\hbar\omega_1\Delta\omega$$

改变为

$$A(\omega_1,t+\mathrm{d}t) = n(\omega_1,t+\mathrm{d}t)\hbar\omega_1\Delta\omega \tag{6.2.39}$$

第二种情形从

$$A(\omega_2,t)\Delta\omega = n(\omega_2,t)\hbar\omega_2\Delta\omega$$

改变为

$$A(\omega_2,t+\mathrm{d}t) = n(\omega_2,t+\mathrm{d}t)\hbar\omega_2\Delta\omega \tag{6.2.40}$$

③ 计算 $n(\omega,t)$.

将 w'重新表示为

$$
\begin{aligned}
w' &= \frac{e^2}{3\pi\varepsilon_0\hbar c^3}(\omega^3 j^2(\omega))n \mid R_{BA} \mid^2 \\
&= aF(\omega)n \mid R_{BA}(\omega) \mid^2
\end{aligned}
\tag{6.2.41}
$$

其中

$$
a = \frac{e^2}{3\pi\varepsilon_0\hbar c^3}, \quad F(\omega) = \omega^3 j^2(\omega)
$$

根据吸收率 w'(单位时间内吸收光子的概率),在 $t \to t + \mathrm{d}t$ 内被吸收的光子数为

$$
\begin{aligned}
&\mathrm{d}n = -aF(\omega)n(\omega,t) \mid R_{BA}(\omega) \mid^2 \mathrm{d}t \\
&\Rightarrow \quad \frac{\dot{n}(\omega,t)}{n(\omega,t)} = -aF(\omega) \mid R_{BA}(\omega) \mid^2 \\
&\Rightarrow \quad \frac{\mathrm{d}}{\mathrm{d}t}(\ln n(\omega,t)) = -aF(\omega) \mid R_{BA}(\omega) \mid^2
\end{aligned}
$$

解出为

$$
n(\omega,t) = n_0(\omega)\mathrm{e}^{-aF(\omega)\mid R_{BA}(\omega)\mid^2 t} \tag{6.2.42}
$$

(3) 在以上的理论分析中,建议用黑体吸收做如下实验(低温下,使原有 $n \approx 0$):由式(6.2.42)知

$$
aF(\omega) = -\frac{1}{\mid R_{BA}(\omega) \mid^2 T}\ln\frac{n(\omega,T)}{n_0(\omega)} \tag{6.2.43}
$$

① 如图 6.2 所示,射入一束 ω_1 的光束 $n_0(\omega_1)$. 黑体腔中涂的是已知 $R_{BA}(\omega_1)$ 的物质,关上两边的门,经过足够长的时间 T 放出光束. 测得 $n(\omega_1,T)$,再得 $F(\omega_1)$.

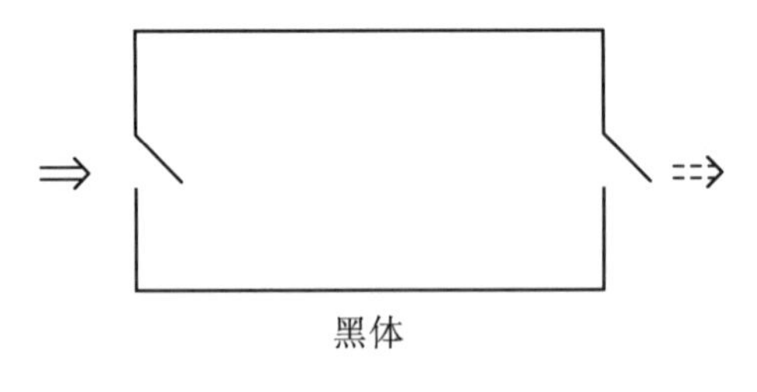

图 6.2

② 再同样做若干个不同 ω 的实验,得

$$F(\omega_1),\quad F(\omega_2),\quad \cdots$$

③ 按照这一构思,能通过所做的一系列不同频率的实验结果得到函数 $F(\omega)$. 然后看 $F(\omega)$是服从 $F(\omega)\propto\omega^3$ 还是其他关系,从而确定是否是 $j(\omega)\neq 1$.

结论:尽管由 Planck 的黑体辐射公式得不出 $j(\omega)$是否存在的结论,但如上所述,利用黑体的吸收规律,原则上能够得出关于 $j(\omega)$的存在及其函数形式为何的结论.

第 7 章

原子物理

在量子力学中只考虑了电子的量子化，没有考虑电磁场的量子化. 电子在原子中受到的核的 Coulomb 作用作为电子的外势来看待，而电子本身的内禀辐射场没有被考虑进去. 因此表观上提到的电子在原子中的定态是能量完全确定的稳定状态，组成了原子中电子的定态集. 但实际上由于辐射场的存在，电子在原子中的定态集的任一激发态都不是稳定的. 它会和辐射场作用产生自发辐射. 因而定态的能量会改变，定态的概率幅会降低. 这些物理过程在以后的原子物理中都考虑到了. 不过在讨论了量子理论如何成为一个统一的理论后，这里有两个方面需要重新考虑：一方面是电子不再是点粒子而是复合体系；另一方面是光场量子化的谱密度问题. 这两个方面是原来的原子物理都没有考虑到的.

考虑到原子的尺度是 10^{-8} m 量级，而电子尽管是复合体系，其尺度只是 10^{-16} m，两者相差很大，因此电子作为复合体系导致的对原有点粒子考虑的修正可以忽略，在原子物理中可以不予考虑. 但光场的谱密度问题却不同，在计算中会产生不可忽略的影响，高阶 Feynman 图的发散尤为突出. 因此本章将对此作比较深入的讨论.

7.1 系统的哈密顿量

首先考虑原子物理的问题,这时电子的状态不是相对论性情形,它的动能项取非相对论的形式.因此整个系统的哈密顿量是($\hbar=1,c=1$)

$$H=\frac{(\hat{\boldsymbol{p}}-\boldsymbol{A})^2}{2m}+H_{\mathrm{r}}+e\Phi \tag{7.1.1}$$

其中 m 是电子质量,$\hat{\boldsymbol{p}}$ 是电子的动量算符,$\boldsymbol{A}$ 是辐射场的矢量势,H_{r} 是辐射场的哈密顿量(能量).前面已给出,在 Coulomb 规范下

$$\boldsymbol{A}(\boldsymbol{x})=\int\frac{\mathrm{d}^3k}{(2\pi)^3}\frac{1}{\sqrt{2\omega_k}}\sum_\lambda(\boldsymbol{e}_{k\lambda}a_{k\lambda}\mathrm{e}^{\mathrm{i}\boldsymbol{k}\cdot\boldsymbol{x}}+\boldsymbol{e}_{k\lambda}^*a_{k\lambda}^\dagger\mathrm{e}^{-\mathrm{i}\boldsymbol{k}\cdot\boldsymbol{x}}) \tag{7.1.2}$$

$$H_{\mathrm{r}}=\int\frac{\mathrm{d}^3k}{(2\pi)^3}\sum_\lambda\omega_k\left(a_{k\lambda}^\dagger a_{k\lambda}+\frac{1}{2}\right) \tag{7.1.3}$$

Φ 是电子在原子中受到的静电势.注意由于我们沿用过去的理论,因此式(7.1.2)中还未包括进 $j(\omega)$.

为了方便下面讨论,将系统的哈密顿量改写为

$$\begin{aligned}H&=\frac{(\boldsymbol{p}-e\boldsymbol{A})^2}{2m}+e\Phi+H_{\mathrm{r}}\\&=H_{\mathrm{r}}+\frac{\boldsymbol{p}^2}{2m}+e\Phi-\frac{e}{2m}(\boldsymbol{p}\cdot\boldsymbol{A}+\boldsymbol{A}\cdot\boldsymbol{p})+\frac{e^2}{2m}\boldsymbol{A}\cdot\boldsymbol{A}\end{aligned} \tag{7.1.4}$$

如记系统的波函数为 ψ,则因采用的是 Coulomb 规范

$$\nabla\cdot\boldsymbol{A}=0$$

故

$$\begin{aligned}\boldsymbol{p}\cdot\boldsymbol{A}\psi&=-\mathrm{i}\,\nabla\cdot(\boldsymbol{A}\psi)=-\mathrm{i}(\nabla\cdot\boldsymbol{A})\psi-\mathrm{i}\boldsymbol{A}\cdot\nabla\psi\\&=-\mathrm{i}\boldsymbol{A}\cdot\nabla\psi=\boldsymbol{A}\cdot\boldsymbol{p}\psi\end{aligned}$$

因此式(7.1.4)可表示为

$$
\begin{aligned}
H &= H_r + \frac{\boldsymbol{p}^2}{2m} + e\Phi - \frac{e}{m}\boldsymbol{A}\cdot\boldsymbol{p} + \frac{e^2}{2m}\boldsymbol{A}\cdot\boldsymbol{A} \\
&= H_0 + V
\end{aligned}
\tag{7.1.5}
$$

其中

$$
H_0 = H_r + \frac{\boldsymbol{p}^2}{2m} + e\Phi \tag{7.1.6}
$$

$$
V = -\frac{e}{m}\boldsymbol{A}\cdot\boldsymbol{p} + \frac{e^2}{2m}\boldsymbol{A}\cdot\boldsymbol{A} \tag{7.1.7}
$$

将 H 分成 H_0 和 V 两部分的好处是：H_0 所含的 H_r 由式(7.1.3)给出，另一部分 $\frac{\boldsymbol{p}^2}{2m} + e\Phi$ 是原子物理已考虑过的，由此得出的原子中定态集和能级是已知的．所以可将 H_0 看作已解出的部分．V 是电子与辐射场间的相互作用．因电磁作用不是强的作用，故可利用传统的微扰论精神处理．

7.2 微扰解法

微扰论的基本精神之一是当 $\hat{V}$ 只是不强的微扰时，下面的分析和计算都可在 H_0 的态矢空间(Hilbert 空间)中进行，即系统的态矢总可以在 H_0 的 Hilbert 空间中展开．由于原子中的定态集已知，故可设想由这一定态集及 H_r 中的态矢组成一个完备的基态矢集 $\{|n\rangle\}$．注意这里的基态矢 $|n\rangle$ 和电磁场中光量子的数算符本征态矢不是一回事，它是整个 H_0 的本征态矢，即

$$
H_0 |n\rangle = E_n^{(0)} |n\rangle \tag{7.2.1}
$$

并有完备关系

$$
\sum_n |n\rangle\langle n| = 1 \tag{7.2.2}
$$

上面已谈到包括 V 在内的总系统(H)的任何态矢可以用 $\{|n\rangle\}$ 来展开．故系统的动力学计算可如下进行：

(1) 给定 $t=0$ 时系统的初始态矢 $|\psi(t=0)\rangle$,则其可表示为

$$
\begin{aligned}
|\psi(t=0)\rangle &= (\sum_n |n\rangle\langle n|)|\psi(t=0)\rangle \\
&= \sum_n C_n(0)|n\rangle
\end{aligned}
\tag{7.2.3}
$$

其中

$$
C_n(0)=\langle n|\psi(t=0)\rangle \tag{7.2.4}
$$

(2) 系统从 $t=0$ 时刻演化到 t 时刻,系统态矢 $|\psi(t)\rangle$ 与 $|\psi(t=0)\rangle$ 之间按 Schrödinger 方程应有

$$
|\psi(t)\rangle = \mathrm{e}^{-\mathrm{i}Ht}|\psi(t=0)\rangle \tag{7.2.5}
$$

解析地严格解上面的方程不容易,但可采取微扰论的精神来进行.首先按前所述,任何态矢(自然亦包含 $|\psi(t)\rangle$ 这一态矢)总可用 $\{|n\rangle\}$ 基态矢展开,故有

$$
|\psi(t)\rangle = \sum_n C_n(t)\mathrm{e}^{-\mathrm{i}E_n^{(0)}t}|n\rangle \tag{7.2.6}
$$

注意式(7.2.6)的右方不是简单的 $\sum_n C_n(t)|n\rangle$ 形式,系数 $C_n(t)$ 加上一个相因子 $\mathrm{e}^{-\mathrm{i}E_n^{(0)}t}$ 是为了下面求解方便.其系数集 $\{C_n(t)\}$ 当然会和 t 有关,而且求解就换成求这一系数集,为此将 $|\psi(t)\rangle$ 满足的 Schrödinger 方程写出:

$$
\mathrm{i}\frac{\mathrm{d}}{\mathrm{d}t}|\psi(t)\rangle = H|\psi(t)\rangle = (H_0+V)|\psi(t)\rangle \tag{7.2.7}
$$

将式(7.2.6)代入式(7.2.7)的两端,得

$$
\begin{aligned}
\mathrm{i}\frac{\mathrm{d}}{\mathrm{d}t}|\psi(t)\rangle &= \mathrm{i}\frac{\mathrm{d}}{\mathrm{d}t}(\sum_n C_n(t)\mathrm{e}^{-\mathrm{i}E_n^{(0)}t}|n\rangle) \\
&= \sum_n \mathrm{i}\dot{C}_n(t)\mathrm{e}^{-\mathrm{i}E_n^{(0)}t}|n\rangle + \sum_n E_n^{(0)}C_n(t)\mathrm{e}^{-\mathrm{i}E_n^{(0)}t}|n\rangle \\
&= (H_0+V)|\psi(t)\rangle \\
&= \sum_n C_n(t)\mathrm{e}^{-\mathrm{i}E_n^{(0)}t}(H_0+V)|n\rangle \\
&= \sum_n C_n(t)\mathrm{e}^{-\mathrm{i}E_n^{(0)}t}(E_n^{(0)}+V)|n\rangle
\end{aligned}
$$

在上式两端左乘 $\langle m|$,得

$$\sum_n \mathrm{i}\dot{C}_n(t)\mathrm{e}^{-\mathrm{i}E_n^{(0)}t}\langle m \mid n\rangle + \sum_n E_n^{(0)} C_n(t)\mathrm{e}^{-\mathrm{i}E_n^{(0)}t}\langle m \mid n\rangle$$
$$= \sum_n \mathrm{i}\dot{C}_n(t)\mathrm{e}^{-\mathrm{i}E_n^{(0)}t}\delta_{mn} + \sum_n E_n^{(0)} C_n(t)\mathrm{e}^{-\mathrm{i}E_n^{(0)}t}\delta_{mn}$$
$$= \mathrm{i}\dot{C}_m(t)\mathrm{e}^{-\mathrm{i}E_m^{(0)}t} + E_m^{(0)} C_m(t)\mathrm{e}^{-\mathrm{i}E_m^{(0)}}t$$
$$= \sum_n C_n(t)\mathrm{e}^{-\mathrm{i}E_n^{(0)}t}E_n^{(0)}\langle m \mid n\rangle + \sum_n C_n(t)\mathrm{e}^{-\mathrm{i}E_n^{(0)}t}\langle m \mid V \mid n\rangle$$
$$= C_m(t)\mathrm{e}^{-\mathrm{i}E_m^{(0)}t}E_m^{(0)} + \sum_n C_n(t)\mathrm{e}^{-\mathrm{i}E_n^{(0)}t}\langle m \mid V \mid n\rangle$$

上式两端消去共同的项，并把左方的 $\mathrm{e}^{-\mathrm{i}E_m^{(0)}t}$ 移到右方，便得待求的 $\{C_m(t)\}$ 满足的方程：

$$\mathrm{i}\frac{\mathrm{d}}{\mathrm{d}t}C_m(t) = \sum_n \mathrm{e}^{\mathrm{i}(E_m^{(0)}-E_n^{(0)})t}\langle m \mid V \mid n\rangle C_n(t) \tag{7.2.8}$$

(3) 原子激发态的演化.

将上面的讨论用于原子的某一激发态 $|B\rangle$，初始时原子居于态 B，光场为零，即系统的初始态为

$$|\psi(t=0)\rangle = |B,0\rangle$$

$|B,0\rangle$ 的第一个符号表示原子态 B，第二个符号 0 表示无光场. 现在问：t 时刻的 $|\psi(t)\rangle$ 中的 $\{C_n(t)\}$ 为何？求解从式(7.2.8)出发，严格求解式(7.2.8)很难，故作如下近似：

$$\mathrm{i}\frac{\mathrm{d}}{\mathrm{d}t}C_n(t) = \mathrm{e}^{\mathrm{i}(E_n^{(0)}-E_B^{(0)})t}\langle n \mid V \mid B,0\rangle C_B(t) \tag{7.2.9}$$

$$\mathrm{i}\frac{\mathrm{d}}{\mathrm{d}t}C_B(t) = \langle B,0 \mid V \mid B,0\rangle C_B(t) + \sum_n \mathrm{e}^{\mathrm{i}(E_B^{(0)}-E_n^{(0)})t}\langle B,0 \mid V \mid n\rangle C_n(t)$$
$$(|n\rangle \neq |B,0\rangle,\text{不含电子态 } B) \tag{7.2.10}$$

上面的式(7.2.10)未作近似，是按式(7.2.8)表示出的. 式(7.2.9)的右方略去了所有 $|n\rangle \neq |B,0\rangle$ 的 $C_n(t)$ 项的贡献，理由是只要不将演化时间取到很长，则因 $C_B(t=0) = 1$，$C_n(t=0)=0$ 以及 t 不大时恒有 $C_n(t)$ 为小量，与 $C_B(t)\approx 1$ 相比可略去.

引入

$$\Lambda = \langle B,0 \mid V \mid B,0\rangle \tag{7.2.11}$$
$$C_B(t) = \widetilde{C}_B(t)\mathrm{e}^{-\mathrm{i}\Lambda t} \tag{7.2.12}$$

可将式(7.2.9)和式(7.2.10)简化为

$$\widetilde{E}_B = E_B^{(0)} + \Lambda \tag{7.2.13}$$

$$\mathrm{i}\frac{\mathrm{d}}{\mathrm{d}t}C_n = \mathrm{e}^{\mathrm{i}(E_n^{(0)}-\widetilde{E}_B)t}\langle n \mid V \mid B,0\rangle \widetilde{C}_B \tag{7.2.14}$$

$$\mathrm{i}\frac{\mathrm{d}}{\mathrm{d}t}\widetilde{C}_B = \sum_n \mathrm{e}^{\mathrm{i}(\widetilde{E}_B-E_n)t}\langle B,0 \mid V \mid n\rangle C_n \tag{7.2.15}$$

为了求解式(7.2.14)与式(7.2.15),作一点物理上的考虑.原子态 B 一定会随时间衰减,演化到下面的能态,即 $C_B(t)$,亦即 $\widetilde{C}_B(t)$随 t 下降.假定它以指数形式衰减:

$$\widetilde{C}_B(t) = \mathrm{e}^{-\gamma t} \tag{7.2.16}$$

对于这样的假定,以最后的解来看它是否自洽.将式(7.2.16)代入式(7.2.14),得

$$\mathrm{i}\frac{\mathrm{d}}{\mathrm{d}t}C_n = \mathrm{e}^{\mathrm{i}(E_n^{(0)}-\widetilde{E}_B+\mathrm{i}\gamma)t}\langle n \mid V \mid B,0\rangle \tag{7.2.17}$$

积分,得

$$\begin{aligned} C_n(t) &= -\mathrm{i}\int_0^t \mathrm{d}t'\mathrm{e}^{\mathrm{i}(E_n^{(0)}-\widetilde{E}_B+\mathrm{i}\gamma)t}\langle n \mid V \mid B,0\rangle \\ &= \frac{1-\mathrm{e}^{\mathrm{i}(E_n^{(0)}-\widetilde{E}_B+\mathrm{i}\gamma)t}}{E_n^{(0)}-\widetilde{E}_B+\mathrm{i}\gamma}\langle n \mid V \mid B,0\rangle \end{aligned} \tag{7.2.18}$$

将得到的 $C_n(t)$代入式(7.2.14)的左方,式(7.2.16)代入式(7.2.14)的右方,得

$$-\mathrm{i}\gamma\mathrm{e}^{-\gamma t} = \sum_n |\langle n \mid V \mid B,0\rangle|^2 \frac{\mathrm{e}^{-\mathrm{i}(E_n^{(0)}-\widetilde{E}_B)t}-\mathrm{e}^{-\gamma t}}{E_n^{(0)}-\widetilde{E}_B+\mathrm{i}\gamma} \tag{7.2.19}$$

因为不同的态$|n\rangle$中含的光场能量 $E_n^{(0)}$ 实质是连续改变的,所以记 $f(E_n^{(0)}) = \langle n|V|B,0\rangle$,它实际是一个连续变量 $E_n^{(0)}$ 的函数,因此对 n 的求和实际应是一个积分.以式(7.2.19)的第一项为例,它是如下的积分:

$$\int_{E_A}^{\infty}\mathrm{d}E_n^{(0)}f(E_n^{(0)}) = \frac{\mathrm{e}^{-\mathrm{i}(E_n^{(0)}-\widetilde{E}_B)t}}{E_n^{(0)}-\widetilde{E}_B+\mathrm{i}\gamma} \tag{7.2.20}$$

积分下限 E_A 是$\{|n\rangle\}$中有限的最低值,因此严格来讲,这一积分不能用留数定理,它无法加一个包含极点在内的下大半圆.因此这里再一次作近似,认为将 E_A 换成$-\infty$时只有小的偏差,于是可近似应用留数定理:

$$\int_{E_A}^{\infty} dE_n^{(0)} f(E_n^{(0)}) e^{-i(E_n^{(0)}-\tilde{E}_B)t} \frac{1}{E_n^{(0)} - \tilde{E}_B + i\gamma} \approx -2\pi i f(\tilde{E}_B - i\gamma) e^{-\gamma t} \quad (7.2.21)$$

在一般情况下，γ 是一个小量，与 $\tilde{E}_B$ 相比小很多，故再一次近似，取 $f(\tilde{E}_B - i\gamma) \approx f(\tilde{E}_B)$，有

$$\begin{aligned}
&\int_{E_A}^{\infty} dE_n^{(0)} f(E_n^{(0)}) e^{-i(E_n^{(0)}-\tilde{E}_B)t} \frac{1}{E_n^{(0)} - \tilde{E}_B + i\gamma} \\
&\approx -2\pi i f(\tilde{E}_B) e^{-\gamma t} \\
&= -2\pi i e^{-\gamma t} \int_{E_A}^{\infty} dE_n^{(0)} \delta(E_n^{(0)} - \tilde{E}_B) f(E_n^{(0)}) \qquad (7.2.22)
\end{aligned}$$

把得到的式(7.2.22)的结果代回式(7.2.19)的右方第一项，同时把积分换成求和的形式，得

$$-i\gamma e^{-\gamma t} = -e^{-\gamma t} \sum_n |\langle n | V | B,0\rangle|^2 \left[2\pi i \delta(E_n^{(0)} - \tilde{E}_B) + \frac{1}{E_n^{(0)} - \tilde{E}_B + i\gamma}\right] \quad (7.2.23)$$

下面再利用以下的关系式：

$$\frac{1}{E_n^{(0)} - \tilde{E}_B - i\gamma} = P\frac{1}{E_n^{(0)} - \tilde{E}_B} + i\pi\delta(\tilde{E}_B - E_n^{(0)})$$

$$\frac{1}{E_n^{(0)} - \tilde{E}_B + i\gamma} = P\frac{1}{E_n^{(0)} - \tilde{E}_B} - i\pi\delta(\tilde{E}_B - E_n^{(0)})$$

由上二式可得

$$\begin{aligned}
\frac{1}{E_n^{(0)} - \tilde{E}_B + i\gamma} + 2\pi i\delta(\tilde{E}_B - E_n^{(0)}) &= \frac{1}{E_n^{(0)} - \tilde{E}_B - i\gamma} \\
&= P\frac{1}{E_n^{(0)} - \tilde{E}_B} + i\pi\delta(\tilde{E}_B - E_n^{(0)}) \qquad (7.2.24)
\end{aligned}$$

将式(7.2.24)代入式(7.2.23)，并将两方的共同因子 $e^{-\gamma t}$ 消去，得

$$-i\gamma = -\sum_n |\langle n | V | B,0\rangle|^2 \left(P\frac{1}{E_n^{(0)} - \tilde{E}_B} + i\pi\delta(\tilde{E}_B - E_n^{(0)})\right) \quad (7.2.25)$$

对结果的讨论：

① 解出 γ 为复数，但解的存在说明原来设 $\tilde{C}_B(t) = e^{-\gamma t}$ 是正确的.

② γ 的实部和虚部分别为

$$\mathrm{Re}\gamma = \sum_n \pi\delta(\widetilde{E}_B - E_n) \mid \langle n \mid V \mid B,0\rangle \mid^2 \equiv \frac{1}{2}\Gamma_B \tag{7.2.26}$$

$$\mathrm{Im}\gamma = \sum_n \pi\delta(\widetilde{E}_B - E_n) \mid \langle n \mid V \mid B,0\rangle \mid^2 P\frac{1}{\widetilde{E}_B - E_n^{(0)}} \tag{7.2.27}$$

③ 我们的最终目的是求出 t 时刻的态矢 $|\psi(t)\rangle$. 为此首先将求得的结果代回去,得

$$\begin{aligned} C_B(t) &= \exp[-\mathrm{i}\Lambda t - (\mathrm{Re}\gamma)t - \mathrm{i}(\mathrm{Im}\gamma)t] \\ &= \exp\left[-\mathrm{i}(\langle B,0 \mid V \mid B,0\rangle + \mathrm{Im}\gamma)t - \frac{1}{2}\Gamma_B t\right] \end{aligned} \tag{7.2.28}$$

④ 有了式(7.2.28)后,如果我们只关注 $|\psi(t)\rangle$ 中含 $|B,0\rangle$ 的部分,则可给出

$$\mid \psi(t)\rangle = \mathrm{e}^{-\mathrm{i}(E_B^{(0)} + \Lambda + \mathrm{Im}\gamma)t}\mathrm{e}^{-\Gamma_B t/2} \mid B,0\rangle + \cdots \tag{7.2.29}$$

⑤ 物理结果.

式(7.2.29)中的 $\mathrm{e}^{-\mathrm{i}(E_B^{(0)} + \Lambda + \mathrm{Im}\gamma)t}$ 是一个随 t 变化的振荡因子. $E_B^{(0)} + \Lambda + \mathrm{Im}\gamma$ 应当是对应于 $|B,0\rangle$ 的能量值. 如果不考虑原子与辐射场的作用,只考虑核的静电势,本应是 $E_B^{(0)}$. 现在考虑辐射场后,可见能级有了移动,移动量为

$$\Delta E_B = \Lambda + \mathrm{Im}\gamma = \langle B,0 \mid V \mid B,0\rangle + \mathrm{Im}\gamma \tag{7.2.30}$$

而另一因子 $\mathrm{e}^{-\Gamma_B t/2}$ 是 $|B,0\rangle$ 的概率幅,说明原子能级的寿命以 $\frac{1}{\Gamma_B}$ 的方式衰减.

7.3 按照量子场论的方法讨论原子物理

在上一节里沿用量子力学的微扰近似去解原子定态矢的演化问题,这一方法有两方面的特点:一是作了若干近似,二是求解过程中物理图像清楚,得到的结果有明确的物理意义(能移、衰减).

然而这一方法会依不同的具体问题有不同的求解途径. 我们在这里突出了量子理论的统一理论思想,自然会想到既然已考虑辐射场,辐射场的量子化亦已经完成,

那么量子场论中粒子与辐射场的相互作用问题和这里讨论的问题从原则上讲应当是一类问题.在这一节里我们将同样用场论的方法来讨论原子物理的问题.在讨论之前先明确以下几点:

① 更具体一点讲,就是要用量子场论中系统的 Feynman 图和 Feynman 规则来计算.

② 场论中讨论的问题毫无疑问是相对论性的,而这里讨论的粒子在原子物理范围内大多数情况下是非相对论性的.不过这一点不影响场论方法的应用.

③ 要注意的是,为了作比较,在本节的讨论和计算中,辐射场仍采用传统的量子化方案.我们将在下一节中再用标准量子化来重新讨论,以资比较.

1. Compton 散射

前面已经讨论过原子与辐射场的作用,系统的哈密顿量已在上一节给出.其实上一节只是一个大体形式上的讨论,目的是勾画出粗略的物理图像,具体的电子与场的作用的计算并未实施,此处应用场论的方法便可实现.

设初始时刻原子中的电子态为$|A\rangle$,场中有一波矢为 $\boldsymbol{k}_i$、极化矢量为 $\boldsymbol{e}_i$ 的光子,故系统的初态为

$$|\phi_i\rangle = |A\rangle|\boldsymbol{k}_i,\boldsymbol{e}_i\rangle \tag{7.3.1}$$

$$E_i = E_A^{(0)} + \omega_i \quad (\hbar = 1)$$

其中 $E_A^{(0)}$ 是原子态矢的能量,ω_i 是 $\boldsymbol{k}_i$ 光子的能量,E_i 是 H_0 的能量本征值.

Compton 问题是:经过原子与场的作用后,末态是$|\phi_f\rangle = |B\rangle|\boldsymbol{k}_f,\boldsymbol{e}_f\rangle$的概率为多少,其中$|B\rangle$是原子的另一定态,末态中光子的波矢是 $\boldsymbol{k}_f$,极化矢量为 $\boldsymbol{e}_f$.这里把量子场论中从初态$|\phi_i\rangle$经过作用后跃迁到末态$|\phi_f\rangle$的跃迁概率幅的公式表示如下:

$$\begin{aligned} A_P(fi) &= \lim_{\substack{t'\to\infty \\ t\to-\infty}} \mathrm{e}^{\mathrm{i}E_f t'}\langle \boldsymbol{k}_f,\boldsymbol{e}_f|\langle B|\hat{U}(t',t)|A\rangle|\boldsymbol{k}_i,\boldsymbol{e}_i\rangle \mathrm{e}^{-\mathrm{i}E_i t} \\ &= \delta_{fi} - 2\pi\mathrm{i}\delta(E_f - E_i)F(E_i) \end{aligned} \tag{7.3.2}$$

这里对上面的公式作几点解释:

① 如上所述,初态和末态都是没有相互作用的原子态和光场态矢的直积,即是 H_0 的本征态.

② 式中的 $\hat{U}(t',t)$是与 Schrödinger 方程等效的演化算符,其物理意义是将 t 时刻的态矢$|t\rangle$演化到 t'时刻的态矢$|t'\rangle$:

$$|t'\rangle = \hat{U}(t',t)|t\rangle$$

③ 式(7.3.2)中的第二等式是将矩阵元作微扰展开计算的结果.$\delta(E_f - E_i)$表示初、末态之间能量守恒,$F(E_i)$是按 V 展开的微扰序列.

④ $t'\to\infty, t\to-\infty$的含意是,在实验室的宏观环境下初、末态间的时间段是一个宏观的尺度,对微观系统来讲可认为是时间间隔$\to\infty$.

以下就是引用场论的微扰展开作计算.

(1) 一阶项:

$$\begin{aligned}
F^{(1)}(E_i) &= \langle\phi_f|V|\phi_i\rangle = \langle\phi_f|\left(-\frac{e}{m}\boldsymbol{A}\cdot\boldsymbol{p} + \frac{e^2}{2m}\boldsymbol{A}\cdot\boldsymbol{A}\right)|\phi_i\rangle \\
&= \langle\phi_f|\frac{e^2}{2m}\boldsymbol{A}\cdot\boldsymbol{A}|\phi_i\rangle \\
&= \langle\boldsymbol{k}_f,\boldsymbol{e}_f|\langle B|\frac{e^2}{2m}\sum_{\substack{k,\lambda,\\k',\lambda'}}\frac{e^{i(\boldsymbol{k}'-\boldsymbol{k})\cdot\boldsymbol{r}}}{\sqrt{2\omega_k\cdot 2\omega_{k'}}}\boldsymbol{e}_{k\lambda}^*\cdot\boldsymbol{e}_{k'\lambda'} \\
&\quad\cdot(a_{k'\lambda'}a_{k\lambda}^\dagger + a_{k\lambda}^\dagger a_{k'\lambda'})|A\rangle|\boldsymbol{k}_i,\boldsymbol{e}_i\rangle \\
&= \langle\boldsymbol{k}_f,\boldsymbol{e}_f|\langle B|\frac{e^2}{2m}\frac{e^{i(\boldsymbol{k}_f-\boldsymbol{k}_i)\cdot\boldsymbol{r}}}{\sqrt{2\omega_f\cdot 2\omega_i}}\boldsymbol{e}_f^*\cdot\boldsymbol{e}_i(a_{k_ie_i}a_{k_fe_f}^\dagger + a_{k_fe_f}^\dagger a_{k_ie_i})|A\rangle|\boldsymbol{k}_i,\boldsymbol{e}_i\rangle \\
&\approx \frac{e^2}{2m}\cdot 2\boldsymbol{e}_f^*\cdot\boldsymbol{e}_i\frac{1}{\sqrt{2\omega_f\cdot 2\omega_i}}\langle B|A\rangle \\
&= \frac{e^2}{2m}\cdot 2\boldsymbol{e}_f^*\cdot\boldsymbol{e}_i\frac{1}{2\omega_i}\delta_{BA}
\end{aligned} \tag{7.3.3}$$

① 初态和末态中都含一个光子,$\boldsymbol{A}\cdot\boldsymbol{p}$ 中含光子的湮灭或产生算符,故$\langle\phi_f|\boldsymbol{A}\cdot\boldsymbol{p}|\phi_i\rangle=0$.

② 这里仍然用到偶极近似,取 $e^{i\boldsymbol{k}\cdot\boldsymbol{r}}\approx1$,因为$|A\rangle$,$|B\rangle$都是原子的定态,在原子定态的概率分布范围内偶极近似成立(如果考虑的是真正的粒子动量一定的态,就不能用偶极近似).

③ 用到了$|A\rangle$,$|B\rangle$是原子的定态,有正交归一条件$\langle B|A\rangle=\delta_{BA}$.

④ 第二步后的结果已考虑了 $\boldsymbol{A}\cdot\boldsymbol{A}$ 中 aa 和 $a^\dagger a^\dagger$ 项的期待值为零.

式(7.3.3)可以用如图 7.1 所示的 Feynman 图来描绘.其中 ~~~~~ 表示光

子线，$\longrightarrow$ 表示原子中的电子线，交叉点 $\succ\!\!\!\!\sim$ 表示相互作用 $\langle \phi_f | V | \phi_i \rangle$.

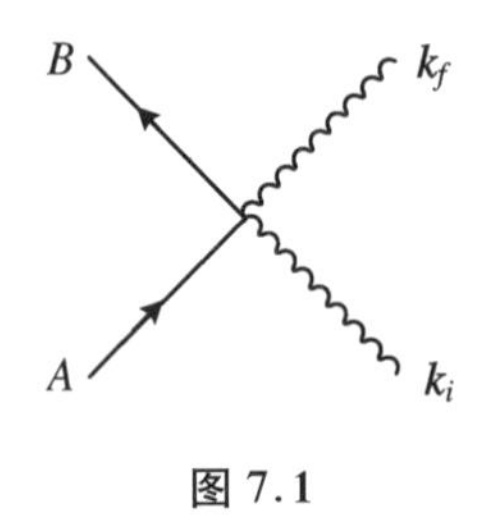

图 7.1

(2) 二阶项：

$$F^{(2)}(E_i) = \sum_I \frac{\langle \phi_f \mid V \mid \phi_I \rangle \langle \phi_I \mid V \mid \phi_i \rangle}{E_i - E_I + \mathrm{i}\varepsilon} \tag{7.3.4}$$

因为初、末态 $|\phi_i\rangle$，$|\phi_f\rangle$ 都只含一个光子，所以在上式的二阶项计算中既可以取 V 中的 $\boldsymbol{A} \cdot \boldsymbol{p}$ 项，亦可取 $\boldsymbol{A} \cdot \boldsymbol{A}$ 项，但只能同时取 $\boldsymbol{A} \cdot \boldsymbol{p}$ 或 $\boldsymbol{A} \cdot \boldsymbol{A}$，不能一个取 $\boldsymbol{A} \cdot \boldsymbol{p}$，另一个取 $\boldsymbol{A} \cdot \boldsymbol{A}$.

① 两个 V 都取 $\boldsymbol{A} \cdot \boldsymbol{p}$ 项时，其贡献 $\sim e^2$；两个 V 都取 $\boldsymbol{A} \cdot \boldsymbol{A}$ 项时，其贡献 $\sim e^4$. 后者强度小 e^2 量级. 故在只考虑 e^2 量级时可略去，因此得到结果应该为

$$\begin{aligned}
F^{(2)}(E_i) = & \sum_I \left(\frac{e}{m}\right)^2 \frac{1}{\sqrt{2\omega_f 2\omega_i}} \frac{\langle B \mid \mathrm{e}^{-\mathrm{i}\boldsymbol{k}_f \cdot \boldsymbol{r}} \boldsymbol{e}_f^* \cdot \boldsymbol{p} \mid I \rangle \langle I \mid \mathrm{e}^{\mathrm{i}\boldsymbol{k}_i \cdot \boldsymbol{r}} \boldsymbol{e}_i \cdot \boldsymbol{p} \mid A \rangle}{E_A^{(0)} + \omega_i - E_I^{(0)} + \mathrm{i}\varepsilon} \\
& + \sum_I \left(\frac{e}{m}\right)^2 \frac{1}{\sqrt{2\omega_i 2\omega_f}} \frac{\langle B \mid \mathrm{e}^{\mathrm{i}\boldsymbol{k}_i \cdot \boldsymbol{r}} \boldsymbol{e}_i \cdot \boldsymbol{p} \mid I \rangle \langle I \mid \mathrm{e}^{-\mathrm{i}\boldsymbol{k}_f \cdot \boldsymbol{r}} \boldsymbol{e}_f \cdot \boldsymbol{p} \mid A \rangle}{E_A^{(0)} - E_I^{(0)} - \omega_f + \mathrm{i}\varepsilon} \\
\approx & \sum_I \left(\frac{e}{m}\right)^2 \frac{1}{\sqrt{2\omega_f 2\omega_i}} \frac{\langle B \mid \boldsymbol{e}_f^* \cdot \boldsymbol{p} \mid I \rangle \langle I \mid \boldsymbol{e}_i \cdot \boldsymbol{p} \mid A \rangle}{E_A^{(0)} + \omega_i - E_I^{(0)} + \mathrm{i}\varepsilon} \\
& + \sum_I \left(\frac{e}{m}\right)^2 \frac{1}{\sqrt{2\omega_i 2\omega_f}} \frac{\langle B \mid \boldsymbol{e}_i \cdot \boldsymbol{p} \mid I \rangle \langle I \mid \boldsymbol{e}_f^* \cdot \boldsymbol{p} \mid A \rangle}{E_A^{(0)} - E_I^{(0)} - \omega_f + \mathrm{i}\varepsilon} \\
= & \sum_I \left(\frac{e}{m}\right)^2 \frac{1}{\sqrt{2\omega_f 2\omega_i}} \frac{\boldsymbol{e}_f \cdot \boldsymbol{p}_{BI} \cdot \boldsymbol{e}_i \cdot \boldsymbol{p}_{IA}}{E_A^{(0)} - \omega_i - E_I^{(0)} + \mathrm{i}\varepsilon} \\
& + \sum_I \left(\frac{e}{m}\right)^2 \frac{1}{\sqrt{2\omega_f 2\omega_i}} \frac{\boldsymbol{e}_i \cdot \boldsymbol{p}_{BI} \cdot \boldsymbol{e}_f^* \cdot \boldsymbol{p}_{IA}}{E_A^{(0)} - E_I^{(0)} - \omega_f + \mathrm{i}\varepsilon}
\end{aligned} \tag{7.3.5}$$

② 上式分成两项的原因是第一项中第一个 V 中的湮灭算符湮灭掉光子态 $|\boldsymbol{k}_i, \boldsymbol{e}_i\rangle$，使得中间态成为无光场的一个电子态，然后第二个 V 产生末态的光场态 $|\boldsymbol{k}_f, \boldsymbol{e}_f\rangle$. 第二项是第一个 V 中的产生算符产生末态的光场 $|\boldsymbol{k}_f, \boldsymbol{e}_f\rangle$，然后第二个 V 湮灭掉初始的光场态 $|\boldsymbol{k}_i, \boldsymbol{e}_i\rangle$. 这两个物理过程如图 7.2 所示.

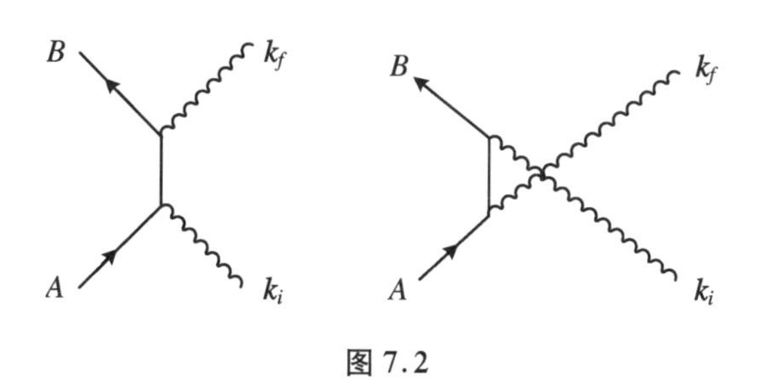

图 7.2

所以第一过程的中间态的能量是 $E_I^{(0)}$，而第二过程的中间态的能量为 $E_I^{(0)}+\omega_i+\omega_f$.

③ 上式中的第二步也作了 $e^{ik\cdot r}\approx 1$ 的近似.

④ 记号

$$p_{BI}=\langle B\mid \boldsymbol{p}\mid I\rangle,\quad p_{IA}=\langle I\mid \boldsymbol{p}\mid A\rangle$$

为动量算符在两个电子态间的期待值.

(3) 如果不再考虑 $\sim e^2$ 以上的贡献，将式(7.3.3)和式(7.3.4)合并起来，得到式(7.3.2)中所求的 $F(E_i)$.

2. 共振

和经典物理中的共振现象类似，看一下式(7.3.5)中第一项的分母 $E_A^{(0)}-\omega_i-E_I^{(0)}+i\varepsilon$. 如果初态光场的频率是共振的情形，即 $\omega_i\approx E_B^{(0)}-E_A^{(0)}$，那么在中间态 $|I\rangle=|B\rangle|0\rangle$，这一项的分母为

$$\frac{1}{E_A^{(0)}-\omega_i-E_I^{(0)}+i\varepsilon}\rightarrow\frac{1}{E_A^{(0)}-\omega_i-E_B^{(0)}+i\varepsilon}\rightarrow\infty$$

在经典物理中，发生共振现象时一定要加上耗散机制，耗散机制在远离共振时因它的效应弱而可以忽略，但是在共振时如不考虑进来就会出现非物理的发散. 那么在微观的量子物理框架下，是否亦一样需要考虑耗散机制？这时的耗散机制对应的是什么？答案是由于式(7.3.5)的结果是我们只取了 e^2 的一阶和二阶微扰，对于非共振情形，它是很好的近似；而在共振情形下，略去的高阶贡献不能再被忽略，必须考虑进来才能使结果成为有限的，所以这时的高阶图对应于所需的物理机制.

由于非$|B,0\rangle$的中间态不是发散的,耗散(高阶图)可以略去,因此只需考虑$|I\rangle = |B\rangle|0\rangle$这个中间态,即考虑如图 7.3 所示的高阶图.

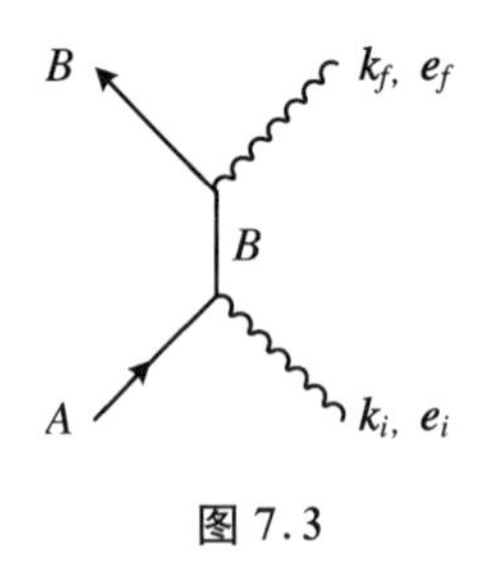

图 7.3

① 图 7.3 中间的电子线 B 就是式(7.3.5)中第一项当 $\omega_i = 0$ 时的分母 $\dfrac{1}{\omega - E_B^{(0)} + \mathrm{i}\varepsilon}$. 用场论的语言,这一表示式叫作$|B\rangle|0\rangle$的裸传播子. 而$|B\rangle|0\rangle$的完整传播子应当是裸传播子考虑了高阶 V 的作用之和,即

$$\begin{aligned}
\text{完整传播子} &= -\mathrm{i}\langle B,0 \mid \hat{k}(\omega) \mid B,0\rangle \\
&= \frac{1}{\omega - E_B^{(0)} + \mathrm{i}\varepsilon} + \frac{1}{\omega - E_B^{(0)} + \mathrm{i}\varepsilon}\langle 0 \mid \langle B \mid V \mid B\rangle \mid 0\rangle \frac{1}{\omega - E_B^{(0)} + \mathrm{i}\varepsilon} \\
&\quad + \frac{1}{\omega - E_B^{(0)} + \mathrm{i}\varepsilon}\langle 0 \mid \langle B \mid V \frac{1}{\omega - H_0 + \mathrm{i}\varepsilon} V \mid B\rangle \mid 0\rangle \frac{1}{\omega - E_B^{(0)} + \mathrm{i}\varepsilon} \\
&\quad + \cdots
\end{aligned} \tag{7.3.6}$$

用图形来表示如图 7.4 所示.

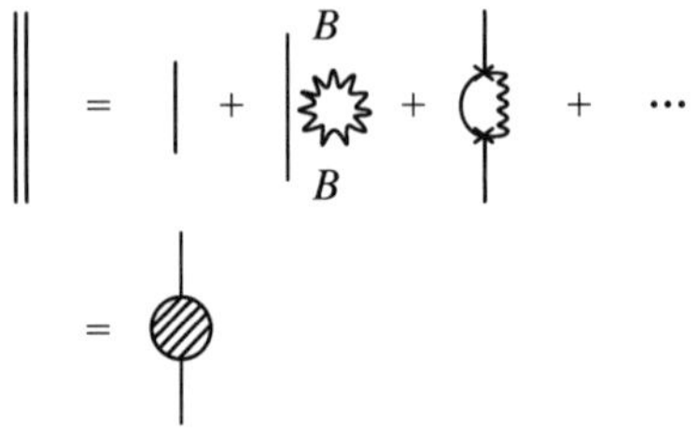

图 7.4

② 式(7.3.6)的第二项对应于图 7.4 中的第二项 . 这是因为$\langle B|\langle 0|V|B\rangle|0\rangle$中的 V 起作用的只能是其中的$\dfrac{e^2\boldsymbol{A}\cdot\boldsymbol{A}}{m}$,而 $\boldsymbol{A}\cdot\boldsymbol{p}$ 的项不起作用,贡献为零,即

$$\langle B \mid \langle 0 \mid V \mid B\rangle \mid 0\rangle = \langle B \mid \langle 0 \mid \frac{e^2}{m}\boldsymbol{A}\cdot\boldsymbol{A} \mid B\rangle \mid 0\rangle$$

$$= \frac{e^2}{m}\sum_{\rho}\langle B \mid \langle 0 \mid a_\rho a_\rho^\dagger \mid B\rangle \mid 0\rangle \frac{1}{2\omega_\rho}$$

$$= \frac{e^2}{m}\sum_{\rho}\frac{1}{2\omega_\rho} = \Lambda \tag{7.3.7}$$

③ 第二步后面只有 $a_\rho a_\rho^\dagger$ 项存在是因为前、后的光场态矢都是$|0\rangle$，所以先产生一个 ρ 光子，再湮灭一个同样的 ρ 光子才有贡献.

④ 式(7.3.6)的第三项对应于图7.4中的第三项  ，虽然这时 V 中的$\boldsymbol{A}\cdot\boldsymbol{p}$ 和 $\boldsymbol{A}\cdot\boldsymbol{A}$ 都能起作用，但如前所述，前者$\sim e^2$，后者$\sim e^4$，因此只需考虑 $\boldsymbol{A}\cdot\boldsymbol{p}$，于是有

$$\begin{aligned}
&\langle 0 \mid \langle B \mid V \frac{1}{\omega - H_0 + \mathrm{i}\varepsilon} V \mid B\rangle \mid 0\rangle \\
&\approx \langle 0 \mid \langle B \mid \left(-\frac{e}{m}\boldsymbol{A}\cdot\boldsymbol{p}\right)\frac{1}{\omega - H_0 + \mathrm{i}\varepsilon}\left(-\frac{e}{m}\boldsymbol{A}\cdot\boldsymbol{p}\right) \mid B\rangle \mid 0\rangle \\
&= \frac{e^2}{m^2}\sum_{\lambda\rho}\int \frac{\mathrm{d}^2 k_\rho}{(2\pi)^3}\langle 0 \mid \langle B \mid (\boldsymbol{A}\cdot\boldsymbol{p})\frac{1}{\omega - H_0 + \mathrm{i}\varepsilon} \mid I\rangle \mid \boldsymbol{k}_\rho\lambda_\rho\rangle \\
&\quad \cdot \langle I \mid \langle \boldsymbol{k}_\rho\lambda_\rho \mid \boldsymbol{A}\cdot\boldsymbol{p} \mid B\rangle \mid 0\rangle \\
&= \frac{e^2}{m^2}\sum_{\lambda\rho}\int \frac{\mathrm{d}^2 k_\rho}{(2\pi)^3}\langle 0 \mid \langle B \mid \boldsymbol{A}\cdot\boldsymbol{p} \mid I\rangle \mid \boldsymbol{k}_\rho\lambda_\rho\rangle \frac{1}{\omega - E_I^{(0)} - \omega_\rho + \mathrm{i}\varepsilon} \\
&\quad \cdot \langle I \mid \langle \boldsymbol{k}_\rho\lambda_\rho \mid \boldsymbol{A}\cdot\boldsymbol{p} \mid B\rangle \mid 0\rangle \\
&\equiv f(\omega)
\end{aligned} \tag{7.3.8}$$

⑤ 按上面的考虑，可以由Feynman图的结构想到，如果将图7.4后面的更高阶图都补上，会如图7.5所示.

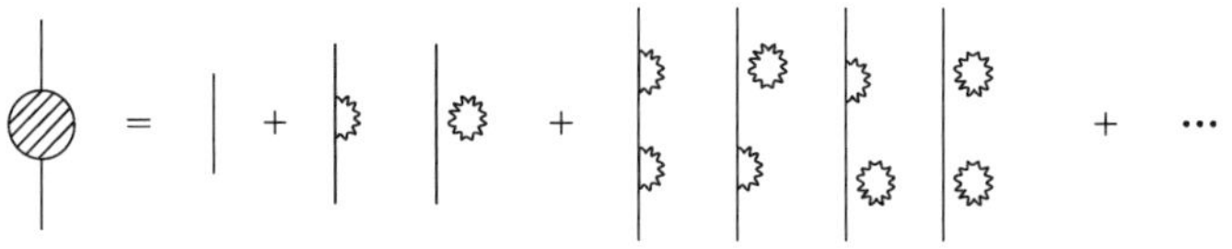

$= \quad + \quad \quad + \quad + \cdots$

图 7.5

对应于图7.5的考虑了高阶效应的传播子将成为

$$
\begin{aligned}
& -\mathrm{i}\langle B \mid \langle 0 \mid \hat{k}(\omega) \mid B\rangle \mid 0\rangle \\
& = \frac{1}{\omega - E_B^{(0)} + \mathrm{i}\varepsilon} + \frac{1}{\omega - E_B^{(0)} + \mathrm{i}\varepsilon}(f(\omega) + \Lambda)\frac{1}{\omega - E_B^{(0)} + \mathrm{i}\varepsilon} \\
& \quad + \frac{1}{\omega - E_B^{(0)} + \mathrm{i}\varepsilon}(f(\omega) + \Lambda)\frac{1}{\omega - E_B^{(0)} + \mathrm{i}\varepsilon}(f(\omega) + \Lambda)\frac{1}{\omega - E_B^{(0)} + \mathrm{i}\varepsilon} + \cdots \\
& = \frac{1}{\omega - E_B^{(0)} - f(\omega) - \Lambda + \mathrm{i}\varepsilon}
\end{aligned}
\tag{7.3.9}
$$

⑥ 综合以上分析和计算,我们可以得出结论:当我们计算原子的 Compton 散射时,在非共振的情形下算到二阶微扰即可,其 Feynman 图如图 7.2 所示,相应的 $F^{(2)}(E_i)$如式(7.3.5)所示.但当靠近共振时,由于发散问题,必须考虑高阶微扰,即把图 7.2 中的裸传播子 $|B$ 换成有高阶效应的物理传播子 ,图 7.2 换成图 7.6.相应的 $F^{(2)}(E_i)$(式(7.3.4))换成

$$
F(\omega) = \frac{\langle A, \boldsymbol{k}_f \boldsymbol{e}_f \mid V \mid B, 0\rangle\langle B, 0 \mid V \mid A, \boldsymbol{k}_i \boldsymbol{e}_i\rangle}{E_A^{(0)} + \omega - E_B^{(0)} - f(\omega) - \Lambda + \mathrm{i}\varepsilon}
\tag{7.3.10}
$$

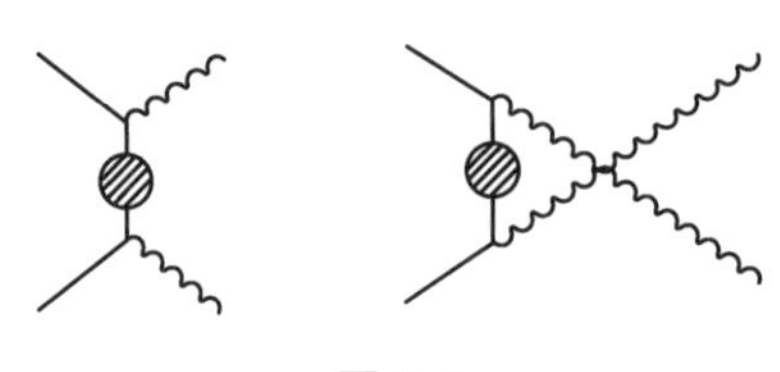

图 7.6

⑦ 最后还要指出一点,就是图 7.5 中所有高阶图的贡献实际上并不完全,因为图 7.5 并未包括如图 7.7 所示的高阶图形.

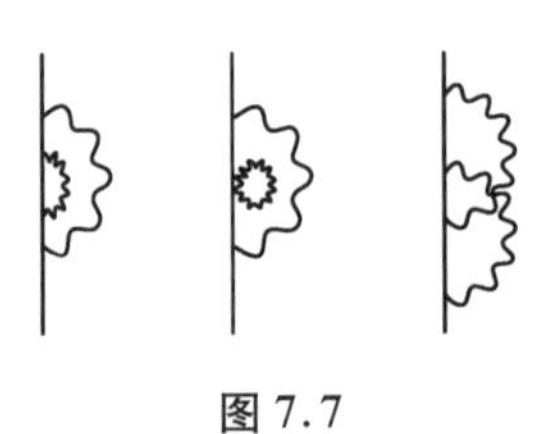

图 7.7

不过图 7.7 中的这些高阶图的贡献比起图 7.5 来讲一般要小,这里就不去考虑了.

3. 谱线形状

有了以上用场论的方法来讨论原子物理的基本运算内容后,就可以来讨论一些原子物理的具体内容了.

例如,原子物理中没有考虑辐射场时得到一个稳定的定态$|B\rangle$. 在本章开始时,曾用量子力学的传统微扰论讨论由于辐射场的存在,定态$|B\rangle$不再是稳定的. 由电子与辐射场的作用可以导出能级$|B\rangle$有能移及一定的寿命,即要衰减. 在那里的计算过程采用了若干近似. 现在我们用场论中的 Feynman 图和 Feynman 规则讨论电子与辐射场的相互作用问题,因此可以再来讨论定态$|B\rangle$在考虑辐射场后的演化问题.

(1)"定态"的衰减.

原子物理中没有考虑辐射场,它的定态记为$|B\rangle$. 现在考虑真实的有辐射场的情况,物理系统应包含电子态和光场态,因此这一状态应为

$$|B\rangle \rightarrow |B\rangle|0\rangle$$

因为一开始考虑时这一状态的光场态是$|0\rangle$.

我们现在重新来考虑包含电子与辐射场的作用后系统的演化,即 $t=0$ 时初始态为$|B\rangle|0\rangle$,到 t 时刻系统演化成什么样的态矢. 已知应有

$$|t\rangle = \mathrm{e}^{-\mathrm{i}Ht}|t=0\rangle = \mathrm{e}^{-\mathrm{i}Ht}|B\rangle|0\rangle$$

7.1 节中计算了 t 时刻仍居于$|B\rangle|0\rangle$的概率幅,即

$$\langle B|\langle 0|t\rangle = \langle B|\langle 0|\mathrm{e}^{-\mathrm{i}Ht}|B\rangle|0\rangle$$

现在我们把场论中的传播子的含义稍作解释.

系统在 $t=0$ 时居于状态$|B\rangle|0\rangle$,经过足够长时间后仍回到原来的状态$|B\rangle|0\rangle$,是通过与不同频率光场的相互作用再回到$|B\rangle|0\rangle$的,可以看作在态矢空间中的各种途径(图 7.8). 它们贡献的和,即概率幅为

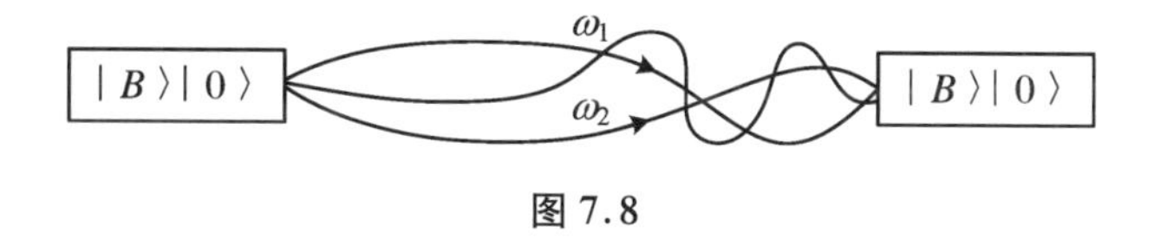

图 7.8

$$
\begin{aligned}
&\langle B \mid \langle 0 \mid \mathrm{e}^{-\mathrm{i}Ht} \mid B\rangle \mid 0\rangle \\
&\quad = \int_{-\infty}^{\infty} \frac{\mathrm{d}\omega}{2\pi}\mathrm{e}^{-\mathrm{i}\omega t}\langle B \mid \langle 0 \mid \hat{k}(\omega) \mid B\rangle \mid 0\rangle \\
&\quad = \int_{-\infty}^{\infty} \frac{\mathrm{d}\omega}{2\pi}\mathrm{e}^{-\mathrm{i}\omega t}\frac{1}{\omega - E_B^{(0)} - \Lambda - f(\omega) + \mathrm{i}\varepsilon}
\end{aligned} \tag{7.3.11}
$$

上式第二行的积分中 $-\mathrm{i}\langle B|\langle 0|\hat{k}(\omega)|B\rangle|0\rangle$ 就是前面计算的光场 ω 的物理传播子，如图 7.9 所示.

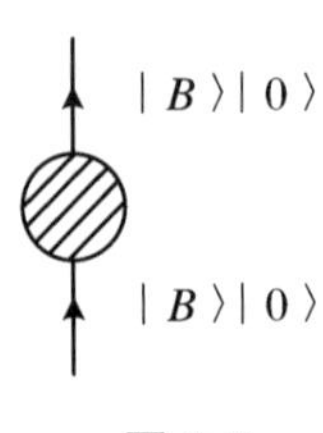

图 7.9

上一小节已经提到这些不同频率 ω 的光场的贡献是不一样的.其中显著贡献来自共振频率 $\omega \approx E_B^{(0)}$，因此式(7.3.11)中的 $f(\omega)$ 可近似取作

$$
\Lambda + f(\omega) \approx \Lambda + f(E_B^{(0)}) = \Delta E_B - \mathrm{i}\frac{\Gamma_B}{2} \tag{7.3.12}
$$

注意第二步有意将 $\Lambda + f(E_B^{(0)})$ 这个复数表示成 ΔE_B（实部）与 $-\mathrm{i}\dfrac{\Gamma_B}{2}$（虚部），这是为了和前面传统微扰论的结果比较，这样做后式(7.3.11)可表示为

$$
\begin{aligned}
&\langle B \mid \langle 0 \mid \mathrm{e}^{-\mathrm{i}Ht} \mid B\rangle \mid 0\rangle \\
&\quad \approx \int_{-\infty}^{\infty} \frac{\mathrm{d}\omega}{2\pi}\mathrm{e}^{-\mathrm{i}Ht}\frac{1}{\omega - E_B^{(0)} - \Lambda - f(E_B^{(0)}) + \mathrm{i}\varepsilon}
\end{aligned} \tag{7.3.13}
$$

这时被积函数的分母是单极点的形式，故积分可用留数定理得出：

$$
\begin{aligned}
\langle B \mid \langle 0 \mid \mathrm{e}^{-\mathrm{i}Ht} \mid B\rangle \mid 0\rangle &= \frac{\mathrm{i}}{2\pi}(-2\pi\mathrm{i}\mathrm{e}^{-\mathrm{i}(E_B^{(0)} + \Delta E_B)t - \Gamma_B t/2}) \\
&= \mathrm{e}^{-\mathrm{i}E_B t}\mathrm{e}^{-\Gamma_B t/2}
\end{aligned} \tag{7.3.14}
$$

由上式得到在 t 时刻系统仍在状态 $|B\rangle|0\rangle$ 的概率 $p_0(t)$ 为

$$
\begin{aligned}
p_0(t) &= |\langle B|\langle 0|\mathrm{e}^{-\mathrm{i}Ht}|B\rangle|0\rangle|^2 \\
&= \mathrm{e}^{-\Gamma_B t} \equiv \mathrm{e}^{-t/\tau_B}
\end{aligned} \tag{7.3.15}
$$

这里同样得到它按指数衰减，即寿命为 τ_B 的结果.不过现在用的场论方法不仅是系统的方法，而且在应用留数定理时，不像 7.2 节的传统方法在应用留数定理时因下限为 E_A 而缺乏严谨性.

(2) 态间跃迁.

现在考虑 $|B\rangle|0\rangle$ 向 $|A\rangle|\rho\rangle$ $(\rho\sim(\boldsymbol{k}_\rho,\lambda_\rho))$ 的跃迁，即激发态 $|B\rangle$ 跃迁到基态 $|A\rangle$ 并放出一个 ρ 光子的过程.

最简单(低阶)的这一过程的 Feynman 图如图 7.10 所示.其中 A, B 都是最低阶的裸传播子.根据前面的讨论，要把高阶的贡献都考虑进来，应当如图 7.11 所示.

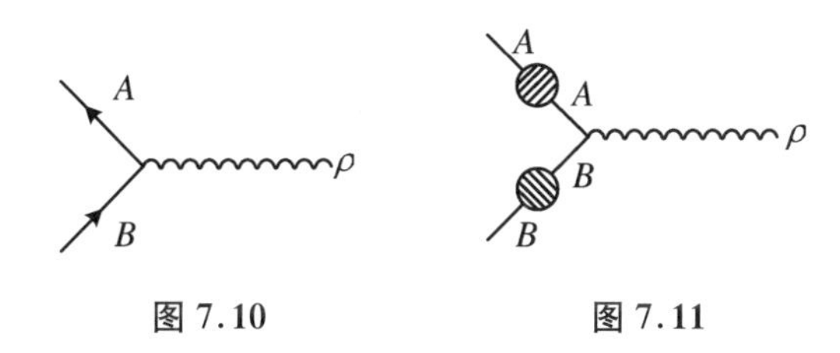

图 7.10　　　图 7.11

按照图 7.11 以及物理传播子的表示式，可以写出从 $|B\rangle|0\rangle$ 到 $|A\rangle|\rho\rangle$ 的跃迁概率幅为

$$
\begin{aligned}
\langle A|\langle\rho|\mathrm{e}^{-\mathrm{i}Ht}|B\rangle|0\rangle = &\int_{-\infty}^{\infty}\mathrm{i}\frac{\mathrm{d}\omega}{2\pi}\mathrm{e}^{-\mathrm{i}\omega t}\frac{1}{\omega - E_A^{(0)} - \omega_\rho - \Lambda - f_A(\omega) + \mathrm{i}\varepsilon} \\
&\cdot \langle A|\langle\rho|V|B\rangle|0\rangle\frac{1}{\omega - E_B^{(0)} - f_B(\omega) - \Lambda + \mathrm{i}\varepsilon}
\end{aligned} \tag{7.3.16}
$$

上式中的 $\langle A|\langle\rho|V|B\rangle|0\rangle$ 对应于 A, B, ρ 交叉点处的相互作用.

对于分母中的 $f_A(\omega)$，和前面讨论一样，取 ω 为共振频率：$\omega\approx E_A^{(0)}+\omega_\rho$.注意，对于基态 $|A\rangle$ 和激发态 $|B\rangle$ 不同的是它没有衰变，因此

$$
\Lambda + f_A(\omega) \approx \Delta E_A \tag{7.3.17}
$$

它没有虚部(衰减)，只有能移(实部)和前面一样.式(7.3.16)中的 $f_A(\omega)$，$f_B(\omega)$ 都换成它们的共振频率后，便可用留数定理将积分积出，最后得

$$\langle A \mid \langle \rho \mid \mathrm{e}^{-\mathrm{i}Ht} \mid B\rangle \mid 0\rangle$$
$$= \frac{\langle A \mid \langle \rho \mid V \mid B\rangle \mid 0\rangle}{\omega_\rho - (E_B^{(0)} + \Delta E_B - E_A^{(0)} - \Delta E_A) + \mathrm{i}\,\dfrac{\Gamma_B}{2}}(\mathrm{e}^{-\mathrm{i}(E_A^{(0)}+\Delta E_A+\omega_\rho)t} - \mathrm{e}^{-\mathrm{i}(E_B^{(0)}+\Delta E_B)t-\Gamma_B t/2}) \tag{7.3.18}$$

7.4 能移

尽管前面用传统微扰方法和场论的 Feynman 图法讨论了激发态的能移和衰减，但只是形式上的计算，而非定量计算，只能说证实了这两个物理效应的存在. 现在我们在本节对能移进行计算，除了说明场论方法如何作具体的计算外，更重要的是要涉及场论中的一个关键的发散问题. 为了在场论中消除发散，人们曾做了许多努力去发展重整化理论. 在这里正好要利用这一问题来说明，如果采用标准量子化的方案，则发散从一开始就不会发生，不需要重整化. 为此在本节里先按照原来的量子化方案作计算，讨论发散和重整，然后再采用标准量子化方案重新讨论并加以比较.

1. 谱线宽度的计算

前面已给出激发态能移的公式：

$$\Delta E = \Lambda + P\sum_{I,\rho} \frac{|\langle I,\rho \mid V \mid B,0\rangle|^2}{E_B^{(0)} - E_I^{(0)} - \omega_\rho} \tag{7.4.1}$$

① 上式中 P 表示取主值，Feynman 图计算到二阶.

② 中间态 $|I,\rho\rangle$ 含一个 ρ 光子，$\rho \sim (\boldsymbol{k}, \boldsymbol{e}_{k\lambda})$.

③ 因此 V 中只需考虑 $-\dfrac{e}{m}\boldsymbol{A}\cdot\boldsymbol{p}$，而略去 $\boldsymbol{A}\cdot\boldsymbol{A}$ 项的贡献.

于是有

$$\begin{aligned}
&\langle I,\rho \mid V \mid B,0\rangle \\
&= \langle I,\rho \mid \left(-\frac{e}{m}\boldsymbol{A}\cdot\boldsymbol{p}\right)\mid B,0\rangle \\
&= -\frac{e}{m}\langle I,\boldsymbol{k},\boldsymbol{e}_{k\lambda} \mid \sum_{k'\lambda'}\frac{1}{\sqrt{2k'}}(a_{k'\lambda'}\boldsymbol{e}_{k'\lambda'}\mathrm{e}^{\mathrm{i}\boldsymbol{k}'\cdot\boldsymbol{r}} + a^{\dagger}_{k'\lambda'}\boldsymbol{e}_{k'\lambda'}\mathrm{e}^{-\mathrm{i}\boldsymbol{k}'\cdot\boldsymbol{r}})\cdot\boldsymbol{p} \mid B,0\rangle \\
&= -\frac{e}{m}\langle \boldsymbol{k},\boldsymbol{e}_{k\lambda} \mid \sum_{k'\lambda'}\frac{1}{\sqrt{2k'}}a^{\dagger}_{k'\lambda'}\boldsymbol{e}_{k'\lambda'}\mathrm{e}^{-\mathrm{i}\boldsymbol{k}'\cdot\boldsymbol{r}} \mid 0\rangle\langle I \mid \boldsymbol{p} \mid B\rangle \\
&= -\frac{e}{m}\frac{1}{\sqrt{2k}}\mathrm{e}^{-\mathrm{i}\boldsymbol{k}\cdot\boldsymbol{r}}\cdot\boldsymbol{p}_{IB} \\
&\approx -\frac{e}{m}\frac{1}{\sqrt{2k}}\boldsymbol{e}_{k\lambda}\boldsymbol{p}_{IB} \qquad (7.4.2)
\end{aligned}$$

① 上式的第三步后应用了$\langle \boldsymbol{k} | a^{\dagger}_{k'\lambda'} = \delta_{\boldsymbol{kk}'}$.

② $\boldsymbol{p}_{IB}$表示$\langle \boldsymbol{I} | \boldsymbol{p} | B\rangle$.

③ 最后一个等式用到近似 $\mathrm{e}^{-\mathrm{i}\boldsymbol{k}\cdot\boldsymbol{r}}\approx 1$.

将式(7.4.2)代入式(7.4.1),并应用极化矢量的如下性质:

$$\sum_{\lambda}(\boldsymbol{e}^{*}_{k\lambda})_i(\boldsymbol{e}_{k\lambda})_j = \delta_{ij} - \hat{k}_i\hat{k}_j$$

因而有

$$\sum_{\lambda} | \boldsymbol{e}_{k\lambda}\cdot\boldsymbol{p}_{IB} |^2 = \boldsymbol{p}_{BI}\cdot\boldsymbol{p}_{IB} - (\boldsymbol{p}_{BI}\cdot\hat{\boldsymbol{k}})(\boldsymbol{p}_{IB}\cdot\hat{\boldsymbol{k}})$$

式(7.4.1)成为

$$\begin{aligned}
\Delta E_B &= \sum_I\int\frac{k^2\mathrm{d}k}{(2\pi)^3}\mathrm{d}\Omega_k\cdot\frac{1}{2k}\sum_{\lambda}\left(\frac{e}{m}\right)^2\frac{| \boldsymbol{e}_{k\lambda}\cdot\boldsymbol{p}_{IB} |^2}{E_B^{(0)} - E_I^{(0)} - k} \\
&= \sum_I\int\frac{k\mathrm{d}k}{(2\pi)^3}\mathrm{d}\Omega_k\frac{e^2}{2m^2}\frac{\boldsymbol{p}_{BI}\cdot\boldsymbol{p}_{IB} - (\boldsymbol{p}_{BI}\cdot\hat{\boldsymbol{k}})(\boldsymbol{p}_{IB}\cdot\hat{\boldsymbol{k}})}{E_B^{(0)} - E_I^{(0)} - k} \\
&= \sum_I\int\frac{k\mathrm{d}k}{(2\pi)^3}\frac{e^2}{2m^2}4\pi\frac{2}{3}\frac{| \boldsymbol{p}_{BI} |^2}{E_B^{(0)} - E_I^{(0)} - k} \\
&= -\frac{2}{3\pi}\frac{\alpha}{m^2}\int_0^{\infty}k\mathrm{d}k\sum_I\frac{| \boldsymbol{p}_{BI} |^2}{k - E_B^{(0)} + E_I^{(0)}} \qquad (7.4.3)
\end{aligned}$$

① 式(7.4.1)中的 Λ 是一常量,故由选择能量零点而将其去掉,在式(7.4.3)中不再出现.

② 式(7.4.3)作角度积分之前,可将 $\boldsymbol{p}_{BI}$的方向选为 z 轴的方向.于是有

$$\boldsymbol{p}_{BI} = (0,0,p_{BI})$$
$$\boldsymbol{p}_{IB} = (0,0,p_{IB})$$

同时有

$$\hat{\boldsymbol{k}} = (\sin\theta\cos\varphi,\sin\theta\sin\varphi,\cos\theta)$$
$$\boldsymbol{e}_{k1} = (\sin\varphi, -\cos\varphi,0)$$
$$\boldsymbol{e}_{k2} = (\cos\theta\cos\varphi,\cos\theta\sin\varphi, -\sin\theta)$$

故有

$$\boldsymbol{p}_{BI}\cdot\boldsymbol{p}_{IB} - (\boldsymbol{p}_{BI}\cdot\hat{\boldsymbol{k}})(\boldsymbol{p}_{IB}\cdot\hat{\boldsymbol{k}}) = |\boldsymbol{p}_{BI}|^2(1-\cos^2\theta)$$

式(7.4.3)中的角度积分为

$$\begin{aligned}\int \mathrm{d}\Omega_k\,|\boldsymbol{p}_{BI}|^2(1-\cos^2\theta) &= \int |\boldsymbol{p}_{BI}|^2\sin\theta(1-\cos^2\theta)\mathrm{d}\theta\mathrm{d}\varphi\\ &= |\boldsymbol{p}_{BI}|^2\frac{2}{3}4\pi\end{aligned}$$

③ 最后一步记 $\alpha = \dfrac{e^2}{4\pi}$.

2. 发散问题

式(7.4.3)的积分是无法计算的,原因是其被积函数中的分子和分母都含 k,所以积分是线性发散的.场论中这种发散是普遍存在的,因此发展了系统的重整化理论.这里不去系统地讨论,只针对现在的原子物理中的能移,阐明如何用重整化的思想解决这一发散问题.首先来看,如果不是一个激发态,而是一个自由的电子,即不是 $|B,0\rangle$态,而是自由电子和无光场的态 $|\boldsymbol{p},0\rangle$,这时自由电子取动量 $\boldsymbol{p}$ 的平面波态.相应的 ΔE_p 是什么?

(1) 自由电子的平面波态是否亦有能移?为此只需将式(7.4.3)中的 B 换为 $\boldsymbol{p}$,这时 p_{BI}应换为

$$\boldsymbol{p}_{pI} = \langle \boldsymbol{p} \mid \hat{\boldsymbol{p}} \mid I\rangle = \boldsymbol{p}\langle \boldsymbol{p} \mid I\rangle = \boldsymbol{p}\delta_{pI} \tag{7.4.4}$$

上式中的 δ_{pI} 表示除了中间态 $|I\rangle$ 取 $|\boldsymbol{p}\rangle$ 时为 1，其余为 0. 故式(7.4.3)成为

$$\begin{aligned}\Delta E_p &= -\frac{2}{3\pi}\frac{\alpha}{m^2}\int_0^\infty k\mathrm{d}k\sum_I \frac{|\boldsymbol{p}_{pI}|^2}{k - E_p^{(0)} + E_I^{(0)}} \\ &= -\frac{2}{3\pi}\frac{\alpha}{m^2}\int_0^\infty k\mathrm{d}k\sum_I \frac{p^2\delta_{pI}}{k - E_p^{(0)} + E_I^{(0)}} \\ &= -\frac{2}{3\pi}\frac{\alpha}{m^2}\int_0^\infty k\mathrm{d}k\,\frac{p^2}{k} \\ &= -\frac{2}{3\pi}\frac{\alpha}{m^2}p^2\int_0^\infty \mathrm{d}k \end{aligned} \tag{7.4.5}$$

(2) 现在来分析得到的式(7.4.5)的自由电子的能移的物理意义，这需要仔细一点的分析. 首先要清楚的是这种发散对相对论性电子和非相对论性电子是不一样的. 相对论性电子与光场作用所涉及的频率可以很高，而原子物理中电子与光场的作用的 k 只在 $0\sim m$ 的范围，所以式(7.4.5)的积分上限只取到 m. 于是有

$$\begin{aligned}\Delta E_p &= -\frac{2}{3\pi}\frac{\alpha}{m^2}p^2\int_0^m \mathrm{d}k = -\frac{2}{3\pi}\frac{\alpha}{m}p^2 \\ &= -\frac{4\alpha}{3\pi}\frac{p^2}{2m} = -\frac{4\alpha}{3\pi}E_p \end{aligned} \tag{7.4.6}$$

这表示相对能移

$$\frac{\Delta E_p}{E_p} \approx -\frac{4}{3\pi}\alpha \tag{7.4.7}$$

式(7.4.7)告诉我们相对能移与 p 无关，是一个恒定值，是电子的一个内禀性质. 这可解释成因为与辐射场作用，电子的质量有一个增量 δm，使其能量由 $\frac{p^2}{2m}$ 变为 $\frac{p^2}{2(m+\delta m)}$. 于是有

$$\Delta E_p = \frac{p^2}{2(m+\delta m)} - \frac{p^2}{2m} \approx -\frac{p^2}{2m^2}\delta m \tag{7.4.8}$$

因 $\delta m \ll m$，故上式作了近似，并得

$$\delta m = \frac{4\alpha}{3\pi}\int_0^m \mathrm{d}k \tag{7.4.9}$$

(3) 上面的结果在重整化理论中称作质量重整化. 观察到的质量不是原始的裸

质量,而应当是 m_{exp}:

$$m_{\text{exp}} = m + \delta m \tag{7.4.10}$$

哈密顿量用 m_{exp}来表示时为

$$\begin{aligned} H &= \frac{p^2}{2m} + e\Phi(\boldsymbol{r}) + H_{\text{rad}} + V \\ &= \frac{\boldsymbol{p}^2}{2m_{\text{exp}}} + e\Phi(\boldsymbol{r}) + H_{\text{rad}} + V + \left(\frac{\boldsymbol{p}^2}{2m} - \frac{\boldsymbol{p}^2}{2(m+\delta m)}\right) \\ &\equiv H' + V' \end{aligned} \tag{7.4.11}$$

其中

$$V' = V + \frac{\boldsymbol{p}^2}{2m^2}\delta m \equiv V + V'' \tag{7.4.12}$$

从上面的讨论知道,由于我们把观察到的质量 m_{exp}当作原始的裸质量,因此存在的相互作用除了原来的 V,还应考虑新的 $V''=\dfrac{\boldsymbol{p}^2}{2m^2}\delta m$. 它引起的附加的 $\Delta E'$为

$$\begin{aligned} \Delta E' &= \frac{1}{2m^2}\delta m\langle B \mid \boldsymbol{p}^2 \mid B\rangle \\ &= \frac{4\alpha}{3\pi}\int_0^\infty \mathrm{d}k\,\frac{1}{2m^2}\langle B \mid \boldsymbol{p}^2 \mid B\rangle \\ &= \frac{4\alpha}{3\pi}\int_0^\infty \mathrm{d}k\,\frac{1}{2m^2}\sum_I \langle B \mid \boldsymbol{p} \mid I\rangle\langle I \mid \boldsymbol{p} \mid B\rangle \\ &= \frac{2\alpha}{3\pi m^2}\int_0^\infty \mathrm{d}k \sum_I (k + E_I^{(0)} - E_B^{(0)})\,\frac{\langle B \mid \boldsymbol{p} \mid I\rangle\langle I \mid \boldsymbol{p} \mid B\rangle}{k + E_I^{(0)} - E_B^{(0)}} \end{aligned} \tag{7.4.13}$$

再把 $\Delta E'$与原来已有的

$$\Delta E = -\frac{2\alpha}{3\pi m^2}\int_0^\infty k\,\mathrm{d}k \sum_I \frac{\langle B \mid \boldsymbol{p} \mid I\rangle\langle I \mid \boldsymbol{p} \mid B\rangle}{k + E_I^{(0)} - E_B^{(0)}} \tag{7.4.14}$$

合并,得到 ΔE_{tot}:

$$\begin{aligned} \Delta E_{\text{tot}} &= \Delta E + \Delta E' \\ &= \frac{2\alpha}{3\pi m^2}\int_0^\infty \mathrm{d}k \sum_I \frac{E_I^{(0)} - E_B^{(0)}}{k + E_I^{(0)} - E_B^{(0)}}\langle B \mid \boldsymbol{p} \mid I\rangle\langle I \mid \boldsymbol{p} \mid B\rangle \end{aligned} \tag{7.4.15}$$

(4) 其实发散来自高 k 的部分,所以一开始就应用相对论理论来处理. 普遍的情

形是同一问题用相对论处理的结果会比非相对论处理的结果低一级．若非相对论处理得到的是线性发散，则相应的相对论处理会是对数发散；而非相对论处理得到对数发散时，相应的相对论处理便不发散了．式(7.4.15)已是对数发散，因此从原则上讲，只要正确地改用相对论理论来重新讨论，一定就不再发散了．不过这里不再做这样繁杂的工作，只从一些适当的考虑作进一步的分析．

从物理的角度考虑，不再仔细地推导．考虑到相对论处理不再发散，等效于积分上限取一个有限值，为此，我们先考虑一下主值积分的处理，因为式(7.4.15)是一个主值积分．

对于如下的主值积分：

当 $a>0$ 时

$$
\begin{aligned}
P\int_0^{k_0}\frac{\mathrm{d}k}{k-a} &= \int_0^{a-\varepsilon}\frac{\mathrm{d}k}{k-a}+\int_{a+\varepsilon}^{k_0}\frac{\mathrm{d}k}{k-a}\\
&= [\ln(k-a)]\big|_0^{a-\varepsilon}+[\ln(k-a)]\big|_{a+\varepsilon}^{k}\\
&= \ln(-\varepsilon)-\ln(-a)+\ln(k-a)-\ln\varepsilon\\
&= \ln\frac{\varepsilon}{a}+\ln\frac{k-a}{\varepsilon}=\ln\frac{k-a}{a}
\end{aligned}
\tag{7.4.16}
$$

当 $a<0$ 时

$$
P\int_0^{k_0}\frac{\mathrm{d}k}{k-a}=\int_0^{k_0}\frac{\mathrm{d}k}{k+|a|}=[\ln(k+|a|)]\big|_0^{k_0}=\ln\frac{k_0+|a|}{|a|}
\tag{7.4.17}
$$

若 $k\gg a$，则式(7.4.16)和式(7.4.17)合并为

$$
P\int_0^{k_0}\frac{\mathrm{d}k}{k-a}\approx\ln\frac{k_0}{|a|}
\tag{7.4.18}
$$

因为式(7.4.14)符合 $k\gg|E_I^{(0)}-E_B^{(0)}|$ 的条件，所以应用式(7.4.18)的近似得到

$$
\Delta E=\frac{2\alpha}{3\pi m^2}\sum_I|\langle I|\boldsymbol{p}|B\rangle|^2(E_I^{(0)}-E_B^{(0)})\ln\frac{k_0}{|E_I^{(0)}-E_B^{(0)}|}
\tag{7.4.19}
$$

上式中 k_0 是应取的有限的上限，不过可以看到 $\ln\dfrac{k_0}{|E_I^{(0)}-E_B^{(0)}|}$ 这一函数随 k_0 取值变化缓慢，所以只要 k_0 取在一个合理的区域内就可以了．

现在来计算式(7.4.19)中的

$$
\sum_I(E_I^{(0)}-E_B^{(0)})\langle B|\boldsymbol{p}|I\rangle\langle I|\boldsymbol{p}|B\rangle
$$

$$= \sum_I \langle B \mid \boldsymbol{p} \mid I\rangle\langle I \mid (E_I^{(0)} - E_B^{(0)})\boldsymbol{p} \mid B\rangle$$

$$= \sum_I \langle B \mid \boldsymbol{p} \mid I\rangle\langle I \mid [H_{原子}, \boldsymbol{p}] \mid B\rangle$$

$$= \langle B \mid \boldsymbol{p}[H_{原子}, \boldsymbol{p}] \mid B\rangle \tag{7.4.20}$$

继续算下去,必须选定原子才能确定 $H_{原子}$.因此以最简单的氢原子为例:

$$H_{原子} = \frac{\boldsymbol{p}^2}{2m} - \frac{\alpha}{r} \tag{7.4.21}$$

于是有

$$[H_{原子}, \boldsymbol{p}] = \left[\frac{1}{2m}\boldsymbol{p}^2 - \frac{\alpha}{r}, \boldsymbol{p}\right] = \left[-\frac{\alpha}{r}, \boldsymbol{p}\right]$$

$$= \left[-\frac{\alpha}{r}, -\mathrm{i}\,\nabla\right] = -\mathrm{i}\,\nabla\frac{\alpha}{r} \tag{7.4.22}$$

将式(7.4.22)代入式(7.4.20),得

$$\langle B \mid \boldsymbol{p}[H_{原子}, \boldsymbol{p}] \mid B\rangle = \langle B \mid \left(-\mathrm{i}\,\overleftarrow{\nabla}\left(-\mathrm{i}\,\nabla\frac{\alpha}{r}\right)\right) \mid B\rangle$$

$$= \int \mathrm{d}^3 r (\nabla\psi_B^*(\boldsymbol{r})) \cdot \left(\psi_B(\boldsymbol{r})\,\nabla\frac{\alpha}{r}\right)$$

$$= -\int \mathrm{d}^3 r \psi_B^*(\boldsymbol{r})\,\nabla \cdot \left(\psi_B(\boldsymbol{r})\,\nabla\frac{\alpha}{r}\right) \tag{7.4.23}$$

由于上式左端中 $\boldsymbol{p}, H_{原子}$ 都是物理量,是厄米算符,在 $|B\rangle$ 中求期待值时一定是实数,而任何实数都有 $A = \frac{1}{2}A + \frac{1}{2}A^*$ 的关系.利用这一关系进一步得

$$\langle B \mid \boldsymbol{p}[H_{原子}, \boldsymbol{p}] \mid B\rangle$$

$$= -\frac{1}{2}\int \mathrm{d}^3 r \psi_B^*(\boldsymbol{r})\,\nabla \cdot \left(\psi_B(\boldsymbol{r})\,\nabla\frac{\alpha}{r}\right) - \frac{1}{2}\int \mathrm{d}^3 r \psi_B(\boldsymbol{r})\left(\psi_B^*(\boldsymbol{r})\,\nabla\frac{\alpha}{r}\right)$$

$$= -\frac{1}{2}\int \mathrm{d}^3 r \psi_B^*(\boldsymbol{r})\,\nabla \cdot \left(\psi_B(\boldsymbol{r})\,\nabla\frac{\alpha}{r}\right) - \frac{1}{2}\int \mathrm{d}^3 r\,\nabla \cdot \left(|\psi_B(\boldsymbol{r})|^2\,\nabla\frac{\alpha}{r}\right)$$

$$+ \frac{1}{2}\int \mathrm{d}^3 r \psi_B^*(\boldsymbol{r})\left(\nabla\psi_B(\boldsymbol{r}) \cdot \nabla\frac{\alpha}{r}\right)$$

$$= -\frac{1}{2}\int \mathrm{d}^3 r \psi_B^*(\boldsymbol{r})\left[\nabla \cdot \left(\psi_B(\boldsymbol{r})\,\nabla\frac{\alpha}{r}\right) - \left(\nabla\psi_B(\boldsymbol{r}) \cdot \nabla\frac{\alpha}{r}\right)\right]$$

$$= -\frac{\alpha}{2}\int \mathrm{d}^3 r\,|\psi_B(\boldsymbol{r})|^2\,\nabla^2\left(\frac{1}{r}\right)$$

$$= -\frac{\alpha}{2}\int d^3 r \mid \psi_B(\boldsymbol{r}) \mid^2 (-4\pi\delta^3(\boldsymbol{r}))$$

$$= 2\pi\alpha \mid \psi_B(0) \mid^2 \tag{7.4.24}$$

① 第二步的第二项是一个量的三维散度在全空间的积分,故为0.

② 倒数第二步用到$\nabla^2\left(\frac{1}{r}\right) = -4\pi\delta^3(\boldsymbol{r})$.

③ 式(7.4.24)告诉我们,态必须是氢原子的 S 态才会有能移,因为只有 S 态才会在 $\boldsymbol{r}=\boldsymbol{0}$ 处函数不为零.

7.5 考虑了标准量子化后重新讨论能移

(1) 本节要讨论原子物理中的能移在加上标准量子化后的情况.我们会看到,通过这样的分析计算会得到两个重要的结论:一是它是一个不再产生发散的问题,二是对于标准量子化中电磁场量子化的谱密度可以得到有用的估计.在计算和讨论之前,再对前面的量子化方案的讨论继续作一些分析.为此这里对前面提出的标准量子化再系统地作一次陈述.

① 一个物理系统可以包含多个自由度,自由度指的是物理系统中相互独立的子空间,可以是粒子的外部自由度(三个不同的位置分量),也可以是粒子的内部自由度(自旋分量),还可以是场的不同波矢 $\boldsymbol{k}$ 的子空间.

② 物理系统的不同自由度是相互独立的,独立的意义是不同的自由度的算符相互对易.

③ 量子化指的是每一自由度都有它的湮灭、产生算符($a_i, a_i^\dagger$),这里用下标 i 标示不同的自由度.这些湮灭和产生算符的对易关系如下:

$$[a_i, a_j] = [a_i^\dagger, a_j^\dagger] = 0, \quad [a_i, a_j^\dagger] = \delta_{ij} \tag{7.5.1}$$

式(7.5.1)的意义有两方面:一方面,不同自由度的湮灭、产生算符相互对易、独立;另一方面,同一自由度的湮灭、产生算符不对易,体现出微观物理系统的量子特性.

④ 同一自由度的 $a_i, a_i^\dagger$ 都不是厄米算符,它们本身不代表物理量,但可由它们组合成两个厄米算符(最简单、最基本的物理量):

$$\hat{L}_1 = \frac{\alpha_1}{\sqrt{2}}(a + a^\dagger), \quad \hat{L}_2 = \frac{\alpha_2}{\sqrt{2}\mathrm{i}}(a^\dagger - a) \tag{7.5.2}$$

⑤ 从 a,$a^\dagger$ 到 $\hat{L}_1$,$\hat{L}_2$ 的变换过程里,参量 α_1,α_2 的意义是:a,$a^\dagger$ 是无量纲的量,而 $\hat{L}_1$,$\hat{L}_2$ 是物理量的算符,必然具有量纲.因此在式(7.5.2)的变换中必须包含有量纲的 α_1,α_2,使 $\hat{L}_1$,$\hat{L}_2$ 具有它们应有的量纲.

⑥ 如果已对某一物理系统选定了 $\hat{L}_1$ 对应的物理量,$\hat{L}_2$ 是什么物理量并不一定,只要 $\hat{L}_2$ 和 $\hat{L}_1$ 是相互独立的即可.在 Heisenberg 绘景中,总可以选择 $\hat{L}_2$ 为 $\hat{L}_1$ 的时间变化率算符,即

$$\hat{L}_2 = \frac{\mathrm{d}}{\mathrm{d}t}\hat{L}_1 \tag{7.5.3}$$

由微观系统的量子规律知道,微观系统不具有轨道的概念:

$$[\hat{L}_1, \hat{L}_2] = \left[\hat{L}_1, \frac{\mathrm{d}}{\mathrm{d}t}\hat{L}_1\right] \neq 0 \tag{7.5.4}$$

因为若

$$[\hat{L}_1, \hat{L}_2] = \left[\hat{L}_1, \frac{\mathrm{d}}{\mathrm{d}t}\hat{L}_1\right] = 0 \tag{7.5.5}$$

则 $\hat{L}_1$ 这个物理量和它的时间变化量允许同时测准,便有轨道了.还可从另一途径来看.在 Heisenberg 绘景中一个算符 $\hat{L}_1$ 的导数算符是

$$\frac{\mathrm{d}}{\mathrm{d}t}\hat{L}_1 = \mathrm{i}[\hat{L}_1, H] = \hat{L}_2 \tag{7.5.6}$$

如果式(7.5.4)不成立,而是

$$[\hat{L}_1, [\hat{L}_1, H]] = 0 \tag{7.5.7}$$

这就要求 H 只是算符 $\hat{L}_1$ 的函数算符,这显然是一个毫无物理意义的系统,自然不是真实的物理系统.所以这样的标准量子化方案是切实可行的.

⑦ 现在来看正则量子化,其方案有两点要求:一是对每一自由度,总能找到一个物理算符和它的对偶算符,组成一对正则坐标和正则动量(在经典物理的理论框架

下)Q,P.二是这两个量对应的量子化后的算符满足($\hbar=1$)

$$[\hat{Q},\hat{P}]=\mathrm{i} \tag{7.5.8}$$

这里存在两个可质疑之处:一是微观系统的每一自由度是否都能找到一对经典分析力学意义的正则坐标和正则动量,因为在微观世界里有一些自由度是宏观物理中不存在的,或者该自由度就不是力学意义下的量.二是为什么它们的对易一定是常量 $\mathrm{i}(\hbar=1)$.这是否会给系统的 H 附加上条件?[①]

⑧ 第5章仔细地讨论了电磁场的量子化,仔细地分析了正则量子化作为出发点的问题.至今一直沿用的不定度规量子化实际是偏离正则量子化的.从物理的实质去考虑,这样的不自洽并不意外.因为电磁场的物理规律在经典物理框架下就和力学的规律是两回事.因此将本身连正则量子化都谈不上的电磁场的不定度规量子化作为出发点定下来以后,出现发散困难便不奇怪.反观标准量子化,不用去寻找什么正则坐标和正则动量.对于电磁场系统可作如下量子化.

电磁场的每一自由度用它的波矢 $\boldsymbol{k}$ 来标示,每一 $\boldsymbol{k}$ 模式有两个独立的 $\boldsymbol{A}(\boldsymbol{k},1)$ 和 $\boldsymbol{A}(\boldsymbol{k},2)$,相应的 $\hat{A}(\boldsymbol{k},\lambda)$ 算符为(Heisenberg 绘景)

$$\hat{A}(\boldsymbol{k},\lambda;t)=j(\omega_k)\sqrt{\frac{1}{2\varepsilon_0\omega_k}}\left(a(\boldsymbol{k}\lambda)\mathrm{e}^{\mathrm{i}(\boldsymbol{k}\cdot\boldsymbol{r}-\omega t)}+a^{\dagger}(\boldsymbol{k}\lambda)\mathrm{e}^{-\mathrm{i}(\boldsymbol{k}\cdot\boldsymbol{r}-\omega t)}\right)\boldsymbol{e}_{k\lambda} \tag{7.5.9}$$

$$\dot{\hat{A}}(\boldsymbol{k},\lambda;t)=j(\omega_k)\sqrt{\frac{1}{2\varepsilon_0\omega_k}}(\mathrm{i}\omega_k)\left(a^{\dagger}(\boldsymbol{k}\lambda)\mathrm{e}^{-\mathrm{i}(\boldsymbol{k}\cdot\boldsymbol{r}-\omega t)}-a(\boldsymbol{k}\lambda)\mathrm{e}^{\mathrm{i}(\boldsymbol{k}\cdot\boldsymbol{r}-\omega t)}\right)\boldsymbol{e}_{k\lambda} \tag{7.5.10}$$

导致

$$[\hat{A}(\boldsymbol{k},\lambda;t),\dot{\hat{A}}(\boldsymbol{k},\lambda;t)]=\mathrm{i}j^2(\omega_k)\frac{1}{\varepsilon_0} \tag{7.5.11}$$

由以上的讨论看出,标准量子化是从物理量出发直接进行它和它的时间导数的量子化,不存在任何附加条件的要求.而且正是由于抛弃了不同模式的对易关系始终保持一致、和模式无关这样的很不自然的假定,在物理实际中本不应该出现的发散因为 $j(\omega_k)$ 的自然存在而不再产生.

(2) 现在用标准量子化的方案重新计算能移问题.由前面已得到的式(7.4.1)出

① 具体来讲,在 Heisenberg 绘景中$[\hat{Q},\hat{P}]=\mathrm{i}$,则有$[\dot{\hat{Q}},\dot{\hat{P}}]=\mathrm{i}\rightarrow[[\hat{Q},H],[\hat{P},H]]=\mathrm{i}$.

发,其中的 Λ 如前所述,可由能量零点的选择而去掉:

$$\Delta E = P\sum_{I,\rho}\frac{|\langle I,\rho|V|B,0\rangle|^2}{E_B^{(0)}-E_I^{(0)}-\omega_\rho} \tag{7.5.12}$$

根据式(7.5.9)和式(7.5.10),把式(7.4.2)重表示为(为简便计,以下令 $\varepsilon_0=1$)

$$\begin{aligned}
&\langle I,\rho|V|B,0\rangle\\
&=\langle I,\rho|\left(-\frac{e}{m}\boldsymbol{A}\cdot\boldsymbol{p}\right)|B,0\rangle\\
&=-\frac{e}{m}\langle I,\boldsymbol{k},\boldsymbol{e}_{k\lambda}|\sum_{k'\lambda'}\frac{1}{\sqrt{2k'}}j(\omega_{k'})(a_{k'\lambda'}\boldsymbol{e}_{k'\lambda'}\mathrm{e}^{\mathrm{i}\boldsymbol{k}'\cdot\boldsymbol{r}}+a_{k'\lambda'}^{\dagger}\boldsymbol{e}_{k'\lambda'}\mathrm{e}^{-\mathrm{i}\boldsymbol{k}'\cdot\boldsymbol{r}})\boldsymbol{p}|B,0\rangle\\
&=-\frac{e}{m}\langle\boldsymbol{k},\boldsymbol{e}_{k\lambda}|\sum_{k'\lambda'}\frac{1}{\sqrt{2k'}}j(\omega_{k'})a_{k'\lambda'}^{\dagger}\boldsymbol{e}_{k'\lambda'}\mathrm{e}^{-\mathrm{i}\boldsymbol{k}'\cdot\boldsymbol{r}}|0\rangle\langle I|\boldsymbol{p}|B\rangle\\
&=-\frac{e}{m}\frac{1}{\sqrt{2k}}j(\omega_k)\mathrm{e}^{-\mathrm{i}\boldsymbol{k}\cdot\boldsymbol{r}}\boldsymbol{p}_{IB}\cdot\boldsymbol{e}_{k\lambda}\\
&\approx-\frac{e}{m}\frac{1}{\sqrt{2k}}j(\omega_k)\boldsymbol{e}_{k\lambda}\cdot\boldsymbol{p}_{IB}
\end{aligned} \tag{7.5.13}$$

注意,在式(7.5.9)和式(7.5.10)中还含有因子 $\mathrm{e}^{\pm\mathrm{i}\omega t}$,但它们是在 Heisenberg 绘景中写出的.现在是在 Schrödinger 绘景中作计算,故这时不再含有因子 $\mathrm{e}^{\pm\mathrm{i}\omega t}$.继续按照前面的推导,将式(7.4.3)改写为

$$\begin{aligned}
\Delta E_B&=\sum_I\int\frac{k^2\mathrm{d}k}{(2\pi)^3}\mathrm{d}\Omega_k\frac{1}{2k}j^2(\omega_k)\sum_\lambda\left(\frac{e}{m}\right)^2\frac{|\boldsymbol{e}_{k\lambda}\cdot\boldsymbol{p}_{IB}|^2}{E_B^{(0)}-E_I^{(0)}-k}\\
&=\sum_I\int\frac{k\mathrm{d}k}{(2\pi)^3}\mathrm{d}\Omega_k\frac{e^2}{2m^2}\frac{\boldsymbol{p}_{BI}\cdot\boldsymbol{p}_{IB}-(\boldsymbol{p}_{BI}\cdot\boldsymbol{k})(\boldsymbol{p}_{IB}\cdot\boldsymbol{k})}{E_B^{(0)}-E_I^{(0)}-k}j^2(\omega_k)\\
&=\sum_I\int\frac{k\mathrm{d}k}{(2\pi)^3}\frac{e^2}{2m^2}4\pi\frac{2}{3}j^2(\omega_k)\frac{|\boldsymbol{p}_{BI}|^2}{E_B^{(0)}-E_I^{(0)}-k}\\
&=-\frac{2}{3\pi}\frac{\alpha}{m^2}\int_0^\infty k\mathrm{d}kj^2(\omega_k)\sum_I\frac{|\boldsymbol{p}_{BI}|^2}{k-E_B^{(0)}+E_I^{(0)}}
\end{aligned} \tag{7.5.14}$$

(3) 向下继续计算式(7.5.14)需先明确以下几点:

① 现在不需要作重整化的处理,因为式(7.5.14)含有固有的衰减因子 $j^2(\omega_k)$,积分已是有限的了.

② 式(7.5.14)的具体计算自然需要先明确是什么样的原子和什么样的原子定态$|B\rangle$.

③ 正好可以利用实验已给出的氢原子的 $2S_{1/2}$ 和 $2P_{1/2}$ 两个能级间的能级差来估

算$j^2(\omega_k)$.

④ 得到 $j^2(\omega_k)$后,本书中列举的许多问题都可认真进行计算了.

(4) 计算如下:

$$\Delta E_{2S_{1/2}} = \sum_l \left(-\frac{2}{3\pi}\frac{\alpha}{m^2}\right)\iint_0^\infty k\mathrm{d}k(\mathrm{e}^{-2\sigma\omega_k})\frac{\left|\psi_l^*(\boldsymbol{r})\cdot\left(-\mathrm{i}\frac{\partial}{\partial\boldsymbol{r}}\psi_{2S_{1/2}}(\boldsymbol{r})\right)\right|}{k-E_{2S_{1/2}}^{(0)}+E_l^{(0)}}\mathrm{d}\boldsymbol{r} \tag{7.5.15}$$

$$\Delta E_{2P_{1/2}} = \sum_l \left(-\frac{2}{3\pi}\frac{\alpha}{m^2}\right)\iint_0^\infty k\mathrm{d}k(\mathrm{e}^{-2\sigma\omega_k})\frac{\left|\psi_l^*(\boldsymbol{r})\left(-\frac{\partial}{\partial\boldsymbol{r}}\psi_{2P_{1/2}}(\boldsymbol{r})\right)\right|}{k-E_{2P_{1/2}}^{(0)}+E_l^{(0)}}\mathrm{d}\boldsymbol{r} \tag{7.5.16}$$

在上述两式中已将 $j(\omega_k)$表示为 $\mathrm{e}^{-\sigma\omega_k}$的形式,是因为在关于 Casimir 效应的讨论中已认定 $j(\omega_k)$取这样的衰减函数的形式,现在再通过这里的计算来确定 σ.

(5) 由于 $E_{2S_{1/2}}^{(0)}=E_{2P_{1/2}}^{(0)}$,在原子物理框架下,没有考虑辐射场时能级是简并的,考虑辐射场后它们各自有了能移(注意在重整化中作了若干近似和假定后,$2P_{1/2}$的能移为 0).在这里,原则上 $\Delta E_{2P_{1/2}}$是不为零的,极有可能≈0.

二态的能级分裂为

$$E_{2S_{1/2}}-E_{2P_{1/2}}=\Delta E_{2S_{1/2}}-\Delta E_{2P_{1/2}} \tag{7.5.17}$$

在本章的最后,需要指出的是,本章用原子物理中人们熟悉的例子来阐明存在于量子场论中的发散及重整化理论.在标准量子化的理论框架下,可以比较清楚地看出,从物理的实质思考,本不应有的发散实际上是可以在理论体系中从开始就不出现的.

第 8 章

什么样的微观物理系统符合量子物理的要求

在宏观世界里，我们从未提出过什么样的物理系统是符合宏观物理要求的系统的问题．以力学规律为例，在经典力学里最基本的动力学规律是 Newton 第二定律，只要一个物理系统的初始状态给定，总能按照这一基本的动力学规律给出以后任意时刻的状态．我们或许会说宏观物理系统应该满足若干守恒律，例如能量守恒、动量守恒等．这种守恒的性质并非对初始态的要求，而是在演化过程中由动力学规律得到保证的．特别是，在宏观世界里，人类甚至可以不断设计满足各种条件的物理系统，更加强了宏观物理系统不需要任何具有前提就能存在的看法．

当我们转而面对微观物理系统时，情况就完全不同了．从宏观物理到微观物理，一个根本性的认知上的转变是对物理系统的状态的描述．微观物理不再用系统的物理量的数集合，而是用系统的物理量取值的概率幅来描述系统的状态．当微观系统的哈密顿量是厄米算符时，能保证系统的概率在演化中保持不变，同时还能保证系统的物理量的期待值为实数，是可观测的．因此在较长的时间里，人们提出一个模型来描述一个微观系统时，给出的系统的哈密顿量要求是厄米的．

对于上述情况，Bender 在 2007 年提出了一个问题．他认为把一个微观系统的哈密顿量选定为一个厄米算符仅仅是满足了充分条件．换句话说，若一个系统的哈密顿量是厄米的，则概率正定并保持不变，且物理量的期待值是实的，故它一定是一个微观的物理系统．但是哈密顿量是厄米的并非必要条件．因为迄今为止没有谁证明过，如果系统的哈密顿量不是厄米的，就一定得不到概率保持守恒或物理量期待值一定不能是实的．为此 Bender 和一些物理学家在这些年进行了大量的非厄米哈密顿量的研究．

我们认为 Bender 提出的问题"什么样的物理系统是一个微观物理系统"是很有意义的．在这里我们不打算去讨论这些年的非厄米哈密顿量的研究，特别是不去评论为此发展出的双正交基的理论．我们准备把"什么样的系统才是一个微观世界里的量子系统"这一命题缩小一些，提出一个小一点的命题："一个量子系统的哈密顿量需要满足的必要条件是什么？"本章将着手讨论这一问题并给出必要条件的一个判据．而且我们在这里要说明的是，下面给出的判据不一定就是所有的必要条件，因为不排除还能找到其他的必要条件．但它是一个微观物理系统必须满足的最低要求．

为什么在量子物理中有这样的情况产生呢？原因在于宏观物理中动力学规律是唯一基本原理，而量子物理中则不然．量子物理的基本原理除了被称为 Schrödinger 方程的动力学规律，还有其他一些基本规律．除了上面提到的系统的概率应该正定、守恒，物理量期待值必须为实，还有一个基本原理——并协原理，就是一个微观量子系统的基本算符对之间的对易关系．于是我们可以提出这样一个问题：量子理论中的动力学规律和并协原理是否是协调和自洽的？也就是说，它们之间的协调对系统的哈密顿量有没有要求？过去大多数讨论和计算都在 Schrödinger 绘景中进行．在该绘景中系统的态矢（或波函数）随时间演化，而算符不随时间变化．因此算符之间的对易关系是固定的，与时间无关，因而看不出动力学关系和算符的对易关系是否有明显的协调关系．不过，如果我们转换到 Heisenberg 绘景中，情况就不一样了，这两个原理间的自洽性问题这时便清楚地显现出来了．因为在 Heisenberg 绘景中态矢不随时间改变，算符随时间改变．动力学规律表现在算符如何随 t 改变．例如两个基本的算符 $\hat{A}$，$\hat{B}$ 在 t_1，t_2 两时刻有

$$\hat{A}(t_1) \neq \hat{A}(t_2), \quad \hat{B}(t_1) \neq \hat{B}(t_2)$$

动力学规律要告诉我们的是算符如何从 t_1 变化到 t_2：

$$\begin{array}{ccc}\hat{A}(t_1) & \longrightarrow & \hat{A}(t_2)\\ \hat{B}(t_1) & \longrightarrow & \hat{B}(t_2)\end{array} \tag{a}$$

而并协原理告诉我们

$$\left.\begin{array}{ll} t_1\text{ 时刻} & [\hat{A}(t_1),\hat{B}(t_1)] \\ t_2\text{ 时刻} & [\hat{A}(t_2),\hat{B}(t_2)]\end{array}\right\}\text{都有等时对易关系} \tag{b}$$

根据以上分析,这两个原理间的协调关系是否确立便是要问:由(a)能保证

$$[\hat{A}(t_1),\hat{B}(t_1)] = [\hat{A}(t_2),\hat{B}(t_2)] \tag{c}$$

这样的关系吗?因为如(c)不成立,则两个原理便不能同时成立.这就是本章着重要谈的对微观物理系统给出的必要条件.

所以以下的讨论都在 Heisenberg 绘景中进行.

8.1 量子力学范畴内的讨论

在以往的量子力学的书中,讨论的多数物理系统常是只含外部自由度 $\boldsymbol{x}$ 的微观粒子系统,它们不含内部自由度.对于这一类系统的讨论,我们只以单粒子的简单系统为例.为了简化,甚至只讨论一维情形.不过对它的讨论和得到的结论完全可以直接推广到三维和多粒子的情形.

这一最简单系统的自由度 x 对应有两个基本物理量算符 $\hat{x}$,$\hat{p}$.它们之间满足如下的等时对易关系($\hbar=1$):

$$[\hat{x}(t),\hat{p}(t)] = \mathrm{i} \tag{8.1.1}$$

(1) 为确定起见,首先讨论在确定时刻 $t=0$ 时系统的情况,这时 $\hat{x}(t=0)$,$\hat{p}(t=0)$.为简化计,将它们记为

$$\hat{x}(t=0)\rightarrow\hat{x},\quad \hat{p}(t=0)\rightarrow\hat{p}$$

于是有

$$[\hat{x}(t=0),\hat{p}(t=0)]=[\hat{x},\hat{p}]=\mathrm{i} \tag{8.1.2}$$

(2) 作表述变换：

如前所述，将系统的基本物理量 $\hat{x},\hat{p}$ 变换到算符 $a,a^{\dagger}$：

$$\begin{gathered}\hat{x}=\frac{1}{\sqrt{2}}(a+a^{\dagger}),\quad \hat{p}=\frac{\mathrm{i}}{\sqrt{2}}(a^{\dagger}-a)\\ a=\frac{1}{\sqrt{2}}(\hat{x}+\mathrm{i}\hat{p}),\quad a^{\dagger}=\frac{1}{\sqrt{2}}(\hat{x}-\mathrm{i}\hat{p})\end{gathered} \tag{8.1.3}$$

其中 $a,a^{\dagger}$ 满足

$$[a,a]=[a^{\dagger},a^{\dagger}]=0,\quad [a,a^{\dagger}]=1 \tag{8.1.4}$$

在作式(8.1.3)的表述变换时，利用变换中具有量纲的参量 Δ 的单位选择有任意性，令其为1，再令$\hbar=1$，使式(8.1.3)的表示尽量简单.

(3) 一维谐振子物理系统.

从最简单的谐振子物理系统来看它们的量子化，此系统的哈密顿量为

$$H=\frac{\hat{p}^2}{2m}+\frac{k}{2}\hat{x}^2 \tag{8.1.5}$$

注意现在是在Heisenberg绘景中讨论，所以算符是随着时间改变的，为此作如下约定：对位置算符 $\hat{x}(t)$，将 $\hat{x}(t=0)$记作 $\hat{x}$；对动量算符 $\hat{p}(t)$，将 $\hat{p}(t=0)$记作 $\hat{p}$. 因此式(8.1.5)可看作

$$H(t=0)=\frac{\hat{p}^2}{2m}+\frac{m\omega^2}{2}\hat{x}^2$$

此外，我们知道在Heisenberg绘景中任意算符 $\hat{O}(t)$可表示为

$$\hat{O}(t)=\mathrm{e}^{-\mathrm{i}Ht}\hat{O}\mathrm{e}^{\mathrm{i}Ht} \tag{8.1.6}$$

按上式首先知

$$H(t)=\mathrm{e}^{-\mathrm{i}Ht}H\mathrm{e}^{\mathrm{i}Ht}=H \tag{8.1.7}$$

即哈密顿量不随时间改变.

$$\begin{aligned}\hat{x}(t) &= e^{-iHt}\hat{x}e^{iHt}\\ &= \hat{x} + it[H,\hat{x}] + \frac{1}{2!}(it)^2[H,[H,\hat{x}]] + \frac{(it)^3}{3!}[H,[H,[H,\hat{x}]]] + \cdots\\ &= \hat{x} + it\left[\frac{\hat{p}^2}{2m} + \frac{m\omega^2}{2}\hat{x}^2,\hat{x}\right] + \frac{1}{2!}(it)^2\left[H,\left[\frac{\hat{p}^2}{2m},\hat{x}\right]\right]\\ &\quad + \frac{(it)^3}{3!}\left[H,\left[H,\left[\frac{\hat{p}^2}{2m},\hat{x}\right]\right]\right] + \cdots\\ &= \hat{x} + it\frac{\hat{p}}{m} + \frac{1}{2!}(it)^2\left[\frac{m\omega^2}{2}\hat{x}^2,\frac{-i\hat{p}}{m}\right] + \frac{(it)^3}{3!}\left[H,\left[\frac{m\omega^2}{2}\hat{p}^2,\frac{-i\hat{p}}{m}\right]\right] + \cdots\\ &= \hat{x} + t\frac{\hat{p}}{m} - \frac{t^2}{2}\omega^2\hat{x} + \frac{1}{3!}t^3\omega^2\frac{\hat{p}}{m} + \cdots\\ &= \hat{x}\cos\omega t + \frac{\hat{p}}{m\omega}\sin\omega t \end{aligned} \tag{8.1.8}$$

$$\begin{aligned}\hat{p}(t) &= e^{-iHt}\hat{p}e^{iHt}\\ &= \hat{p} + it[H,\hat{p}] + \frac{1}{2!}(it)^2[H,[H,\hat{p}]] + \frac{1}{3!}(it)^3[H,[H,[H,\hat{p}]]] + \cdots\\ &= \hat{p} + it\left[\frac{m\omega^2}{2}\hat{x},\hat{p}\right] + \frac{(it)^2}{2!}[H,[H,\hat{p}]] + \frac{(it)^3}{3!}[H,[H,[H,\hat{p}]]] + \cdots\\ &= \hat{p} - m\omega^2 t\hat{x} + \frac{(it)^2}{2}[H,im\omega^2\hat{x}] + \frac{(it)^3}{3!}[H,[H,im\omega^2\hat{x}]] + \cdots\\ &= \hat{p}\cos\omega t - m\omega\hat{x}\sin\omega t \end{aligned} \tag{8.1.9}$$

由式(8.1.8)和式(8.1.9)可得

$$\begin{aligned}[\hat{x}(t),\hat{p}(t)] &= \left[\hat{x}\cos\omega t + \frac{\hat{p}}{m\omega}\sin\omega t,\hat{p}\cos\omega t - \hat{x}m\omega\sin\omega t\right]\\ &= \cos^2\omega t[\hat{x},\hat{p}] - \sin^2\omega t[\hat{p},\hat{x}]\\ &= (\cos^2\omega t + \sin^2\omega t)[\hat{x},\hat{p}]\\ &= [\hat{x},\hat{p}] \end{aligned} \tag{8.1.10}$$

再用$(a,a^\dagger)$表述来讨论.已知这时系统的哈密顿量为

$$H = \left(a^\dagger a + \frac{1}{2}\right)\omega \tag{8.1.11}$$

其中 $a=a(t=0)$，$a^{\dagger}=a^{\dagger}(t=0)$. 当 $t=0$ 时，

$$[a,a^{\dagger}]=1 \tag{8.1.12}$$

而在任意 t 时，

$$\begin{aligned}
a(t) &= e^{-iHt}a e^{iHt} \\
&= a - it[H,a] + \frac{1}{2!}(-it)^2[H,[H,a]] \\
&\quad + \frac{1}{3!}(-it)^3[H,[H,[H,a]]] + \cdots \\
&= a - it[a^{\dagger}a\omega,a] - \frac{t^2}{2!}[H,[a^{\dagger}a\omega,a]] \\
&\quad - \frac{it^3}{3!}[H,[H,[a^{\dagger}a\omega,a]]] + \cdots \\
&= a - it(\omega a) + \frac{it^2}{2!}(\omega^2 a) - \frac{it^3}{3!}(\omega^3 a) + \cdots \\
&= a e^{-i\omega t}
\end{aligned} \tag{8.1.13}$$

$$\begin{aligned}
a^{\dagger}(t) &= e^{-iHt}a^{\dagger}e^{iHt} \\
&= a^{\dagger}(-it)[H,a^{\dagger}] + \frac{(-it)^2}{2!}[H,[H,a^{\dagger}]] \\
&\quad + \frac{(-it)^3}{3!}[H,[H,[H,a^{\dagger}]]] + \cdots \\
&= a^{\dagger} + it\omega a^{\dagger} + \frac{(it)^2}{2!}[H,[a^{\dagger}a,-\omega a^{\dagger}]] \\
&\quad + \frac{(it)^3}{3!}[H,[H,-\omega a^{\dagger}]] + \cdots \\
&= a^{\dagger} + i\omega t a^{\dagger} + \frac{(i\omega t)^2}{2!}a^{\dagger} + \frac{1}{3!}(i\omega t)^3 a^{\dagger} + \cdots \\
&= a^{\dagger}e^{i\omega t}
\end{aligned} \tag{8.1.14}$$

故有

$$[a(t),a^{\dagger}(t)] = [a e^{-i\omega t},a^{\dagger}e^{i\omega t}] = [a,a^{\dagger}] \tag{8.1.15}$$

于是得到以下结论：

① 对于一维谐振子物理系统，不论用$(\hat{x},\hat{p})$表述还是用$(a,a^{\dagger})$表述，都能证明动力学规律和并协原理是协调的，即这一系统满足必要条件.

② 同时可证明在这一系统中两种量子化方案等效.

(4) 考虑如下的系统,其哈密顿量为

$$H = \rho_1(a^\dagger)^2 + \rho_2 a^\dagger a + \rho_3 a^2 \tag{8.1.16}$$

对于这一系统,

$$\begin{aligned}
a(t) &= e^{-iHt} a e^{iHt} \\
&= a + (-it)[H, a] + \frac{1}{2!}(-it)^2[H,[H,a]] \\
&\quad + \frac{1}{3!}(-it)^3[H,[H,[H,a]]] + \cdots \\
&= a + (-it)[\rho_1(a^\dagger)^2 + \rho_2 a^\dagger a + \rho_3 a^2, a] \\
&\quad + \frac{1}{2!}(-it)^2[H,[\rho_1(a^\dagger)^2 + \rho_2 a^\dagger a + \rho_3 a^2, a]] \\
&\quad + \frac{1}{3!}(-it)^3[H,[H,[\rho_1(a^\dagger)^2 + \rho_2 a^\dagger a + \rho_3 a^2, a]]] + \cdots \\
&= a + (-it)(-2\rho_1 a^\dagger - \rho_2 a) \\
&\quad + \frac{1}{2!}(-it)^2[\rho_1(a^\dagger)^2 + \rho_2 a^\dagger a + \rho_3 a^2, -2\rho_1 a^\dagger - \rho_2 a] \\
&\quad + \frac{1}{3!}(-it)^3[H,[\rho_1(a^\dagger)^2 + \rho_2 a^\dagger a + \rho_3 a^2, -2\rho_1 a^\dagger - \rho_2 a]] + \cdots \\
&= a + (-it)(-2\rho_1 a^\dagger - \rho_2 a) \\
&\quad + \frac{1}{2!}(-it)^2(-2\rho_1\rho_2 a^\dagger - 4\rho_1\rho_3 a) + \frac{1}{2!}(-it)^2(2\rho_1\rho_2 a^\dagger + \rho_2^2 a) \\
&\quad + \frac{1}{3!}(-it)^3[\rho_1(a^\dagger)^2 + \rho_2 a^\dagger a + \rho_3 a^2, (\rho_2^2 - 4\rho_1\rho_3)a] + \cdots \\
&= a + (-it)(-2\rho_1 a^\dagger - \rho_2 a) + \frac{1}{2!}(-it)^2(\rho_2^2 - 4\rho_1\rho_3)a \\
&\quad + \frac{1}{3!}(-it)^3(-2\rho_1(\rho_2^2 - 4\rho_1\rho_3)a^\dagger - \rho_2(\rho_2^2 - 4\rho_1\rho_3)a) + \cdots
\end{aligned} \tag{8.1.17}$$

$$\begin{aligned}
a^\dagger(t) &= e^{-iHt} a^\dagger e^{iHt} \\
&= a^\dagger + (-it)[H, a^\dagger] + \frac{1}{2!}(-it)^2[H,[H,a^\dagger]] \\
&\quad + \frac{1}{3!}(-it)^3[H,[H,[H,a^\dagger]]] + \cdots \\
&= a^\dagger + (-it)[\rho_1(a^\dagger)^2 + \rho_2 a^\dagger a + \rho_3 a^2, a^\dagger]
\end{aligned}$$

$$+\frac{1}{2!}(-\mathrm{i}t)^2[H,[\rho_1(a^\dagger)^2+\rho_2 a^\dagger a+\rho_3 a^2,a^\dagger]]$$

$$+\frac{1}{3!}(-\mathrm{i}t)^3[H,[H,[\rho_1(a^\dagger)^2+\rho_2 a^\dagger a+\rho_3 a^2,a^\dagger]]]+\cdots$$

$$=a^\dagger+(-\mathrm{i}t)(\rho_2 a^\dagger+2\rho_3 a)$$

$$+\frac{1}{2!}(-\mathrm{i}t)^2[\rho_1(a^\dagger)^2+\rho_2 a^\dagger a+\rho_3 a^2,\rho_2 a^\dagger+2\rho_3 a]$$

$$+\frac{(-\mathrm{i}t)^3}{3!}[H,[\rho_1(a^\dagger)^2+\rho_2 a^\dagger a+\rho_3 a^2,\rho_2 a^\dagger+2\rho_3 a]]+\cdots$$

$$=a^\dagger+(-\mathrm{i}t)(\rho_2 a^\dagger+2\rho_3 a)$$

$$+\frac{1}{2!}(-\mathrm{i}t)^2(\rho_2^2 a^\dagger+2\rho_2\rho_3 a-4\rho_1\rho_3 a^\dagger-2\rho_2\rho_3 a)$$

$$+\frac{1}{3!}(-\mathrm{i}t)^3[\rho_1(a^\dagger)^2+\rho_2 a^\dagger a+\rho_3 a^2,(\rho_2^2-4\rho_1\rho_3)a^\dagger]+\cdots$$

$$=a^\dagger+(-\mathrm{i}t)(\rho_2 a^\dagger+2\rho_3 a)+\frac{1}{2!}(-\mathrm{i}t)^2(\rho_2^2-4\rho_1\rho_3)a^\dagger$$

$$+\frac{1}{3!}(-\mathrm{i}t)^3(\rho_2(\rho_2^2-4\rho_1\rho_3)a^\dagger+2\rho_3(\rho_2^2-4\rho_1\rho_3)a)+\cdots \tag{8.1.18}$$

$$[a(t),a^\dagger(t)]$$

$$=\Big[a+(-\mathrm{i}t)(-2\rho_1 a^\dagger-\rho_2 a)+\frac{1}{2!}(-\mathrm{i}t)^2(\rho_2^2-4\rho_1\rho_3)a$$

$$+\frac{1}{3!}(-\mathrm{i}t)^3(-2\rho_1(\rho_2^2-4\rho_1\rho_3)a^\dagger-\rho_2(\rho_2^2-4\rho_1\rho_3)a)+\cdots,$$

$$a^\dagger+(-\mathrm{i}t)(\rho_2 a^\dagger+2\rho_3 a)+\frac{1}{2!}(-\mathrm{i}t)^2(\rho_2^2-4\rho_1\rho_3)a^\dagger$$

$$+\frac{1}{3!}(-\mathrm{i}t)^3(\rho_2(\rho_2^2-4\rho_1\rho_3)a^\dagger+2\rho_2(\rho_2^2-4\rho_1\rho_3)a)+\cdots\Big]$$

$$=[a,a^\dagger]+(-\mathrm{i}t)[a,\rho_2 a^\dagger+2\rho_3 a]+(-\mathrm{i}t)[-2\rho_1 a^\dagger-\rho_2 a,a^\dagger]+$$

$$+\frac{1}{2!}(-\mathrm{i}t)^2[a,(\rho_2^2-4\rho_1\rho_3)a^\dagger]+\frac{1}{2!}(-\mathrm{i}t)^2[(\rho_2^2-4\rho_1\rho_3)a,a^\dagger]$$

$$+(-\mathrm{i}t)^2[-2\rho_1 a^\dagger-\rho_2 a,\rho_2 a^\dagger+2\rho_3 a]$$

$$+\frac{1}{3!}(-\mathrm{i}t)^3[a,\rho_2(\rho_2^2-4\rho_1\rho_3)a^\dagger+2\rho_3(\rho_2^2-4\rho_1\rho_3)a]$$

$$+\frac{1}{3!}(-\mathrm{i}t)^3[-2\rho_1(\rho_2^2-4\rho_1\rho_3)a-\rho_2(\rho_2^2-4\rho_1\rho_3)a,a^\dagger]$$

$$
\begin{aligned}
&+(-\mathrm{i}t)\frac{1}{2!}(-\mathrm{i}t)^2[-2\rho_1 a^\dagger-\rho_2 a,(\rho_2^2-4\rho_1\rho_3)a^\dagger] \\
&+(-\mathrm{i}t)\frac{1}{2!}(-\mathrm{i}t)^2[(\rho_2^2-4\rho_1\rho_3)a,\rho_2 a^\dagger+2\rho_3 a]+\cdots \\
=&[a,a^\dagger]+(-\mathrm{i}t)\rho_2+(-\mathrm{i}t)(-\rho_2) \\
&+\frac{1}{2!}(-\mathrm{i}t)^2(\rho_2^2-4\rho_1\rho_3)+\frac{1}{2!}(-\mathrm{i}t)^2(\rho_2^2-4\rho_1\rho_3) \\
&+(-\mathrm{i}t)^2(4\rho_1\rho_3-\rho_2^2)+\frac{1}{3!}(-\mathrm{i}t)^3(-(\rho_2^2-4\rho_1\rho_3)^2 4\rho_2\rho_3) \\
&+\frac{1}{3!}(-\mathrm{i}t)^3 4\rho_1\rho_2(\rho_2^2-4\rho_1\rho_3)^2 \\
&+\frac{1}{2!}(-\mathrm{i}t)^3(-\rho_2(\rho_2^2-4\rho_1\rho_3))+\cdots \\
=&[a,a^\dagger]+(-\mathrm{i}t)(\rho_2-\rho_2) \\
&+\frac{1}{2!}(-\mathrm{i}t)^2(\rho_2^2-4\rho_1\rho_3+\rho_2^2-4\rho_1\rho_3+2(4\rho_1\rho_3-\rho_2^2)) \\
&+\frac{1}{3!}(-\mathrm{i}t)^3(-4\rho_2\rho_3(\rho_2^2-4\rho_1\rho_3)^2+4\rho_1\rho_2(\rho_2^2-4\rho_1\rho_3)^2) \\
&+\frac{1}{2!}(-\mathrm{i}t)^3(\rho_2(\rho_2^2-4\rho_1\rho_3)-\rho_2(\rho_2^2-4\rho_1\rho_3))+\cdots \\
=&[a,a^\dagger]+\frac{1}{3!}(-\mathrm{i}t)^3(\rho_2^2-4\rho_1\rho_3)^2 4\rho_2(\rho_1-\rho_3)+\cdots
\end{aligned}
\tag{8.1.19}
$$

结论：

① 式(8.1.19)算到 t^3 阶的结果已能体现出动力学规律与并协原理协调所要求的必要条件是 $\rho_1=\rho_3$，只有在这样的条件下，等时对易的基本关系才能满足 $[a(t),a^\dagger(t)]=[a,a^\dagger]$.

② 有意义的是，$\rho_1=\rho_3$ 的含意是

$$
\begin{aligned}
H^\dagger&=(\rho_1(a^\dagger)^2+\rho_2 a^\dagger a+\rho_3 a^2)^\dagger \\
&=\rho_1 a^2+\rho_2 a^\dagger a+\rho_3(a^\dagger)^2
\end{aligned}
$$

因此如 $\rho_1\neq\rho_3$，则 $H^\dagger\neq H$；如 $\rho_1=\rho_3$，则 $H^\dagger=H$. 这就是说，当 $\rho_1=\rho_3$ 时，该系统不仅满足上述必要条件，亦满足概率守恒、物理量期待值为实的充分条件.

(5) 讨论一个特别的系统，其哈密顿量为

$$
H=\hat{p}^2+k\hat{p}\hat{x}^2 \tag{8.1.20}
$$

其中为了简化，将第一项取为 $\hat{p}^2$，计算如下：

$$
\begin{aligned}
\hat{x}(t) &= e^{-iHt}\hat{x}e^{iHt} \\
&= \hat{x} + (-it)[H,\hat{x}] + \frac{1}{2!}(-it)^2[H,[H,\hat{x}]] \\
&\quad + \frac{1}{3!}(-it)^3[H,[H,[H,\hat{x}]]] + \cdots \\
&= \hat{x} + (-it)[\hat{p}^2 + k\hat{p}\hat{x}^2,\hat{x}] \\
&\quad + \frac{1}{2!}(-it)^2[H,[\hat{p}^2 + k\hat{p}\hat{x}^2,\hat{x}]] \\
&\quad + \frac{1}{3!}(-it)^3[H,[H,[\hat{p}^2 + k\hat{p}\hat{x}^2,\hat{x}]]] + \cdots \\
&= \hat{x} + (-it)(-2i\hat{p} - ik\hat{x}^2) \\
&\quad + \frac{1}{2!}(-it)^2[\hat{p}^2 + k\hat{p}\hat{x}^2, -2i\hat{p} - ik\hat{x}^2] \\
&\quad + \frac{1}{3!}(-it)^3[H,[H,[\hat{p}^2 + k\hat{p}\hat{x}^2,\hat{x}]]] + \cdots \\
&= \hat{x} + (-it)(-2i\hat{p} - ik\hat{x}^2) \\
&\quad + \frac{1}{2!}(-it)^2[\hat{p}^2 + k\hat{p}\hat{x}^2, -2i\hat{p} - ik\hat{x}^2] \\
&\quad + \frac{1}{3!}(-it)^3[H,[\hat{p}^2 + k\hat{p}\hat{x}^2, -2i\hat{p} - ik\hat{x}^2]] + \cdots \\
&= \hat{x} + (-it)(-2i\hat{p} - ik\hat{x}^2) \\
&\quad + \frac{1}{2!}(-it)^2(-4k\hat{p}\hat{x} - 2ik + 4k\hat{p}\hat{x} - 2k^2\hat{x}^3) \\
&\quad + \frac{1}{3!}(-it)^3[\hat{p}^2 + k\hat{p}\hat{x}^2, -2k^2\hat{x}^3] + \cdots \\
&= \hat{x} + (-it)(-2i\hat{p} - ik\hat{x}^2) \\
&\quad + \frac{1}{2!}(-it)^2(-2ik - 2k^2\hat{x}^3) \\
&\quad + \frac{1}{3!}(-it)^3(12ik^2\hat{p}\hat{x}^2 - 12k^2\hat{x} + 6ik^3\hat{x}^4) + \cdots \\
&= \hat{x} - t(2\hat{p} + k\hat{x}^2) + \frac{t^2}{2!}(2k^2\hat{x}^3 + 2ik) \\
&\quad - \frac{t^3}{3!}(12k^2\hat{p}\hat{x}^2 + 6k^3\hat{x}^4 + 12ik\hat{x}) + \cdots
\end{aligned}
\tag{8.1.21}
$$

$$
\begin{aligned}
p(t) &= \mathrm{e}^{-\mathrm{i}Ht}\hat{p}\mathrm{e}^{\mathrm{i}Ht} \\
&= \hat{p} + (-\mathrm{i}t)[H,\hat{p}] + \frac{1}{2!}(-\mathrm{i}t)^2[H,[H,\hat{p}]] \\
&\quad + \frac{1}{3!}(-\mathrm{i}t)^3[H,[H,[H,\hat{p}]]] + \cdots \\
&= \hat{p} + (-\mathrm{i}t)[\hat{p}^2 + k\hat{p}\hat{x}^2,\hat{p}] + \frac{1}{2!}(-\mathrm{i}t)^2[H,[\hat{p}^2 + k\hat{p}\hat{x}^2,\hat{p}]] \\
&\quad + \frac{1}{3!}(-\mathrm{i}t)^3[H,[H,[\hat{p}^2 + k\hat{p}\hat{x}^2,\hat{p}]]] + \cdots \\
&= \hat{p} + (-\mathrm{i}t)(2\mathrm{i}k\hat{p}\hat{x}) + \frac{1}{2!}(-\mathrm{i}t)^2[\hat{p}^2 + k\hat{p}\hat{x}^2,2\mathrm{i}k\hat{p}\hat{x}] \\
&\quad + \frac{1}{3!}(-\mathrm{i}t)^3[H,[\hat{p}^2 + k\hat{p}\hat{x}^2,2\mathrm{i}k\hat{p}\hat{x}]] + \cdots \\
&= \hat{p} + (-\mathrm{i}t)(2\mathrm{i}k\hat{p}\hat{x}) + \frac{1}{2!}(-\mathrm{i}t)^2(4k\hat{p}^2 - 2k^2\hat{p}\hat{x}^2) \\
&\quad + \frac{1}{3!}(-\mathrm{i}t)^3[\hat{p}^2 + k\hat{p}\hat{x}^2,4k\hat{p}^2 - 2k^2p\hat{x}^2] + \cdots \\
&= \hat{p} + (-\mathrm{i}t)(2\mathrm{i}k\hat{p}\hat{x}) + \frac{1}{2!}(-\mathrm{i}t)^2(4k\hat{p}^2 - 2k^2\hat{p}\hat{x}^2) \\
&\quad + \frac{1}{3!}(-\mathrm{i}t)^3(8\mathrm{i}k^2\hat{p}^2\hat{x} - 4k^2\hat{p} + 16\mathrm{i}k^2\hat{p}^2x + 8k^2\hat{p}) + \cdots \\
&= \hat{p} + (-\mathrm{i}t)(2\mathrm{i}k\hat{p}\hat{x}) + \frac{1}{2!}(-\mathrm{i}t)^2(4k\hat{p}^2 - 2k^2\hat{p}\hat{x}^2) \\
&\quad + \frac{1}{3!}(-\mathrm{i}t)^3(24\mathrm{i}k^2\hat{p}^2\hat{x} + 4k^2\hat{p}) + \cdots \\
&= \hat{p} + t(2k\hat{p}\hat{x}) + \frac{t^2}{2!}(2k^2\hat{p}\hat{x}^2 - 4k\hat{p}^2) - \frac{t^3}{3!}(24k^2\hat{p}^2\hat{x} - 4\mathrm{i}k^2\hat{p}) + \cdots
\end{aligned}
\tag{8.1.22}
$$

$$
\begin{aligned}
[\hat{x}(t),\hat{p}(t)] = \Big[&\hat{x} - t(2\hat{p} + k\hat{x}^2) + \frac{t^2}{2!}(2k^2\hat{x}^3 + 2\mathrm{i}k) \\
&- \frac{t^3}{3!}(12k^2\hat{p}\hat{x}^2 + 6k^3\hat{x}^4 + 12\mathrm{i}k^2\hat{x}) + \cdots, \\
&\hat{p} + t(2k\hat{p}\hat{x}) + \frac{t^2}{2!}(2k^2\hat{p}\hat{x}^2 - 4k\hat{p}^2) \\
&- \frac{t^3}{3!}(24k^2\hat{p}^2\hat{x} - 4\mathrm{i}k^2\hat{p}) + \cdots\Big]
\end{aligned}
$$

$$
\begin{aligned}
&= [\hat{x},\hat{p}] + t[\hat{x},2k\hat{p}\hat{x}] - t[2\hat{p}+k\hat{x}^2,\hat{p}] \\
&\quad + \frac{t^2}{2!}[\hat{x},2k^2\hat{p}\hat{x}^2 - 4k\hat{p}^2] + \frac{t^2}{2!}[2k^2\hat{x}^3 + 2\mathrm{i}k,\hat{p}] \\
&\quad - t^2[2\hat{p}+k\hat{x}^2,2k\hat{p}\hat{x}] - \frac{t^3}{3!}[\hat{x},24k^2\hat{p}^2\hat{x} - 4\mathrm{i}k^2\hat{p}] \\
&\quad - \frac{t^3}{3!}[12k^2\hat{p}\hat{x}^2 + 6k^3\hat{x}^4 + 12\mathrm{i}k^2\hat{x},\hat{p}] \\
&\quad - \frac{t^3}{2!}[2\hat{p}+k\hat{x}^2,2k^2\hat{p}\hat{x}^2 - 4k\hat{p}^2] \\
&\quad + \frac{t^3}{2!}[2k^2\hat{x}^3 + 2\mathrm{i}k,2k\hat{p}\hat{x}] + \cdots \\
&= [\hat{x},\hat{p}] + t(2\mathrm{i}k\hat{x}) - t(2\mathrm{i}k\hat{x}) + \frac{t^2}{2!}(2\mathrm{i}k^2\hat{x}^2 - 8\mathrm{i}k\hat{p}) \\
&\quad + \frac{t^2}{2!}(6\mathrm{i}k^2\hat{x}^2) - t^2(-4\mathrm{i}k\hat{p} + 4\mathrm{i}k^2\hat{x}^2) \\
&\quad - \frac{t^3}{3!}(48\mathrm{i}k^2\hat{p}\hat{x} - 4k^2) - \frac{t^3}{3!}(24\mathrm{i}k^2\hat{p}\hat{x} + 24\mathrm{i}k^3\hat{x}^3 - 12k^2) \\
&\quad - \frac{t^3}{2!}(-8\mathrm{i}k^2\hat{p}\hat{x} + 4\mathrm{i}k^2\hat{x}^3 - 16\mathrm{i}k^2\hat{p}\hat{x} + 2k^2) \\
&\quad + \frac{t^3}{2!}(12\mathrm{i}k^2\hat{x}^3) + \cdots \\
&= [\hat{x},\hat{p}] + t(2\mathrm{i}k\hat{x} - 2\mathrm{i}k\hat{x}) \\
&\quad + \frac{t^2}{2!}(2\mathrm{i}k^2\hat{x}^2 - 8\mathrm{i}k\hat{p} + 6\mathrm{i}k^2\hat{x}^2 + 8\mathrm{i}k\hat{p} - 8\mathrm{i}k^2\hat{x}^2) \\
&\quad - \frac{t^3}{3!}(48\mathrm{i}k^2\hat{p}\hat{x} - 4k^2 + 24\mathrm{i}k^2\hat{p}\hat{x} + 24\mathrm{i}k^3\hat{x}^2 - 12k^2 \\
&\quad - 24\mathrm{i}k^2\hat{p}\hat{x} + 12\mathrm{i}k^3\hat{x}^3 - 48\mathrm{i}k^2\hat{p}\hat{x} + 6k^2 - 36\mathrm{i}k^2\hat{x}^3) + \cdots \\
&= [\hat{x},\hat{p}] - \frac{t^3}{3!}(-4k^2 - 12k^2 + 6k^2) + \cdots \\
&= [\hat{x},\hat{p}] + \frac{5}{3}k^2t^3 + \cdots
\end{aligned}
\tag{8.1.23}
$$

(6) 本章在一开始谈到“一个微观系统是否符合量子物理的基本原理的必要条件”这一命题.上面计算了三个简单的系统,得到的结果分析如下:

① 对于大家都熟知的谐振子系统,在两种表述$(\hat{x},\hat{p})$和$(a,a^\dagger)$下,都在Heisenberg绘景中作了它们的等时对易关系的严格计算,得到的结果符合$[\hat{x}(t),\hat{p}(t)]=$

$[\hat{x},\hat{p}]$和$[a(t),a^\dagger(t)]=[a,a^\dagger]$.这就是说,严格证明了谐振子系统符合量子物理系统的必要条件.

从另一方面看,这一系统亦符合

$$H^\dagger = H$$

的充分条件.这说明谐振子系统是一个微观的量子物理系统.

② 上面又计算了 $H=\rho_1(a^\dagger)^2+\rho_2 a^\dagger a+\rho_2 a^2$ 这样形式的系统.对于这样的系统,计算它是否满足必要条件,严格地算到无限的高阶是很繁复的,因此只计算到 t^3 阶.尽管如此,仍能看出这样形式的系统在 $\rho_1=\rho_3$ 情形下符合必要条件,而在 $\rho_1\neq\rho_3$ 情形下不符合必要条件.有意义的是,$\rho_1=\rho_3$ 和 $\rho_1\neq\rho_3$ 两种情形亦分别正是符合 $H^\dagger=H$ 和$H^\dagger\neq H$(哈密顿量是厄米的和非厄米的)的情形.

③ 最后算了一个几乎从未见到的 $H=\hat{p}^2+k\hat{p}\hat{x}^2$ 的系统.这一系统是明显的非厄米系统.因为

$$H^\dagger = (\hat{p}^2+k\hat{p}\hat{x}^2)^\dagger = \hat{p}^2+k\hat{x}^2\hat{p} \neq H$$

不满足必要条件.

④ 因此尽管在后面两例中并没有算到 t 的所有阶,但仍显示出一个微观系统满足厄米性和必要条件似乎是一致的.虽然这还不能算是一个确定的结论,但至少提示我们在讨论一个非厄米系统是否是一个量子物理系统时应当亦考虑一下它是否满足量子物理系统的必要条件.

⑤ 讨论到这里应当说还是不全面的,这是因为前面讨论的具体系统还是只含外部自由度的系统.物理系统既含有外部自由度,亦含有内部自由度,有必要考虑一下与内部自由度有关的必要条件问题.

8.2 只含内部自由度的物理系统

(1) 问题的提出.

上一节讨论了仅含外部自由度的系统应满足量子理论的必要条件问题.从量子物理的发展开始,量子理论一般都是在研究这类仅含外部自由度的物理系统.不过

Dirac 的理论提出后已经知道微观物理系统常常既具有外部自由度，亦具有内部自由度，所以一般来讲需要研究两种自由度都具有的物理系统的问题. 近来国际上兴起了研究非厄米哈密顿量的问题. 讨论的焦点是物理系统的哈密顿量是否必须是厄米的，即是说一个非厄米哈密顿量能否和厄米哈密顿量一样，保证能谱为实的且演化过程中概率保持守恒. 为此还将量子理论中的一些基本原理作了拓展，提出了双正交基理论以达到上述目的. 近年来，这一领域中用来讨论这一问题的物理系统大多是只含内部自由度的物理系统. 说得更具体一点，就是这些系统的哈密顿量是由表征内部自由度的 Pauli 矩阵 $\boldsymbol{\sigma}$ 构成的.

这里我们不打算去讨论类似的能谱是否为实和概率是否守恒. 我们只讨论与这里的物理系统的必要条件有关的问题：一个物理系统仅由 $\boldsymbol{\sigma}$ 算符构成的哈密顿量满足上述必要条件吗？

(2) 系统的哈密顿量.

为简便计，我们只讨论一个 $\boldsymbol{\sigma}$ 的情形. 普遍的多个 $\{\boldsymbol{\sigma}^{(l)}\}$ 的情形对这里讨论的问题来讲没有本质的不同. 从下面的讨论可以看出，一个只含 $\boldsymbol{\sigma}$ 的系统的哈密顿量的普遍表示取如下形式：

$$H = \sum_{mnl} A_{mnl}(\sigma_x)^m(\sigma_y)^n(\sigma_z)^l \tag{8.2.1}$$

上式中按 $\sigma_x,\sigma_y,\sigma_z$ 排序，即使原始的 $\sigma_x,\sigma_y,\sigma_z$ 可以有各种顺序，总可通过对易关系将其表示成式(8.2.1)的形式.

① 由于 $\sigma_x,\sigma_y,\sigma_z$ 具有以下性质：

$$\sigma_x^2 = \sigma_y^2 = \sigma_x^2 = I \tag{8.2.2}$$

I 是 2×2 的单位矩阵，因此式(8.2.1)中普遍的哈密顿量形式简化为

$$\begin{aligned} H &= A_1\sigma_x + A_2\sigma_y + A_3\sigma_z \\ &\quad + A_4\sigma_x\sigma_y + A_5\sigma_x\sigma_z + A_6\sigma_y\sigma_z + A_7\sigma_x\sigma_y\sigma_z \end{aligned} \tag{8.2.3}$$

② 由于 $\sigma_x,\sigma_y,\sigma_z$ 间还有

$$\sigma_x\sigma_y = \mathrm{i}\sigma_z, \quad \sigma_y\sigma_z = \mathrm{i}\sigma_x, \quad \sigma_z\sigma_x = \mathrm{i}\sigma_y \tag{8.2.4}$$

因此哈密顿量还可进一步简化为

$$H = B_1\sigma_x + B_2\sigma_y + B_3\sigma_z \tag{8.2.5}$$

(3) 检验必要条件.

仍在 Heisenberg 绘景中讨论. 记

$$\sigma_x(t=0)=\sigma_x,\quad \sigma_y(t=0)=\sigma_y,\quad \sigma_z(t=0)=\sigma_z \tag{8.2.6}$$

于是

$$\begin{aligned}\sigma_x(\Delta t)&=\mathrm{e}^{-\mathrm{i}H\Delta t}\sigma_x\mathrm{e}^{\mathrm{i}H\Delta t}\\&\approx(1-\mathrm{i}\Delta tH)\sigma_x(1+\mathrm{i}\Delta tH)\\&\approx\sigma_x-\mathrm{i}\Delta t[H,\sigma_x]\\&=\sigma_x-\mathrm{i}\Delta t[B_1\sigma_x+B_2\sigma_y+B_3\sigma_z,\sigma_x]\\&=\sigma_x-\mathrm{i}\Delta tB_2(-2\mathrm{i}\sigma_z)-\mathrm{i}\Delta tB_3(2\mathrm{i}\sigma_y)\\&=\sigma_x+\Delta t(2B_3\sigma_y-2B_2\sigma_z)\end{aligned}\tag{8.2.7}$$

$$\begin{aligned}\sigma_y(\Delta t)&=\mathrm{e}^{-\mathrm{i}H\Delta t}\sigma_y\mathrm{e}^{\mathrm{i}\Delta tH}\\&\approx(1-\mathrm{i}\Delta tH)\sigma_y(1+\mathrm{i}\Delta tH)\\&\approx\sigma_y-\mathrm{i}\Delta t[H,\sigma_y]\\&=\sigma_y-\mathrm{i}\Delta t[B_1\sigma_x+B_2\sigma_y+B_3\sigma_z,\sigma_y]\\&=\sigma_y-\mathrm{i}\Delta t[B_1\sigma_x+B_3\sigma_z,\sigma_y]\\&=\sigma_y-\mathrm{i}\Delta tB_1[\sigma_x,\sigma_y]-\mathrm{i}\Delta tB_3[\sigma_z,\sigma_y]\\&=\sigma_y-\mathrm{i}\Delta tB_1(2\mathrm{i}\sigma_z)-\mathrm{i}\Delta tB_3(-2\mathrm{i}\sigma_x)\\&=\sigma_y+\Delta t(2B_1\sigma_z-2B_3\sigma_x)\end{aligned}\tag{8.2.8}$$

$$\begin{aligned}\sigma_z(\Delta t)&=\mathrm{e}^{-\mathrm{i}H\Delta t}\sigma_z\mathrm{e}^{\mathrm{i}\Delta tH}\\&\approx(1-\mathrm{i}\Delta tH)\sigma_z(1+\mathrm{i}\Delta tH)\\&\approx\sigma_z-\mathrm{i}\Delta t[B_1\sigma_x+B_2\sigma_y+B_3\delta_z,\sigma_z]\\&=\sigma_z-\mathrm{i}\Delta tB_1[\sigma_x,\sigma_z]-\mathrm{i}\Delta tB_2[\sigma_y,\sigma_z]\\&=\sigma_z+\Delta t(2B_1\sigma_y+2B_2\sigma_x)\end{aligned}\tag{8.2.9}$$

$$\begin{aligned}&[\sigma_x(\Delta t),\sigma_y(\Delta t)]\\&\quad=[\sigma_x+\Delta t(2B_3\sigma_y-2B_2\sigma_z),\sigma_y+\Delta t(2B_1\sigma_z-2B_3\sigma_x)]\\&\quad\approx[\sigma_x,\sigma_y]+\Delta t[2B_3\sigma_y-2B_2\sigma_z,\sigma_y]+\Delta t[\sigma_x,2B_1\sigma_z-2B_3\sigma_x]\\&\quad=[\sigma_x,\sigma_y]-2B_2\Delta t[\sigma_z,\sigma_y]+2B_1\Delta t[\sigma_x,\sigma_z]\\&\quad=[\sigma_x,\sigma_y]-2B_2\Delta t(-2\mathrm{i}\sigma_x)+2B_1\Delta t(-2\mathrm{i}\sigma_y)\\&\quad=[\sigma_x,\sigma_y]+(4\mathrm{i}B_2\Delta t)\sigma_x-(4\mathrm{i}B_1\Delta t)\sigma_y\end{aligned}\tag{8.2.10}$$

$$
\begin{aligned}
&[\sigma_y(\Delta t),\sigma_z(\Delta t)]\\
&\quad=[\sigma_y+\Delta t(2B_1\sigma_z-2B_3\sigma_x),\sigma_z+\Delta t(2B_1\sigma_y+2B_2\sigma_x)]\\
&\quad\approx[\sigma_y,\sigma_z]+\Delta t[2B_1\sigma_z-2B_3\sigma_x,\sigma_z]+\Delta t[\sigma_y,2B_1\sigma_y+2B_2\sigma_x]\\
&\quad=[\sigma_y,\sigma_z]-2B_3\Delta t(-2\mathrm{i}\sigma_y)+2B_2\Delta t(-2\mathrm{i}\sigma_z)\\
&\quad=[\sigma_y,\sigma_z]+(4\mathrm{i}B_3\Delta t)\sigma_y-(4\mathrm{i}B_2\Delta t)\sigma_z
\end{aligned}
\tag{8.2.11}
$$

$$
\begin{aligned}
&[\sigma_z(\Delta t),\sigma_x(\Delta t)]\\
&\quad=[\sigma_z+\Delta t(2B_1\sigma_y+2B_2\sigma_x),\sigma_x+\Delta t(2B_3\sigma_y-2B_2\sigma_z)]\\
&\quad\approx[\sigma_z,\sigma_x]+\Delta t[2B_1\sigma_y+2B_2\sigma_x,\sigma_x]+\Delta t[\sigma_z,2B_3\sigma_y-2B_2\sigma_z]\\
&\quad=[\sigma_z,\sigma_x]+2B_1\Delta t[\sigma_y,\sigma_x]+2B_3\Delta t[\sigma_z,\sigma_y]\\
&\quad=[\sigma_z,\sigma_x]+2B_1\Delta t(-2\mathrm{i}\sigma_z)+2B_3\Delta t(-2\mathrm{i}\sigma_x)\\
&\quad=[\sigma_z,\sigma_x]-(4\mathrm{i}B_1\Delta t)\sigma_z-(4\mathrm{i}B_3\Delta t)\sigma_x
\end{aligned}
\tag{8.2.12}
$$

① 从以上得到的式(8.2.10)～式(8.2.12)看出，在 Heisenberg 绘景中，如果一个物理系统只含内部自由度，其哈密顿量在普遍情形下取如式(8.2.5)所示的哈密顿量形式，那么它们的基本等式对易式

$$
[\sigma_x(t),\sigma_y(t)],\quad [\sigma_y(t),\sigma_z(t)],\quad [\sigma_z(t),\sigma_x(t)]
$$

在不同时刻是不会保持不变的.这在得到的三个式中都可看出.

② 虽然上述证明只是在一个内部自由度($\sigma_x,\sigma_y,\sigma_z$)情形下进行的，但因不同自由度的自旋算符间的独立性，证明在多内部自由度下应该亦会成立.

③ 那么会问：为什么前面在讨论单纯外部自由度时都能得到合乎量子理论的必要条件的结论，而讨论单纯内部自由度时就不行呢？原因是在单纯外部自由度的情况下含有外势的相互作用.而式(8.2.5)的哈密顿量只含内部自由度，要有物理的相互作用，必须有对内部作用起中介作用的电磁场参加，否则它不是一个真实的微观系统.因此它形式上用 H 作用不是真实的演化规律，无法体现真实的物理过程.

8.3 本章的问题

本章的主要内容是讨论量子物理的必要条件，或者说得广泛一点，什么系统才是量子理论框架下的物理系统. 这样的问题在宏观物理中是不存在的，原因是宏观物理的基本原理是动力学规律. 而在微观物理的量子理论中，除了动力学规律作为基本原理外，微观客体的概率解释和总概率要求守恒，可观测物理量的期待值（包括能量）必须为实，使得我们认识到哈密顿量为厄米算符是一个系统符合量子理论要求的充分条件，但不一定是必要条件.

在本章里第一次提出量子物理的物理系统需要满足的必要条件，那就是它必须在演化规律和并协原理之间协调. 过去长期以来对微观系统的分析与计算大部分是在 Schrödinger 绘景中进行的. 这时演化规律的表现形式是态矢随时间变化，并协原理中的一对基本算符的对易关系由于算符不随时间变化而不随时间变化. 因此这两个基本原理间的协调问题被掩盖了. 本章通过变换到 Heisenberg 绘景中看到量子理论中的动力学规律与并协原理间存在协调性问题并给出了微观物理系统必须满足的必要条件，从这一点出发得到了以下一些结果：

(1) 对于在量子力学中经常遇到的谐振子系统、双势阱系统以及微观客体在外势作用下的一般系统，无论用正则量子化还是标准量子化方案，都能证明这些系统满足动力学规律与并协原理间的协调性的必要条件.

(2) 有趣的是，如 $H=\dfrac{\hat{p}^2}{2m}+k\hat{p}\hat{x}^2$ 这样有些怪异的物理系统可以证明其不满足上述必要条件. 这样的系统不为量子理论接受，不仅不满足必要条件，而且它的哈密顿量不是厄米的，因为 $H^\dagger \neq H$.

(3) 在讨论微观系统是否满足量子理论的必要条件这个问题上，可以看出两种量子化方案的差别. 正则量子化附带有两个前提，而这两个前提并没有得到有力的论证. 在讨论一个微观系统是否满足必要条件时，它只能由一个特定的微观系统给出的特定的哈密顿量形式去验证. 标准量子化则不然. 对于所有具有 $(a, a^\dagger)$ 正幂的微观系统，哈密顿量表达式为 $H=\sum\limits_{mn}A_{mn}(a^\dagger)^m a^n$，其满足必要条件，可以较为方便的计算与讨论.

(4) 值得注意的是,最近有许多研究工作在讨论非厄米哈密顿量的微观系统是否符合量子理论要求的概率正定和守恒、物理量期待值是否为实.在这些工作中,很大一部分工作讨论的微观系统都是只含内部自由度——自旋的系统.对于这样的系统,在本章里讨论了它们是否满足必要条件时得到了它们不满足量子理论中的动力学和并协原理协调的必要条件.究其原因是单纯内部自由度构不成已知的相互作用.因此由单纯内部自由度构成的形式上的哈密顿量不是物理真实的决定系统动力学的哈密顿量.

(5) 除了上面讨论的必要条件,这里得到的结果还提示另一个思考,即与内部自由度密切相关的角动量算符是否和前面讨论的外部自由度有关的($\hat{x}$,$\hat{p}$)和(a,$a^{\dagger}$)一样,真的可以看作量子理论意义下的物理量算符,既可以放在Schrödinger绘景中讨论,它们不随时间改变,其基本对易关系亦不随时间改变;又可以放在Heisenberg绘景中讨论,算符则与t有关,等时对易关系不因时间不同而不变.从以上的结果看是做不到的.因此是否把角动量算符与一般的算符同等看待是值得重新认真考虑的.

第 9 章

Dirac 粒子的定态集近似解

在前面讨论了自由的物理 Dirac 粒子实际是一个包含外部自由度、内部自由度和内禀电磁场的复合体.它在自由的情况下是处在这三部分结合在一起的最低能的稳定状态,而不是原来认为的点粒子的状态.为此在前面近似地求解了这一稳定态.方法是将两部分自由度之间内禀的、起相互作用的多模电磁场代以一个等效的单模场,在变分近似下论证了这一稳定态的存在不仅与自由电子的有限空间分布相合,而且从中揭示了反常磁矩的来源与中子和质子存在质量差的根由.不过仅仅获得这一复合体的最低能的稳定态是不够的,因为还有许多现象和规律与这一复合体的激发态有关.

过去一直采用的是 Dirac 的未考虑内禀电磁场的自由粒子的哈密顿量及相应的用平面波解来描述粒子激发态的理论.现在来看必须要重新考虑.例如,在量子理论中讨论 Compton 散射这样的重要问题时,电子的状态用的是平面波解.现在来看,正确的做法应当是从三部分的复合体的物理图像出发,显然得到的激发态的能谱和态矢都会与平面波解不同.它们之间有多大的差距必然是一个需要认真考虑的问题.

上面谈到的问题就是本章要讨论的物理的自由 Dirac 粒子的定态集问题. 在前面讨论它的最低能的稳定态时已指出,由于这样的系统十分复杂,它包含四个表征内部自由度的分量和无限多模的电磁场,因此严格求解非常困难. 在求解稳定态时已作了将多模电磁场改成等效单模场的近似处理,这里我们仍作这样的近似.

9.1 等效单模近似

把多模电磁场近似地用一个等效的单模场来代替时,记这一单模场的波矢为 k_0,频率为 $\omega = ck_0$,在 x_1, x_2, x_3 三个方向的电磁场的数算符分别为 $a_1^\dagger a_1$, $a_2^\dagger a_2$, $a_3^\dagger a_3$,它们的 Fock 态记为$\{|n_1 n_2 n_3\rangle\}$. 于是可将粒子的定态矢表示为

$$|\rangle = \begin{pmatrix} \sum_{n_1 n_2 n_3} \phi_1(\boldsymbol{x}; n_1 n_2 n_3) \mid n_1 n_2 n_3\rangle \\ \sum_{n_1 n_2 n_3} \phi_2(\boldsymbol{x}; n_1 n_2 n_3) \mid n_1 n_2 n_3\rangle \\ \sum_{n_1 n_2 n_3} \phi_3(\boldsymbol{x}; n_1 n_2 n_3) \mid n_1 n_2 n_3\rangle \\ \sum_{n_1 n_2 n_3} \phi_4(\boldsymbol{x}; n_1 n_2 n_3) \mid n_1 n_2 n_3\rangle \end{pmatrix} \tag{9.1.1}$$

在前面讨论稳定态时,取单模近似时哈密顿量的表示式已在第 3 章中给出. 所以利用已有的表示可将粒子的定态方程

$$H|\rangle = E|\rangle \tag{9.1.2}$$

按分量表示如下:

第一分量:

$$\begin{aligned} & H_{11}\Big(\sum_{n_1 n_2 n_3} \phi_1(\boldsymbol{x}; n_1 n_2 n_3) \mid n_1 n_2 n_3\rangle\Big) \\ & + H_{12}\Big(\sum_{n_1 n_2 n_3} \phi_2(\boldsymbol{x}; n_1 n_2 n_3) \mid n_1 n_2 n_3\rangle\Big) \\ & + H_{13}\Big(\sum_{n_1 n_2 n_3} \phi_3(\boldsymbol{x}; n_1 n_2 n_3) \mid n_1 n_2 n_3\rangle\Big) \end{aligned}$$

$$+ H_{14}\Big(\sum_{n_1 n_2 n_3} \phi_4(\boldsymbol{x}; n_1 n_2 n_3) \mid n_1 n_2 n_3\rangle\Big)$$

$$= E\Big(\sum_{n_1 n_2 n_3} \phi_1(\boldsymbol{x}; n_1 n_2 n_3) \mid n_1 n_2 n_3\rangle\Big)$$

即

$$[mc^2 + ck_0(a_1^\dagger a_1 + a_2^\dagger a_2 + a_3^\dagger a_3)]\Big(\sum_{n_1 n_2 n_3} \phi_1(\boldsymbol{x}; n_1 n_2 n_3) \mid n_1 n_2 n_3\rangle\Big)$$

$$+ \left[-\mathrm{i}\frac{\partial}{\partial x_3} - e\sqrt{\frac{1}{2ck_0}}(a_1 \mathrm{e}^{\mathrm{i}k_0 x_1} + a_1^\dagger \mathrm{e}^{-\mathrm{i}k_0 x_1} + a_2 \mathrm{e}^{\mathrm{i}k_0 x_2} + a_2^\dagger \mathrm{e}^{-\mathrm{i}k_0 x_2})\right]$$

$$\cdot \Big(\sum_{n_1 n_2 n_3} \phi_3(\boldsymbol{x}; n_1 n_2 n_3) \mid n_1 n_2 n_3\rangle\Big)$$

$$+ \left[-\mathrm{i}\frac{\partial}{\partial x_1} - \frac{\partial}{\partial x_2} - e\sqrt{\frac{1}{2ck_0}}(a_2 \mathrm{e}^{\mathrm{i}k_0 x_2} + a_2^\dagger \mathrm{e}^{-\mathrm{i}k_0 x_2} + a_3 \mathrm{e}^{\mathrm{i}k_0 x_3} + a_3^\dagger \mathrm{e}^{-\mathrm{i}k_0 x_3})\right.$$

$$\left. + \mathrm{i}e\sqrt{\frac{1}{2ck_0}}(a_1 \mathrm{e}^{\mathrm{i}k_0 x_2} + a_1^\dagger \mathrm{e}^{-\mathrm{i}k_0 x_2} + a_3 \mathrm{e}^{\mathrm{i}k_0 x_2} + a_3^\dagger \mathrm{e}^{-\mathrm{i}k_0 x_2})\right]$$

$$\cdot \Big(\sum_{n_1 n_2 n_3} \phi_4(\boldsymbol{x}; n_1 n_2 n_3) \mid n_1 n_2 n_3\rangle\Big)$$

$$= E\Big(\sum_{n_1 n_2 n_3} \phi_1(\boldsymbol{x}; n_1 n_2 n_3) \mid n_1 n_2 n_3\rangle\Big) \tag{9.1.3}$$

第二分量：

$$H_{22}\Big(\sum_{n_1 n_2 n_3} \phi_2(\boldsymbol{x}; n_1 n_2 n_3) \mid n_1 n_2 n_3\rangle\Big)$$

$$+ H_{23}\Big(\sum_{n_1 n_2 n_3} \phi_3(\boldsymbol{x}; n_1 n_2 n_3) \mid n_1 n_2 n_3\rangle\Big)$$

$$+ H_{24}\Big(\sum_{n_1 n_2 n_3} \phi_4(\boldsymbol{x}; n_1 n_2 n_3) \mid n_1 n_2 n_3\rangle\Big)$$

$$= [mc^2 + (ck_0)(a_1^\dagger a_1 + a_2^\dagger a_2 + a_3^\dagger a_3)]\Big(\sum_{n_1 n_2 n_3} \phi_2(\boldsymbol{x}; n_1 n_2 n_3) \mid n_1 n_2 n_3\rangle\Big)$$

$$+ \left[-\mathrm{i}\frac{\partial}{\partial x_1} + \frac{\partial}{\partial x_2} - e\sqrt{\frac{1}{2ck_0}}(a_2 \mathrm{e}^{\mathrm{i}k_0 x_2} + a_2^\dagger \mathrm{e}^{-\mathrm{i}k_0 x_2} + a_3 \mathrm{e}^{\mathrm{i}k_0 x_3} + a_3^\dagger \mathrm{e}^{-\mathrm{i}k_0 x_3})\right.$$

$$\left. - \mathrm{i}e\sqrt{\frac{1}{2ck_0}}(a_1 \mathrm{e}^{\mathrm{i}k_0 x_1} + a_1^\dagger \mathrm{e}^{-\mathrm{i}k_0 x_1} + a_3 \mathrm{e}^{\mathrm{i}k_0 x_3} + a_3^\dagger \mathrm{e}^{-\mathrm{i}k_0 x_3})\right]$$

$$\cdot \Big(\sum_{n_1 n_2 n_3} \phi_3(\boldsymbol{x}; n_1 n_2 n_3) \mid n_1 n_2 n_3\rangle\Big)$$

$$+\left[\mathrm{i}\frac{\partial}{\partial x_3}-e\sqrt{\frac{1}{2ck_0}}(a_1\mathrm{e}^{\mathrm{i}k_0x_1}+a_1^\dagger\mathrm{e}^{-\mathrm{i}k_0x_1}+a_2\mathrm{e}^{\mathrm{i}k_0x_2}+a_2^\dagger\mathrm{e}^{-\mathrm{i}k_0x_2})\right]$$

$$\cdot\Big(\sum_{n_1n_2n_3}\phi_4(\boldsymbol{x};n_1n_2n_3)\mid n_1n_2n_3\rangle\Big)$$

$$=E\Big(\sum_{n_1n_2n_3}\phi_2(\boldsymbol{x};n_1n_2n_3)\mid n_1n_2n_3\rangle\Big) \tag{9.1.4}$$

第三分量：

$$H_{31}\Big(\sum_{n_1n_2n_3}\phi_1(\boldsymbol{x};n_1n_2n_3)\mid n_1n_2n_3\rangle\Big)$$

$$+H_{32}\Big(\sum_{n_1n_2n_3}\phi_2(\boldsymbol{x};n_1n_2n_3)\mid n_1n_2n_3\rangle\Big)$$

$$+H_{33}\Big(\sum_{n_1n_2n_3}\phi_3(\boldsymbol{x};n_1n_2n_3)\mid n_1n_2n_3\rangle\Big)$$

$$=\left[-\mathrm{i}\frac{\partial}{\partial x_3}-e\sqrt{\frac{1}{2ck_0}}(a_1\mathrm{e}^{\mathrm{i}k_0x_1}+a_1^\dagger\mathrm{e}^{-\mathrm{i}k_0x_1}+a_2\mathrm{e}^{\mathrm{i}k_0x_2}+a_2^\dagger\mathrm{e}^{-\mathrm{i}k_0x_2})\right]$$

$$\cdot\Big(\sum_{n_1n_2n_3}\phi_1(\boldsymbol{x};n_1n_2n_3)\mid n_1n_2n_3\rangle\Big)$$

$$+\left[-\mathrm{i}\frac{\partial}{\partial x_1}-\frac{\partial}{\partial x_2}-e\sqrt{\frac{1}{2ck_0}}(a_2\mathrm{e}^{\mathrm{i}k_0x_2}+a_2^\dagger\mathrm{e}^{-\mathrm{i}k_0x_2}+a_3\mathrm{e}^{\mathrm{i}k_0x_3}+a_3^\dagger\mathrm{e}^{-\mathrm{i}k_0x_3})\right.$$

$$\left.+\mathrm{i}e\sqrt{\frac{1}{2ck_0}}(a_1\mathrm{e}^{\mathrm{i}k_0x_1}+a_1^\dagger\mathrm{e}^{-\mathrm{i}k_0x_1}+a_3\mathrm{e}^{\mathrm{i}k_0x_3}+a_3^\dagger\mathrm{e}^{-\mathrm{i}k_0x_3})\right]$$

$$\cdot\Big(\sum_{n_1n_2n_3}\phi_2(\boldsymbol{x};n_1n_2n_3)\mid n_1n_2n_3\rangle\Big)$$

$$+[-mc^2+ck_0(a_1^\dagger a_1+a_2^\dagger a_2+a_3^\dagger a_3)]\Big(\sum_{n_1n_2n_3}\phi_3(\boldsymbol{x};n_1n_2n_3)\mid n_1n_2n_3\rangle\Big)$$

$$=E\Big(\sum_{n_1n_2n_3}\phi_3(\boldsymbol{x};n_1n_2n_3)\mid n_1n_2n_3\rangle\Big) \tag{9.1.5}$$

第四分量：

$$H_{41}\Big(\sum_{n_1n_2n_3}\phi_1(\boldsymbol{x};n_1n_2n_3)\mid n_1n_2n_3\rangle\Big)$$

$$+H_{42}\Big(\sum_{n_1n_2n_3}\phi_2(\boldsymbol{x};n_1n_2n_3)\mid n_1n_2n_3\rangle\Big)$$

$$+H_{44}\Big(\sum_{n_1n_2n_3}\phi_4(\boldsymbol{x};n_1n_2n_3)\mid n_1n_2n_3\rangle\Big)$$

$$=\left[-\mathrm{i}\frac{\partial}{\partial x_1}+\frac{\partial}{\partial x_2}-e\sqrt{\frac{1}{2ck_0}}(a_2\mathrm{e}^{\mathrm{i}k_0x_2}+a_2^\dagger\mathrm{e}^{-\mathrm{i}k_0x_2}+a_3\mathrm{e}^{\mathrm{i}k_0x_3}+a_3^\dagger\mathrm{e}^{-\mathrm{i}k_0x_3})\right.$$

$$-\mathrm{i}e\sqrt{\frac{1}{2ck_0}}(a_1\mathrm{e}^{\mathrm{i}k_0x_1}+a_1^\dagger\mathrm{e}^{-\mathrm{i}k_0x_1}+a_3\mathrm{e}^{\mathrm{i}k_0x_3}+a_3^\dagger\mathrm{e}^{-\mathrm{i}k_0x_3})\Big]$$

$$\cdot\Big(\sum_{n_1n_2n_3}\phi_1(\boldsymbol{x};n_1n_2n_3)\mid n_1n_2n_3\rangle\Big)$$

$$+\Big[\mathrm{i}\frac{\partial}{\partial x_3}+e\sqrt{\frac{1}{2ck_0}}(a_1\mathrm{e}^{\mathrm{i}k_0x_1}+a_1^\dagger\mathrm{e}^{-\mathrm{i}k_0x_1}+a_2\mathrm{e}^{\mathrm{i}k_0x_2}+a_2^\dagger\mathrm{e}^{-\mathrm{i}k_0x_2})\Big]$$

$$\cdot\Big(\sum_{n_1n_2n_3}\phi_2(\boldsymbol{x};n_1n_2n_3)\mid n_1n_2n_3\rangle\Big)$$

$$+[-mc^2+ck_0(a_1^\dagger a_1+a_2^\dagger a_2+a_3^\dagger a_3)]\Big(\sum_{n_1n_2n_3}\phi_4(\boldsymbol{x};n_1n_2n_3)\mid n_1n_2n_3\rangle\Big)$$

$$=E\Big(\sum_{n_1n_2n_3}\phi_4(\boldsymbol{x};n_1n_2n_3)\mid n_1n_2n_3\rangle\Big) \tag{9.1.6}$$

以上给出了求解定态集的本征方程组的普遍表示，其中将单模的电磁场用场的 Fock 态展开.而粒子的外部自由度 $\boldsymbol{x}$ 的函数如何处理还未涉及，下面讨论如何对这一部分作近似计算的处理.

式(9.1.3)～式(9.1.6)中有关 $\boldsymbol{x}$ 部分的运算有微分和乘以 $\mathrm{e}^{\pm\mathrm{i}k_0\boldsymbol{x}}$，故最自然的做法是对它作傅里叶变换：

$$\phi_i(\boldsymbol{x};n_1n_2n_3)=\int\varphi_i(\omega_1\omega_2\omega_3;n_1n_2n_3)\mathrm{e}^{\mathrm{i}\boldsymbol{\omega}\cdot\boldsymbol{x}}\mathrm{d}\omega_1\mathrm{d}\omega_2\mathrm{d}\omega_3 \tag{9.1.7}$$

将式(9.1.7)代入式(9.1.3)～式(9.1.6)，得：

第一分量：

$$\sum_{n_1n_2n_3}[mc^2+(n_1+n_2+n_3)ck_0]\Big(\int\varphi_1(\omega_1\omega_2\omega_3;n_1n_2n_3)\mathrm{e}^{\mathrm{i}\boldsymbol{\omega}\cdot\boldsymbol{x}}$$

$$\cdot\,\mathrm{d}\omega_1\mathrm{d}\omega_2\mathrm{d}\omega_3\mid n_1n_2n_3\rangle\Big)$$

$$+\sum_{n_1n_2n_3}\Big[\int\omega_3\varphi_3(\omega_1\omega_2\omega_3;n_1n_2n_3)\mathrm{e}^{\mathrm{i}\boldsymbol{\omega}\cdot\boldsymbol{x}}\mathrm{d}\omega_1\mathrm{d}\omega_2\mathrm{d}\omega_3\mid n_1n_2n_3\rangle$$

$$-e\sqrt{\frac{1}{2ck_0}}\Big(\sqrt{n_1}\int\varphi_3(\omega_1\omega_2\omega_3;n_1n_2n_3)\mathrm{e}^{\mathrm{i}(\omega_1+k_0)x_1}\mathrm{e}^{\mathrm{i}\omega_2x_2}\mathrm{e}^{\mathrm{i}\omega_3x_3}$$

$$\cdot\,\mathrm{d}\omega_1\mathrm{d}\omega_2\mathrm{d}\omega_3\mid n_1-1n_2n_3\rangle$$

$$+\sqrt{n_1+1}\int\varphi_3(\omega_1\omega_2\omega_3;n_1n_2n_3)\mathrm{e}^{\mathrm{i}(\omega_1-k_0)x_1}\mathrm{e}^{\mathrm{i}\omega_2x_2}\mathrm{e}^{\mathrm{i}\omega_3x_3}$$

$$\cdot\,\mathrm{d}\omega_1\mathrm{d}\omega_2\mathrm{d}\omega_3\mid n_1+1n_2n_3\rangle$$

$$+\sqrt{n_2}\int\varphi_3(\omega_1\omega_2\omega_3;n_1n_2n_3)\mathrm{e}^{\mathrm{i}\omega_1x_1}\mathrm{e}^{\mathrm{i}(\omega_2+k_0)x_2}\mathrm{e}^{\mathrm{i}\omega_3x_3}\mathrm{d}\omega_1\mathrm{d}\omega_2\mathrm{d}\omega_3\mid n_1n_2-1n_3\rangle$$

$$+\sqrt{n_2+1}\int\varphi_3(\omega_1\omega_2\omega_3;n_1n_2n_3)e^{i\omega_1x_1}e^{i(\omega_2-k_0)x_2}e^{i\omega_3x_3}d\omega_1d\omega_2d\omega_3\mid n_1n_2+1n_3\rangle\Big)\Big]$$

$$+\sum_{n_1n_2n_3}\Big[\int\omega_1\varphi_4(\omega_1\omega_2\omega_3;n_1n_2n_3)e^{i\omega\cdot x}d\omega_1d\omega_2d\omega_3\mid n_1n_2n_3\rangle$$

$$-i\int\omega_2\varphi_4(\omega_1\omega_2\omega_3;n_1n_2n_3)e^{i\omega\cdot x}d\omega_1d\omega_2d\omega_3\mid n_1n_2n_3\rangle$$

$$-e\sqrt{\frac{1}{2ck_0}}\Big(\sqrt{n_2}\int\varphi_4(\omega_1\omega_2\omega_3;n_1n_2n_3)e^{i\omega_1x_1}e^{i(\omega_2+k_0)x_2}e^{i\omega_3x_3}$$

$$\cdot d\omega_1d\omega_2d\omega_3\mid n_1n_2-1n_3\rangle$$

$$+\sqrt{n_2+1}\int\varphi_4(\omega_1\omega_2\omega_3;n_1n_2n_3)e^{i\omega_1x_1}e^{i(\omega_2-k_0)x_2}e^{i\omega_3x_3}d\omega_1d\omega_2d\omega_3\mid n_1n_2+1n_3\rangle$$

$$+\sqrt{n_3}\int\varphi_4(\omega_1\omega_2\omega_3;n_1n_2n_3)e^{i\omega_1x_1}e^{i\omega_2x_2}e^{i(\omega_3+k_0)x_3}d\omega_1d\omega_2d\omega_3\mid n_1n_2n_3-1\rangle$$

$$+\sqrt{n_3+1}\int\varphi_4(\omega_1\omega_2\omega_3;n_1n_2n_3)e^{i\omega_1x_1}e^{i\omega_2x_2}e^{i(\omega_3-k_0)x_3}d\omega_1d\omega_2d\omega_3\mid n_1n_2n_3+1\rangle\Big)$$

$$+ie\sqrt{\frac{1}{2ck_0}}\Big(\sqrt{n_1}\int\varphi_4(\omega_1\omega_2\omega_3;n_1n_2n_3)e^{i(\omega_1+k_0)x_1}e^{i\omega_2x_2}e^{i\omega_3x_3}$$

$$\cdot d\omega_1d\omega_2d\omega_3\mid n_1-1n_2n_3\rangle$$

$$+\sqrt{n_1+1}\int\varphi_4(\omega_1\omega_2\omega_3;n_1n_2n_3)e^{i(\omega_1-k_0)x_1}e^{i\omega_2x_2}e^{i\omega_3x_3}d\omega_1d\omega_2d\omega_3\mid n_1+1n_2n_3\rangle$$

$$+\sqrt{n_3}\int\varphi_4(\omega_1\omega_2\omega_3;n_1n_2n_3)e^{i\omega_1x_1}e^{i\omega_2x_2}e^{i(\omega_3+k_0)x_3}d\omega_1d\omega_2d\omega_3\mid n_1n_2n_3-1\rangle$$

$$+\sqrt{n_3+1}\int\varphi_4(\omega_1\omega_2\omega_3;n_1n_2n_3)e^{i\omega_1x_1}e^{i\omega_2x_2}e^{i(\omega_3-k_0)x_3}d\omega_1d\omega_2d\omega_3\mid n_1n_2+1n_3\rangle\Big)\Big]$$

$$=E\sum_{n_1n_2n_3}\int\varphi_1(\omega_1\omega_2\omega_3;n_1n_2n_3)e^{i\omega\cdot x}d\omega_1d\omega_2d\omega_3\mid n_1n_2n_3\rangle \tag{9.1.8}$$

第二分量：

$$\sum_{n_1n_2n_3}[mc^2+(n_1+n_2+n_3)ck_0]\int\varphi_2(\omega_1\omega_2\omega_3;n_1n_2n_3)e^{i\omega\cdot x}$$

$$\cdot d\omega_1d\omega_2d\omega_3\mid n_1n_2n_3\rangle$$

$$+\sum_{n_1n_2n_3}\Big[\int\omega_1\varphi_3(\omega_1\omega_2\omega_3;n_1n_2n_3)e^{i\omega\cdot x}d\omega_1d\omega_2d\omega_3\mid n_1n_2n_3\rangle$$

$$+i\int\omega_2\varphi_3(\omega_1\omega_2\omega_3;n_1n_2n_3)e^{i\omega\cdot x}d\omega_1d\omega_2d\omega_3\mid n_1n_2n_3\rangle$$

$$-e\sqrt{\frac{1}{2ck_0}}\Big(\sqrt{n_2}\int\varphi_3(\omega_1\omega_2\omega_3;n_1n_2n_3)e^{i\omega_1x_1}e^{i(\omega_2+k_0)x_2}e^{i\omega_3x_3}$$

$$\cdot\, \mathrm{d}\omega_1 \mathrm{d}\omega_2 \mathrm{d}\omega_3 \mid n_1 n_2 - 1 n_3\rangle$$

$$+ \sqrt{n_2 + 1}\int \varphi_3(\omega_1\omega_2\omega_3; n_1 n_2 n_3) \mathrm{e}^{\mathrm{i}\omega_1 x_1} \mathrm{e}^{\mathrm{i}(\omega_2 + k_0) x_2} \mathrm{e}^{\mathrm{i}\omega_3 x_3} \mathrm{d}\omega_1 \mathrm{d}\omega_2 \mathrm{d}\omega_3 \mid n_1 n_2 + 1 n_3\rangle$$

$$+ \sqrt{n_3}\int \varphi_3(\omega_1\omega_2\omega_3; n_1 n_2 n_3) \mathrm{e}^{\mathrm{i}\omega_1 x_1} \mathrm{e}^{\mathrm{i}\omega_2 x_2} \mathrm{e}^{\mathrm{i}(\omega_3 + k_0) x_3} \mathrm{d}\omega_1 \mathrm{d}\omega_2 \mathrm{d}\omega_3 \mid n_1 n_2 n_3 - 1\rangle$$

$$+ \sqrt{n_3 + 1}\int \varphi_3(\omega_1\omega_2\omega_3; n_1 n_2 n_3) \mathrm{e}^{\mathrm{i}\omega_1 x_1} \mathrm{e}^{\mathrm{i}\omega_2 x_2} \mathrm{e}^{\mathrm{i}(\omega_3 - k_0) x_3} \mathrm{d}\omega_1 \mathrm{d}\omega_2 \mathrm{d}\omega_3 \mid n_1 n_2 n_3 + 1\rangle\Big)$$

$$- \mathrm{i}e\sqrt{\frac{1}{2ck_0}}\Big(\sqrt{n_2}\int \varphi_3(\omega_1\omega_2\omega_3; n_1 n_2 n_3) \mathrm{e}^{\mathrm{i}\omega_1 x_1} \mathrm{e}^{\mathrm{i}(\omega_2 + k_0) x_2} \mathrm{e}^{\mathrm{i}\omega_3 x_3}$$

$$\cdot\, \mathrm{d}\omega_1 \mathrm{d}\omega_2 \mathrm{d}\omega_3 \mid n_1 n_2 - 1 n_3\rangle$$

$$+ \sqrt{n_2 + 1}\int \varphi_3(\omega_1\omega_2\omega_3; n_1 n_2 n_3) \mathrm{e}^{\mathrm{i}\omega_1 x_1} \mathrm{e}^{\mathrm{i}(\omega_2 - k_0) x_2} \mathrm{e}^{\mathrm{i}\omega_3 x_3} \mathrm{d}\omega_1 \mathrm{d}\omega_2 \mathrm{d}\omega_3 \mid n_1 n_2 + 1 n_3\rangle$$

$$+ \sqrt{n_3}\int \varphi_3(\omega_1\omega_2\omega_3; n_1 n_2 n_3) \mathrm{e}^{\mathrm{i}\omega_1 x_1} \mathrm{e}^{\mathrm{i}\omega_2 x_2} \mathrm{e}^{\mathrm{i}(\omega_3 + k_0) x_3} \mathrm{d}\omega_1 \mathrm{d}\omega_2 \mathrm{d}\omega_3 \mid n_1 n_2 n_3 - 1\rangle$$

$$+ \sqrt{n_3 + 1}\int \varphi_3(\omega_1\omega_2\omega_3; n_1 n_2 n_3) \mathrm{e}^{\mathrm{i}\omega_1 x_1} \mathrm{e}^{\mathrm{i}\omega_2 x_2} \mathrm{e}^{\mathrm{i}(\omega_3 - k_0) x_3} \mathrm{d}\omega_1 \mathrm{d}\omega_2 \mathrm{d}\omega_3 \mid n_1 n_2 n_3 + 1\rangle\Big)\Big]$$

$$+ \sum_{n_1 n_2 n_3}\Big[-\int \omega_3 \varphi_4(\omega_1\omega_2\omega_3; n_1 n_2 n_3) \mathrm{e}^{\mathrm{i}\boldsymbol{\omega}\cdot\boldsymbol{x}} \mathrm{d}\omega_1 \mathrm{d}\omega_2 \mathrm{d}\omega_3 \mid n_1 n_2 n_3\rangle$$

$$- e\sqrt{\frac{1}{2ck_0}}\Big(\sqrt{n_1}\int \varphi_4(\omega_1\omega_2\omega_3; n_1 n_2 n_3) \mathrm{e}^{\mathrm{i}(\omega_1 + k_0) x_1} \mathrm{e}^{\mathrm{i}\omega_2 x_2} \mathrm{e}^{\mathrm{i}\omega_3 x_3}$$

$$\cdot\, \mathrm{d}\omega_1 \mathrm{d}\omega_2 \mathrm{d}\omega_3 \mid n_1 - 1 n_2 n_3\rangle$$

$$+ \sqrt{n_1 + 1}\int \varphi_4(\omega_1\omega_2\omega_3; n_1 n_2 n_3) \mathrm{e}^{\mathrm{i}(\omega_1 - k_0) x_1} \mathrm{e}^{\mathrm{i}\omega_2 x_2} \mathrm{e}^{\mathrm{i}\omega_3 x_3} \mathrm{d}\omega_1 \mathrm{d}\omega_2 \mathrm{d}\omega_3 \mid n_1 + 1 n_2 n_3\rangle$$

$$+ \sqrt{n_2}\int \varphi_4(\omega_1\omega_2\omega_3; n_1 n_2 n_3) \mathrm{e}^{\mathrm{i}\omega_1 x_1} \mathrm{e}^{\mathrm{i}(\omega_2 + k_0) x_2} \mathrm{e}^{\mathrm{i}\omega_3 x_3} \mathrm{d}\omega_1 \mathrm{d}\omega_2 \mathrm{d}\omega_3 \mid n_1 n_2 - 1 n_3\rangle$$

$$+ \sqrt{n_2 + 1}\int \varphi_4(\omega_1\omega_2\omega_3; n_1 n_2 n_3) \mathrm{e}^{\mathrm{i}\omega_1 x_1} \mathrm{e}^{\mathrm{i}(\omega_2 - k_0) x_2} \mathrm{e}^{\mathrm{i}\omega_3 x_3} \mathrm{d}\omega_1 \mathrm{d}\omega_2 \mathrm{d}\omega_3 \mid n_1 n_2 + 1 n_3\rangle\Big)\Big]$$

$$= E\Big(\int \varphi_2(\omega_1\omega_2\omega_3; n_1 n_2 n_3) \mathrm{e}^{\mathrm{i}\boldsymbol{\omega}\cdot\boldsymbol{x}} \mathrm{d}\omega_1 \mathrm{d}\omega_2 \mathrm{d}\omega_3 \mid n_1 n_2 n_3\rangle\Big) \tag{9.1.9}$$

第三分量：

$$\sum_{n_1 n_2 n_3}\int \omega_3 \varphi_1(\omega_1\omega_2\omega_3; n_1 n_2 n_3) \mathrm{e}^{\mathrm{i}\boldsymbol{\omega}\cdot\boldsymbol{x}} \mathrm{d}\omega_1 \mathrm{d}\omega_2 \mathrm{d}\omega_3 \mid n_1 n_2 n_3\rangle$$

$$- e\sqrt{\frac{1}{2ck_0}}\Big(\sqrt{n_1}\int \varphi_1(\omega_1\omega_2\omega_3; n_1 n_2 n_3) \mathrm{e}^{\mathrm{i}(\omega_1 + k_0) x_1} \mathrm{e}^{\mathrm{i}\omega_2 x_2} \mathrm{e}^{\mathrm{i}\omega_3 x_3}$$

$$\cdot\, \mathrm{d}\omega_1 \mathrm{d}\omega_2 \mathrm{d}\omega_3 \mid n_1 - 1 n_2 n_3\rangle$$

$$+\sqrt{n_1+1}\int \varphi_1(\omega_1\omega_2\omega_3;n_1n_2n_3)e^{i(\omega_1-k_0)x_1}e^{i\omega_2x_2}e^{i\omega_3x_3}d\omega_1d\omega_2d\omega_3 \mid n_1+1n_2n_3\rangle$$

$$+\sqrt{n_2}\int \varphi_1(\omega_1\omega_2\omega_3;n_1n_2n_3)e^{i\omega_1x_1}e^{i(\omega_2+k_0)x_2}e^{i\omega_3x_3}d\omega_1d\omega_2d\omega_3 \mid n_1n_2-1n_3\rangle$$

$$+\sqrt{n_2+1}\int \varphi_1(\omega_1\omega_2\omega_3;n_1n_2n_3)e^{i\omega_1x_1}e^{i(\omega_2-k_0)x_2}e^{i\omega_3x_3}d\omega_1d\omega_2d\omega_3 \mid n_1n_2+1n_3\rangle\Big)$$

$$+\sum_{n_1n_2n_3}\Big[\int \omega_1\varphi_2(\omega_1\omega_2\omega_3;n_1n_2n_3)e^{i\boldsymbol{\omega}\cdot\boldsymbol{x}}d\omega_1d\omega_2d\omega_3 \mid n_1n_2n_3\rangle$$

$$-i\int \omega_2\varphi_2(\omega_1\omega_2\omega_3;n_1n_2n_3)e^{i\boldsymbol{\omega}\cdot\boldsymbol{x}}d\omega_1d\omega_2d\omega_3 \mid n_1n_2n_3\rangle$$

$$-e\sqrt{\frac{1}{2ck_0}}\Big(\sqrt{n_2}\int \varphi_2(\omega_1\omega_2\omega_3;n_1n_2n_3)e^{i\omega_1x_1}e^{i(\omega_2+k_0)x_2}e^{i\omega_3x_3}$$

$$\cdot d\omega_1d\omega_2d\omega_3 \mid n_1n_2-1n_3\rangle$$

$$+\sqrt{n_2+1}\int \varphi_2(\omega_1\omega_2\omega_3;n_1n_2n_3)e^{i\omega_1x_1}e^{i(\omega_2-k_0)x_2}e^{i\omega_3x_3}d\omega_1d\omega_2d\omega_3 \mid n_1n_2+1n_3\rangle$$

$$+\sqrt{n_3}\int \varphi_2(\omega_1\omega_2\omega_3;n_1n_2n_3)e^{i\omega_1x_1}e^{i\omega_2x_2}e^{i(\omega_3+k_0)x_3}d\omega_1d\omega_2d\omega_3 \mid n_1n_2n_3-1\rangle$$

$$+\sqrt{n_3+1}\int \varphi_2(\omega_1\omega_2\omega_3;n_1n_2n_3)e^{i\omega_1x_1}e^{i\omega_2x_2}e^{i(\omega_3-k_0)x_3}d\omega_1d\omega_2d\omega_3 \mid n_1n_2n_3+1\rangle\Big)\Big]$$

$$+\sum_{n_1n_2n_3}[-mc^2+(n_1+n_2+n_3)ck_0]\int \varphi_3(\omega_1\omega_2\omega_3;n_1n_2n_3)e^{i\boldsymbol{\omega}\cdot\boldsymbol{x}}$$

$$\cdot d\omega_1d\omega_2d\omega_3 \mid n_1n_2n_3\rangle$$

$$=E\Big(\sum_{n_1n_2n_3}\int \varphi_3(\omega_1\omega_2\omega_3;n_1n_2n_3)e^{i\boldsymbol{\omega}\cdot\boldsymbol{x}}d\omega_1d\omega_2d\omega_3 \mid n_1n_2n_3\rangle\Big) \tag{9.1.10}$$

第四分量：

$$\sum_{n_1n_2n_3}\Big[\int \omega_1\varphi_1(\omega_1\omega_2\omega_3;n_1n_2n_3)e^{i\boldsymbol{\omega}\cdot\boldsymbol{x}}d\omega_1d\omega_2d\omega_3 \mid n_1n_2n_3\rangle$$

$$+i\int \omega_2\varphi_1(\omega_1\omega_2\omega_3;n_1n_2n_3)e^{i\boldsymbol{\omega}\cdot\boldsymbol{x}}d\omega_1d\omega_2d\omega_3 \mid n_1n_2n_3\rangle$$

$$-e\sqrt{\frac{1}{2ck_0}}\Big(\sqrt{n_2}\int \varphi_1(\omega_1\omega_2\omega_3;n_1n_2n_3)e^{i\omega_1x_1}e^{i(\omega_2+k_2)x_2}e^{i\omega_3x_3}$$

$$\cdot d\omega_1d\omega_2d\omega_3 \mid n_1n_2-1n_3\rangle$$

$$+\sqrt{n_2+1}\int \varphi_1(\omega_1\omega_2\omega_3;n_1n_2n_3)e^{i\omega_1x_1}e^{i(\omega_2-k_0)x_2}e^{i\omega_3x_3}d\omega_1d\omega_2d\omega_3 \mid n_1n_2+1n_3\rangle$$

$$+\sqrt{n_3}\int \varphi_1(\omega_1\omega_2\omega_3;n_1n_2n_3)e^{i\omega_1x_1}e^{i\omega_2x_2}e^{i(\omega_3+k_0)x_3}d\omega_1d\omega_2d\omega_3 \mid n_1n_2n_3-1\rangle$$

$$+\sqrt{n_3+1}\int\varphi_1(\omega_1\omega_2\omega_3;n_1n_2n_3)\mathrm{e}^{\mathrm{i}\omega_1x_1}\mathrm{e}^{\mathrm{i}\omega_2x_2}\mathrm{e}^{\mathrm{i}(\omega_3-k_0)x_3}\mathrm{d}\omega_1\mathrm{d}\omega_2\mathrm{d}\omega_3\mid n_1n_2n_3+1\rangle\Big)$$

$$+\mathrm{i}e\sqrt{\frac{1}{2ck_0}}\Big(\sqrt{n_1}\int\varphi_1(\omega_1\omega_2\omega_3;n_1n_2n_3)\mathrm{e}^{\mathrm{i}(\omega_1+k_0)x_1}\mathrm{e}^{\mathrm{i}\omega_2x_2}\mathrm{e}^{\mathrm{i}\omega_3x_3}$$

$$\cdot\mathrm{d}\omega_1\mathrm{d}\omega_2\mathrm{d}\omega_3\mid n_1-1n_2n_3\rangle$$

$$+\sqrt{n_1+1}\int\varphi_1(\omega_1\omega_2\omega_3;n_1n_2n_3)\mathrm{e}^{\mathrm{i}(\omega_1-k_0)x_1}\mathrm{e}^{\mathrm{i}\omega_2x_2}\mathrm{e}^{\mathrm{i}\omega_3x_3}\mathrm{d}\omega_1\mathrm{d}\omega_2\mathrm{d}\omega_3\mid n_1+1n_2n_3\rangle$$

$$+\sqrt{n_3}\int\varphi_1(\omega_1\omega_2\omega_3;n_1n_2n_3)\mathrm{e}^{\mathrm{i}\omega_1x_1}\mathrm{e}^{\mathrm{i}\omega_2x_2}\mathrm{e}^{\mathrm{i}(\omega_3+k_0)x_3}\mathrm{d}\omega_1\mathrm{d}\omega_2\mathrm{d}\omega_3\mid n_1n_2n_3-1\rangle$$

$$+\sqrt{n_3+1}\int\varphi_1(\omega_1\omega_2\omega_3;n_1n_2n_3)\mathrm{e}^{\mathrm{i}\omega_1x_1}\mathrm{e}^{\mathrm{i}\omega_2x_2}\mathrm{e}^{\mathrm{i}(\omega_3-k_0)x_3}\mathrm{d}\omega_1\mathrm{d}\omega_2\mathrm{d}\omega_3\mid n_1n_2n_3+1\rangle\Big)\Big]$$

$$+\sum_{n_1n_2n_3}\Big[-\int\omega_3\varphi_2(\omega_1\omega_2\omega_3;n_1n_2n_3)\mathrm{e}^{\mathrm{i}\boldsymbol{\omega}\cdot\boldsymbol{x}}\mathrm{d}\omega_1\mathrm{d}\omega_2\mathrm{d}\omega_3\mid n_1n_2n_3\rangle$$

$$+e\sqrt{\frac{1}{2ck_0}}\Big(\sqrt{n_1}\int\varphi_2(\omega_1\omega_2\omega_3;n_1n_2n_3)\mathrm{e}^{\mathrm{i}(\omega_1+k_0)x_1}\mathrm{e}^{\mathrm{i}\omega_2x_2}\mathrm{e}^{\mathrm{i}\omega_3x_3}$$

$$\cdot\mathrm{d}\omega_1\mathrm{d}\omega_2\mathrm{d}\omega_3\mid n_1-1n_2n_3\rangle$$

$$+\sqrt{n_1+1}\int\varphi_2(\omega_1\omega_2\omega_3;n_1n_2n_3)\mathrm{e}^{\mathrm{i}(\omega_1-k_0)x_1}\mathrm{e}^{\mathrm{i}\omega_2x_2}\mathrm{e}^{\mathrm{i}\omega_3x_3}\mathrm{d}\omega_1\mathrm{d}\omega_2\mathrm{d}\omega_3\mid n_1+1n_2n_3\rangle$$

$$+\sqrt{n_2}\int\varphi_2(\omega_1\omega_2\omega_3;n_1n_2n_3)\mathrm{e}^{\mathrm{i}\omega_1x_1}\mathrm{e}^{\mathrm{i}(\omega_2+k_0)x_2}\mathrm{e}^{\mathrm{i}\omega_3x_3}\mathrm{d}\omega_1\mathrm{d}\omega_2\mathrm{d}\omega_3\mid n_1n_2-1n_3\rangle$$

$$+\sqrt{n_2+1}\int\varphi_2(\omega_1\omega_2\omega_3;n_1n_2n_3)\mathrm{e}^{\mathrm{i}\omega_1x_1}\mathrm{e}^{\mathrm{i}(\omega_2-k_0)x_2}\mathrm{e}^{\mathrm{i}\omega_3x_3}\mathrm{d}\omega_1\mathrm{d}\omega_2\mathrm{d}\omega_3\mid n_1n_2+1n_3\rangle\Big)\Big]$$

$$+\sum_{n_1n_2n_3}[-mc^2+(n_1+n_2+n_3)ck_0]\int\varphi_4(\omega_1\omega_2\omega_3;n_1n_2n_3)\mathrm{e}^{\mathrm{i}\boldsymbol{\omega}\cdot\boldsymbol{x}}$$

$$\cdot\mathrm{d}\omega_1\mathrm{d}\omega_2\mathrm{d}\omega_3\mid n_1n_2n_3\rangle$$

$$=E\Big(\sum_{n_1n_2n_3}\int\varphi_4(\omega_1\omega_2\omega_3;n_1n_2n_3)\mathrm{e}^{\mathrm{i}\boldsymbol{\omega}\cdot\boldsymbol{x}}\mathrm{d}\omega_1\mathrm{d}\omega_2\mathrm{d}\omega_3\mid n_1n_2n_3\rangle\Big)\tag{9.1.11}$$

由于不同的 $\boldsymbol{\omega}$ 的函数 $\mathrm{e}^{\mathrm{i}\boldsymbol{\omega}\cdot\boldsymbol{x}}$之间有正交关系,即

$$\int\mathrm{e}^{\mathrm{i}\boldsymbol{\omega}\cdot\boldsymbol{x}}\mathrm{e}^{-\mathrm{i}\boldsymbol{\omega}'\cdot\boldsymbol{x}}\mathrm{d}\boldsymbol{x}=(2\pi)^3\delta(\boldsymbol{\omega}-\boldsymbol{\omega}')\tag{9.1.12}$$

将式(9.1.8)~式(9.1.11)的两端乘以 $\mathrm{e}^{-\mathrm{i}\boldsymbol{\omega}\cdot\boldsymbol{x}}$,并对 $\boldsymbol{x}$ 积分,利用式(9.1.12)可得:

第一分量:

$$\sum_{n_1n_2n_3}[mc^2+(n_1+n_2+n_3)ck_0]\int\varphi_1(\omega_1\omega_2\omega_3;n_1n_2n_3)\mathrm{d}\omega_1\mathrm{d}\omega_2\mathrm{d}\omega_3\mid n_1n_2n_3\rangle$$

$$
\begin{aligned}
&+\sum_{n_1n_2n_3}\int\omega_3\varphi_3(\omega_1\omega_2\omega_3;n_1n_2n_3)\mathrm{d}\omega_1\mathrm{d}\omega_2\mathrm{d}\omega_3\mid n_1n_2n_3\rangle\\
&-e\sqrt{\frac{1}{2ck_0}}\Big(\sqrt{n_1}\int\varphi_3(\omega_1+k_0\omega_2\omega_3;n_1n_2n_3)\mathrm{d}\omega_1\mathrm{d}\omega_2\mathrm{d}\omega_3\mid n_1-1n_2n_3\rangle\\
&+\sqrt{n_1+1}\int\varphi_3(\omega_1-k_0\omega_2\omega_3;n_1n_2n_3)\mathrm{d}\omega_1\mathrm{d}\omega_2\mathrm{d}\omega_3\mid n_1+1n_2n_3\rangle\\
&+\sqrt{n_2}\int\varphi_3(\omega_1\omega_2+k_0\omega_3;n_1n_2n_3)\mathrm{d}\omega_1\mathrm{d}\omega_2\mathrm{d}\omega_3\mid n_1n_2-1n_3\rangle\\
&+\sqrt{n_2+1}\int\varphi_3(\omega_1\omega_2-k_0\omega_3;n_1n_2n_3)\mathrm{d}\omega_1\mathrm{d}\omega_2\mathrm{d}\omega_3\mid n_1n_2+1n_3\rangle\Big)\\
&+\sum_{n_1n_2n_3}\Big[\int\omega_1\varphi_4(\omega_1\omega_2\omega_3;n_1n_2n_3)\mathrm{d}\omega_1\mathrm{d}\omega_2\mathrm{d}\omega_3\mid n_1n_2n_3\rangle\\
&-\mathrm{i}\int\omega_2\varphi_4(\omega_1\omega_2\omega_3;n_1n_2n_3)\mathrm{d}\omega_1\mathrm{d}\omega_2\mathrm{d}\omega_3\mid n_1n_2n_3\rangle\\
&-e\sqrt{\frac{1}{2ck_0}}\Big(\sqrt{n_2}\int\varphi_4(\omega_1\omega_2+k_0\omega_3;n_1n_2n_3)\mathrm{d}\omega_1\mathrm{d}\omega_2\mathrm{d}\omega_3\mid n_1n_2-1n_3\rangle\\
&+\sqrt{n_2+1}\int\varphi_4(\omega_1\omega_2-k_0\omega_3;n_1n_2n_3)\mathrm{d}\omega_1\mathrm{d}\omega_2\mathrm{d}\omega_3\mid n_1n_2+1n_3\rangle\\
&+\sqrt{n_3}\int\varphi_4(\omega_1+k_0\omega_2\omega_3;n_1n_2n_3)\mathrm{d}\omega_1\mathrm{d}\omega_2\mathrm{d}\omega_3\mid n_1n_2n_3-1\rangle\\
&+\sqrt{n_3+1}\int\varphi_4(\omega_1-k_0\omega_2\omega_3;n_1n_2n_3)\mathrm{d}\omega_1\mathrm{d}\omega_2\mathrm{d}\omega_3\mid n_1n_2n_3+1\rangle\Big)\\
&+\mathrm{i}e\sqrt{\frac{1}{2ck_0}}\Big(\sqrt{n_1}\int\varphi_4(\omega_1+k_0\omega_2\omega_3;n_1n_2n_3)\mathrm{d}\omega_1\mathrm{d}\omega_2\mathrm{d}\omega_3\mid n_1-1n_2n_3\rangle\\
&+\sqrt{n_1+1}\int\varphi_4(\omega_1-k_0\omega_2\omega_3;n_1n_2n_3)\mathrm{d}\omega_1\mathrm{d}\omega_2\mathrm{d}\omega_3\mid n_1+1n_2n_3\rangle\\
&+\sqrt{n_3}\int\varphi_4(\omega_1\omega_2\omega_3+k_0;n_1n_2n_3)\mathrm{d}\omega_1\mathrm{d}\omega_2\mathrm{d}\omega_3\mid n_1n_2n_3-1\rangle\\
&+\sqrt{n_3+1}\int\varphi_4(\omega_1\omega_2\omega_3-k_0;n_1n_2n_3)\mathrm{d}\omega_1\mathrm{d}\omega_2\mathrm{d}\omega_3\mid n_1n_2n_3+1\rangle\Big)\Big]\\
&\quad=E\sum_{n_1n_2n_3}\int\varphi_1(\omega_1\omega_2\omega_3;n_1n_2n_3)\mathrm{d}\omega_1\mathrm{d}\omega_2\mathrm{d}\omega_3\mid n_1n_2n_3\rangle
\end{aligned}\tag{9.1.13}
$$

第二分量：

$$
\sum_{n_1n_2n_3}[mc^2+(n_1+n_2+n_3)ck_0]\int\varphi_2(\omega_1\omega_2\omega_3;n_1n_2n_3)\mathrm{d}\omega_1\mathrm{d}\omega_2\mathrm{d}\omega_3\mid n_1n_2n_3\rangle
$$

$$+\sum_{n_1n_2n_3}\Big[\iint\omega_1\varphi_3(\omega_1\omega_2\omega_3;n_1n_2n_3)\mathrm{d}\omega_1\mathrm{d}\omega_2\mathrm{d}\omega_3\mid n_1n_2n_3\rangle$$

$$+\mathrm{i}\int\omega_2\varphi_3(\omega_1\omega_2\omega_3;n_1n_2n_3)\mathrm{d}\omega_1\mathrm{d}\omega_2\mathrm{d}\omega_3\mid n_1n_2n_3\rangle$$

$$-\mathrm{i}e\sqrt{\frac{1}{2ck_0}}\Big(\sqrt{n_2}\int\varphi_3(\omega_1\omega_2+k_0\omega_3;n_1n_2n_3)\mathrm{d}\omega_1\mathrm{d}\omega_2\mathrm{d}\omega_3\mid n_1n_2-1n_3\rangle$$

$$+\sqrt{n_2+1}\int\varphi_3(\omega_1\omega_2-k_0\omega_3;n_1n_2n_3)\mathrm{d}\omega_1\mathrm{d}\omega_2\mathrm{d}\omega_3\mid n_1n_2+1n_3\rangle$$

$$+\sqrt{n_3}\int\varphi_3(\omega_1\omega_2\omega_3+k_0;n_1n_2n_3)\mathrm{d}\omega_1\mathrm{d}\omega_2\mathrm{d}\omega_3\mid n_1n_2n_3-1\rangle$$

$$+\sqrt{n_3+1}\int\varphi_3(\omega_1\omega_2\omega_3-k_0;n_1n_2n_3)\mathrm{d}\omega_1\mathrm{d}\omega_2\mathrm{d}\omega_3\mid n_1n_2n_3+1\rangle\Big)\Big]$$

$$-\sum_{n_1n_2n_3}\Big[\iint\omega_3\varphi_4(\omega_1\omega_2\omega_3;n_1n_2n_3)\mathrm{d}\omega_1\mathrm{d}\omega_2\mathrm{d}\omega_3\mid n_1n_2n_3\rangle$$

$$-e\sqrt{\frac{1}{2ck_0}}\Big(\sqrt{n_1}\int\varphi_4(\omega_1+k_0\omega_2\omega_3;n_1n_2n_3)\mathrm{d}\omega_1\mathrm{d}\omega_2\mathrm{d}\omega_3\mid n_1-1n_2n_3\rangle$$

$$+\sqrt{n_1+1}\int\varphi_4(\omega_1-k_0\omega_2\omega_3;n_1n_2n_3)\mathrm{d}\omega_1\mathrm{d}\omega_2\mathrm{d}\omega_3\mid n_1+1n_2n_3\rangle$$

$$+\sqrt{n_2}\int\varphi_4(\omega_1\omega_2+k_0\omega_3;n_1n_2n_3)\mathrm{d}\omega_1\mathrm{d}\omega_2\mathrm{d}\omega_3\mid n_1n_2-1n_3\rangle$$

$$+\sqrt{n_2+1}\int\varphi_4(\omega_1\omega_2-k_0\omega_3;n_1n_2n_3)\mathrm{d}\omega_1\mathrm{d}\omega_2\mathrm{d}\omega_3\mid n_1n_2+1n_3\rangle\Big)\Big]$$

$$=E\int\varphi_2(\omega_1\omega_2\omega_3;n_1n_2n_3)\mathrm{d}\omega_1\mathrm{d}\omega_2\mathrm{d}\omega_3\mid n_1n_2n_3\rangle \tag{9.1.14}$$

第三分量：

$$\sum_{n_1n_2n_3}\Big[\iint\omega_3\varphi_1(\omega_1\omega_2\omega_3;n_1n_2n_3)\mathrm{d}\omega_1\mathrm{d}\omega_2\mathrm{d}\omega_3\mid n_1n_2n_3\rangle$$

$$-e\sqrt{\frac{1}{2ck_0}}\Big(\sqrt{n_1}\int\varphi_1(\omega_1+k_0\omega_2\omega_3;n_1n_2n_3)\mathrm{d}\omega_1\mathrm{d}\omega_2\mathrm{d}\omega_3\mid n_1-1n_2n_3\rangle$$

$$+\sqrt{n_1+1}\int\varphi_1(\omega_1-k_0\omega_2\omega_3;n_1n_2n_3)\mathrm{d}\omega_1\mathrm{d}\omega_2\mathrm{d}\omega_3\mid n_1+1n_2n_3\rangle$$

$$+\sqrt{n_2}\int\varphi_1(\omega_1\omega_2+k_0\omega_3;n_1n_2n_3)\mathrm{d}\omega_1\mathrm{d}\omega_2\mathrm{d}\omega_3\mid n_1n_2-1n_3\rangle$$

$$+\sqrt{n_2+1}\int\varphi_1(\omega_1\omega_2-k_0\omega_3;n_1n_2n_3)\mathrm{d}\omega_1\mathrm{d}\omega_2\mathrm{d}\omega_3\mid n_1n_2+1n_3\rangle\Big)\Big]$$

$$+\sum_{n_1n_2n_3}\Big[\Big[\int\omega_1\varphi_2(\omega_1\omega_2\omega_3;n_1n_2n_3)\mathrm{d}\omega_1\mathrm{d}\omega_2\mathrm{d}\omega_3\mid n_1n_2n_3\rangle$$

$$-\mathrm{i}\int\omega_2\varphi_2(\omega_1\omega_2\omega_3;n_1n_2n_3)\mathrm{d}\omega_1\mathrm{d}\omega_2\mathrm{d}\omega_3\mid n_1n_2n_3\rangle$$

$$-e\sqrt{\frac{1}{2ck_0}}\Big(\sqrt{n_2}\int\varphi_2(\omega_1\omega_2+k_0\omega_3;n_1n_2n_3)\mathrm{d}\omega_1\mathrm{d}\omega_2\mathrm{d}\omega_3\mid n_1n_2-1n_3\rangle$$

$$+\sqrt{n_2+1}\int\varphi_2(\omega_1\omega_2-k_0\omega_3;n_1n_2n_3)\mathrm{d}\omega_1\mathrm{d}\omega_2\mathrm{d}\omega_3\mid n_1n_2+1n_3\rangle$$

$$+\sqrt{n_3}\int\varphi_2(\omega_1\omega_2\omega_3+k_0;n_1n_2n_3)\mathrm{d}\omega_1\mathrm{d}\omega_2\mathrm{d}\omega_3\mid n_1n_2n_3-1\rangle$$

$$+\sqrt{n_3+1}\int\varphi_2(\omega_1\omega_2\omega_3-k_0;n_1n_2n_3)\mathrm{d}\omega_1\mathrm{d}\omega_2\mathrm{d}\omega_3\mid n_1n_2n_3+1\rangle\Big)\Big]$$

$$+\sum_{n_1n_2n_3}[-mc^2+(n_1+n_2+n_3)ck_0]\int\varphi_3(\omega_1\omega_2\omega_3;n_1n_2n_3)\mathrm{d}\omega_1\mathrm{d}\omega_2\mathrm{d}\omega_3\mid n_1n_2n_3\rangle$$

$$=E\sum_{n_1n_2n_3}\int\varphi_3(\omega_1\omega_2\omega_3;n_1n_2n_3)\mathrm{d}\omega_1\mathrm{d}\omega_2\mathrm{d}\omega_3\mid n_1n_2n_3\rangle\tag{9.1.15}$$

第四分量：

$$\sum_{n_1n_2n_3}\Big[\Big[\int\omega_1\varphi_1(\omega_1\omega_2\omega_3;n_1n_2n_3)\mathrm{d}\omega_1\mathrm{d}\omega_2\mathrm{d}\omega_3\mid n_1n_2n_3\rangle$$

$$-e\sqrt{\frac{1}{2ck_0}}\Big(\sqrt{n_2}\int\varphi_1(\omega_1\omega_2+k_0\omega_3;n_1n_2n_3)\mathrm{d}\omega_1\mathrm{d}\omega_2\mathrm{d}\omega_3\mid n_1n_2-1n_3\rangle$$

$$+\sqrt{n_2+1}\int\varphi_1(\omega_1\omega_2-k_0\omega_3;n_1n_2n_3)\mathrm{d}\omega_1\mathrm{d}\omega_2\mathrm{d}\omega_3\mid n_1n_2+1n_3\rangle$$

$$+\sqrt{n_3}\int\varphi_1(\omega_1\omega_2\omega_3+k_0;n_1n_2n_3)\mathrm{d}\omega_1\mathrm{d}\omega_2\mathrm{d}\omega_3\mid n_1n_2n_3-1\rangle$$

$$+\sqrt{n_3+1}\int\varphi_1(\omega_1\omega_2\omega_3-k_0;n_1n_2n_3)\mathrm{d}\omega_1\mathrm{d}\omega_2\mathrm{d}\omega_3\mid n_1n_2n_3+1\rangle\Big)$$

$$+\mathrm{i}e\sqrt{\frac{1}{2ck_0}}\Big(\sqrt{n_1}\int\varphi_1(\omega_1+k_0\omega_2\omega_3;n_1n_2n_3)\mathrm{d}\omega_1\mathrm{d}\omega_2\mathrm{d}\omega_3\mid n_1-1n_2n_3\rangle$$

$$+\sqrt{n_1+1}\int\varphi_1(\omega_1-k_0\omega_2\omega_3;n_1n_2n_3)\mathrm{d}\omega_1\mathrm{d}\omega_2\mathrm{d}\omega_3\mid n_1+1n_2n_3\rangle$$

$$+\sqrt{n_3}\int\varphi_1(\omega_1\omega_2\omega_3+k_0;n_1n_2n_3)\mathrm{d}\omega_1\mathrm{d}\omega_2\mathrm{d}\omega_3\mid n_1n_2n_3-1\rangle$$

$$+\sqrt{n_3+1}\int\varphi_1(\omega_1\omega_2\omega_3-k_0;n_1n_2n_3)\mathrm{d}\omega_1\mathrm{d}\omega_2\mathrm{d}\omega_3\mid n_1n_2n_3+1\rangle\Big)\Big]$$

$$
\begin{aligned}
&- \sum_{n_1 n_2 n_3}\Big[\int \omega_3 \varphi_2(\omega_1\omega_2\omega_3; n_1 n_2 n_3)\mathrm{d}\omega_1\mathrm{d}\omega_2\mathrm{d}\omega_3 \mid n_1 n_2 n_3\rangle \\
&+ e\sqrt{\frac{1}{2ck_0}}\Big(\sqrt{n_1}\int \varphi_2(\omega_1 + k_0\omega_2\omega_3; n_1 n_2 n_3)\mathrm{d}\omega_1\mathrm{d}\omega_2\mathrm{d}\omega_3 \mid n_1 - 1 n_2 n_3\rangle \\
&+ \sqrt{n_1 + 1}\int \varphi_2(\omega_1 - k_0\omega_2\omega_3; n_1 n_2 n_3)\mathrm{d}\omega_1\mathrm{d}\omega_2\mathrm{d}\omega_3 \mid n_1 + 1 n_2 n_3\rangle \\
&+ \sqrt{n_2}\int \varphi_2(\omega_1\omega_2 + k_0\omega_3; n_1 n_2 n_3)\mathrm{d}\omega_1\mathrm{d}\omega_2\mathrm{d}\omega_3 \mid n_1 n_2 - 1 n_3\rangle \\
&+ \sqrt{n_2 + 1}\int \varphi_2(\omega_1\omega_2 - k_0\omega_3; n_1 n_2 n_3)\mathrm{d}\omega_1\mathrm{d}\omega_2\mathrm{d}\omega_3 \mid n_1 n_2 + 1 n_3\rangle\Big)\Big] \\
&+ \sum_{n_1 n_2 n_3}[-mc^2 + (n_1 + n_2 + n_3)ck_0]\int \varphi_4(\omega_1\omega_2\omega_3; n_1 n_2 n_3)\mathrm{d}\omega_1\mathrm{d}\omega_2\mathrm{d}\omega_3 \mid n_1 n_2 n_3\rangle \\
&\quad = E\sum_{n_1 n_2 n_3}\int \varphi_4(\omega_1\omega_2\omega_3; n_1 n_2 n_3)\mathrm{d}\omega_1\mathrm{d}\omega_2\mathrm{d}\omega_3 \mid n_1 n_2 n_3\rangle \qquad (9.1.16)
\end{aligned}
$$

再考虑到不同的$\{|n_1 n_2 n_3\rangle\}$是正交归一的,式(9.1.13)～式(9.1.16)还可进一步整理为:

第一分量:

$$
\begin{aligned}
&[mc^2 + (n_1 + n_2 + n_3)ck_0]\int \varphi_1(\omega_1\omega_2\omega_3; n_1 n_2 n_3)\mathrm{d}\boldsymbol{\omega} \\
&+ \int \omega_3\varphi_3(\omega_1\omega_2\omega_3; n_1 n_2 n_3)\mathrm{d}\boldsymbol{\omega} \\
&- e\sqrt{\frac{1}{2ck_0}}\Big(\sqrt{n_1 + 1}\int \varphi_3(\omega_1 + k_0\omega_2\omega_3; n_1 + 1 n_2 n_3)\mathrm{d}\boldsymbol{\omega} \\
&+ \sqrt{n_1}\int \varphi_3(\omega_1 - k_0\omega_2\omega_3; n_1 - 1 n_2 n_3)\mathrm{d}\boldsymbol{\omega} \\
&+ \sqrt{n_2 + 1}\int \varphi_3(\omega_1\omega_2 + k_0\omega_3; n_1 n_2 + 1 n_3)\mathrm{d}\boldsymbol{\omega} \\
&+ \sqrt{n_2}\int \varphi_3(\omega_1\omega_2 - k_0\omega_3; n_1 n_2 - 1 n_3)\mathrm{d}\boldsymbol{\omega}\Big) \\
&+ \int \omega_1\varphi_4(\omega_1\omega_2\omega_3; n_1 n_2 n_3)\mathrm{d}\boldsymbol{\omega} \\
&- \mathrm{i}\int \omega_2\varphi_4(\omega_1\omega_2\omega_3; n_1 n_2 n_3)\mathrm{d}\boldsymbol{\omega} \\
&- e\sqrt{\frac{1}{2ck_0}}\Big(\sqrt{n_2 + 1}\int \varphi_4(\omega_1\omega_2 + k_0\omega_3; n_1 n_2 + 1 n_3)\mathrm{d}\boldsymbol{\omega} \\
&+ \sqrt{n_2}\int \varphi_4(\omega_1\omega_2 - k_0\omega_3; n_1 n_2 - 1 n_3)\mathrm{d}\boldsymbol{\omega}
\end{aligned}
$$

$$+\sqrt{n_3+1}\int\varphi_4(\omega_1\omega_2\omega_3+k_0;n_1n_2n_3+1)\mathrm{d}\boldsymbol{\omega}$$

$$+\sqrt{n_3}\int\varphi_4(\omega_1\omega_2\omega_3-k_0;n_1n_2n_3-1)\mathrm{d}\boldsymbol{\omega}\Big)$$

$$+\mathrm{i}e\sqrt{\frac{1}{2ck_0}}\Big(\sqrt{n_1+1}\int\varphi_4(\omega_1+k_0\omega_2\omega_3;n_1+1n_2n_3)\mathrm{d}\boldsymbol{\omega}$$

$$+\sqrt{n_1}\int\varphi_4(\omega_1-k_0\omega_2\omega_3;n_1-1n_2n_3)\mathrm{d}\boldsymbol{\omega}$$

$$+\sqrt{n_3+1}\int\varphi_4(\omega_1\omega_2\omega_3+k_0;n_1n_2n_3+1)\mathrm{d}\boldsymbol{\omega}$$

$$+\sqrt{n_3}\int\varphi_4(\omega_1\omega_2\omega_3-k_0;n_1n_2n_3-1)\mathrm{d}\boldsymbol{\omega}\Big)$$

$$=E\int\varphi_1(\omega_1\omega_2\omega_3;n_1n_2n_3)\mathrm{d}\boldsymbol{\omega} \tag{9.1.17}$$

第二分量：

$$[mc^2+(n_1+n_2+n_3)ck_0]\int\varphi_2(\omega_1\omega_2\omega_3;n_1n_2n_3)\mathrm{d}\boldsymbol{\omega}$$

$$+\int\omega_1\varphi_3(\omega_1\omega_2\omega_3;n_1n_2n_3)\mathrm{d}\boldsymbol{\omega}$$

$$+\mathrm{i}\int\omega_2\phi_3(\omega_1\omega_2\omega_3;n_1n_2n_3)\mathrm{d}\boldsymbol{\omega}$$

$$-\mathrm{i}e\sqrt{\frac{1}{2ck_0}}\Big(\sqrt{n_2+1}\int\varphi_3(\omega_1\omega_2+k_0\omega_3;n_1n_2+1n_3)\mathrm{d}\boldsymbol{\omega}$$

$$+\sqrt{n_2}\int\varphi_3(\omega_1\omega_2-k_0\omega_3;n_1n_2-1n_3)\mathrm{d}\boldsymbol{\omega}$$

$$+\sqrt{n_3+1}\int\varphi_3(\omega_1\omega_2\omega_3+k_0;n_1n_2n_3+1)\mathrm{d}\boldsymbol{\omega}$$

$$+\sqrt{n_3}\int\varphi_3(\omega_1\omega_2\omega_3-k_0;n_1n_2n_3-1)\mathrm{d}\boldsymbol{\omega}\Big)$$

$$-\int\omega_3\varphi_4(\omega_1\omega_2\omega_3;n_1n_2n_3)\mathrm{d}\boldsymbol{\omega}$$

$$-e\sqrt{\frac{1}{2ck_0}}\Big(\sqrt{n_1+1}\int\varphi_4(\omega_1+k_0\omega_2\omega_3;n_1+1n_2n_3)\mathrm{d}\boldsymbol{\omega}$$

$$+\sqrt{n_1}\int\varphi_4(\omega_1-k_0\omega_2\omega_3;n_1-1n_2n_3)\mathrm{d}\boldsymbol{\omega}$$

$$+\sqrt{n_2+1}\int\varphi_4(\omega_1\omega_2+k_0\omega_3;n_1n_2+1n_3)\mathrm{d}\boldsymbol{\omega}$$

$$+\sqrt{n_2}\int\varphi_4(\omega_1\omega_2-k_0\omega_3;n_1n_2-1n_3)\mathrm{d}\boldsymbol{\omega}\Big)$$

$$=E\int\varphi_2(\omega_1\omega_2\omega_3;n_1n_2n_3)\mathrm{d}\boldsymbol{\omega} \tag{9.1.18}$$

第三分量：

$$\int\omega_3\varphi_1(\omega_1\omega_2\omega_3;n_1n_2n_3)\mathrm{d}\boldsymbol{\omega}$$

$$-e\sqrt{\frac{1}{2ck_0}}\Big(\sqrt{n_1+1}\int\varphi_1(\omega_1+k_0\omega_2\omega_3;n_1+1n_2n_3)\mathrm{d}\boldsymbol{\omega}$$

$$+\sqrt{n_1}\int\varphi_1(\omega_1-k_0\omega_2\omega_3;n_1-1n_2n_3)\mathrm{d}\boldsymbol{\omega}$$

$$+\sqrt{n_2+1}\int\varphi_1(\omega_1\omega_2+k_0\omega_3;n_1n_2+1n_3)\mathrm{d}\boldsymbol{\omega}$$

$$+\sqrt{n_2}\int\varphi_1(\omega_1\omega_2-k_0\omega_3;n_1n_2-1n_3)\mathrm{d}\boldsymbol{\omega}\Big)$$

$$+\int\omega_1\varphi_2(\omega_1\omega_2\omega_3;n_1+1n_2n_3)\mathrm{d}\boldsymbol{\omega}$$

$$-\mathrm{i}\int\omega_2\varphi_2(\omega_1\omega_2\omega_3;n_1n_2n_3)\mathrm{d}\boldsymbol{\omega}$$

$$-e\sqrt{\frac{1}{2ck_0}}\Big(\sqrt{n_2+1}\int\varphi_2(\omega_1\omega_2+k_0\omega_3;n_1n_2+1n_3)\mathrm{d}\boldsymbol{\omega}$$

$$+\sqrt{n_2}\int\varphi_2(\omega_1\omega_2-k_0\omega_3;n_1n_2-1n_3)\mathrm{d}\boldsymbol{\omega}$$

$$+\sqrt{n_3+1}\int\varphi_2(\omega_1\omega_2\omega_3+k_0;n_1n_2n_3+1)\mathrm{d}\boldsymbol{\omega}$$

$$+\sqrt{n_3}\int\varphi_2(\omega_1\omega_2\omega_3-k_0;n_1n_2n_3-1)\mathrm{d}\boldsymbol{\omega}\Big)$$

$$+[-mc^2+(n_1+n_2+n_3)ck_0]\int\varphi_3(\omega_1\omega_2\omega_3;n_1n_2n_3)\mathrm{d}\boldsymbol{\omega}$$

$$=E\int\varphi_3(\omega_1\omega_2\omega_3;n_1n_2n_3)\mathrm{d}\boldsymbol{\omega} \tag{9.1.19}$$

第四分量：

$$\int\omega_1\varphi_1(\omega_1\omega_2\omega_3;n_1n_2n_3)\mathrm{d}\boldsymbol{\omega}$$

$$-e\sqrt{\frac{1}{2ck_0}}\Big(\sqrt{n_2+1}\int\varphi_1(\omega_1\omega_2+k_0\omega_3;n_1n_2+1n_3)\mathrm{d}\boldsymbol{\omega}$$

$$+\sqrt{n_2}\int\varphi_1(\omega_1\omega_2-k_0\omega_3;n_1n_2-1n_3)\mathrm{d}\boldsymbol{\omega}$$

$$+\sqrt{n_3+1}\int\varphi_1(\omega_1\omega_2\omega_3+k_0;n_1n_2n_3+1)\mathrm{d}\boldsymbol{\omega}$$

$$+\sqrt{n_3}\int\varphi_1(\omega_1\omega_2\omega_3-k_0;n_1n_2n_3-1)\mathrm{d}\boldsymbol{\omega}\Big)$$

$$+\mathrm{i}e\sqrt{\frac{1}{2ck_0}}\Big(\sqrt{n_1+1}\int\varphi_1(\omega_1+k_0\omega_2\omega_3;n_1+1n_2n_3)\mathrm{d}\boldsymbol{\omega}$$

$$+\sqrt{n_1}\int\varphi_1(\omega_1-k_0\omega_2\omega_3;n_1-1n_2n_3)\mathrm{d}\boldsymbol{\omega}$$

$$+\sqrt{n_3+1}\int\varphi_1(\omega_1\omega_2\omega_3+k_0;n_1n_2n_3+1)\mathrm{d}\boldsymbol{\omega}$$

$$+\sqrt{n_3}\int\varphi_1(\omega_1\omega_2\omega_3-k_0;n_1n_2n_3-1)\mathrm{d}\boldsymbol{\omega}\Big)$$

$$-\int\omega_3\varphi_2(\omega_1\omega_2\omega_3;n_1n_2n_3)\mathrm{d}\boldsymbol{\omega}$$

$$+e\sqrt{\frac{1}{2ck_0}}\Big(\sqrt{n_1+1}\int\varphi_2(\omega_1+k_0\omega_2\omega_3;n_1+1n_2n_3)\mathrm{d}\boldsymbol{\omega}$$

$$+\sqrt{n_1}\int\varphi_2(\omega_1-k_0\omega_2\omega_3;n_1-1n_2n_3)\mathrm{d}\boldsymbol{\omega}$$

$$+\sqrt{n_2+1}\int\varphi_2(\omega_1\omega_2+k_0\omega_3;n_1n_2+1n_3)\mathrm{d}\boldsymbol{\omega}$$

$$+\sqrt{n_2}\int\varphi_2(\omega_1\omega_2-k_0\omega_3;n_1n_2-1n_3)\mathrm{d}\boldsymbol{\omega}\Big)$$

$$+[-mc^2+(n_1+n_2+n_3)ck_0]\int\varphi_4(\omega_1\omega_2\omega_3;n_1n_2n_3)\mathrm{d}\boldsymbol{\omega}$$

$$=E\int\varphi_4(\omega_1\omega_2\omega_3;n_1n_2n_3)\mathrm{d}\boldsymbol{\omega}\tag{9.1.20}$$

讨论：

① 式(9.1.17)～式(9.1.20)给出一组本征积分方程组，但严格求数值解是不可能的，只能取近似．对于场的($n_1n_2n_3$)取值，由于电磁作用是弱作用，对$\{n_i\}$可以只取最低的0,1,2,…几个数值．

② 尽管如此，还剩下对$\varphi_i(\boldsymbol{\omega};n_1n_2n_3)$的$\boldsymbol{\omega}$积分．由于既含$\omega_i$又含$\omega_i\pm k_0$，故不能用Gauss积分，因为$\omega_i$取Gauss点与$\omega_i\pm k_0$取Gauss点矛盾，所以求$\boldsymbol{\omega}$的数值积分只能用Simpson积分．

③ 由于原始的位置基函数是e^{ikx}的形式，是一个长程函数，因此积分会很繁杂．

综上所述，以上讨论虽然形式上合理，但作实际的计算有不小的困难．

9.2 谐振子波函数作基的准备

上一节给出一个用等效单模近似求自由 Dirac 粒子的定态集的形式计算,其中位置波函数用$\{e^{ik\cdot x}\}$作为基函数展开.因为这样的基函数不具有局域性,所以在作实际的近似计算时很繁杂.这就启发我们另外去选择有明显局域性的基函数.考虑到谐振子的定态集波函数中包含 $e^{-\alpha^2x^2/2}$这样的因子,具有很强的局域性,而其中的 $1/\alpha$ 体现局域的尺度,选用这一组波函数作基不仅解决了局域效应的问题,而且把 $1/\alpha$ 取在电子复合体的真实尺度附近,在能求得最低若干定态的前提下,计算一定可以大大简化.为了这一目的,先作一些准备和讨论.

(1) 谐振子的定态波函数.

一维谐振子系统的哈密顿量为

$$H = \frac{\hat{p}^2}{2m} + m\omega^2 x^2 \tag{9.2.1}$$

它的第 n 个定态波函数为

$$\psi_n(x) = \mathcal{N}_n e^{-\alpha^2 x^2/2} H_n(\alpha x) \tag{9.2.2}$$

其中归一化常数 $\mathcal{N}_n$ 为

$$\mathcal{N}_n = \left(\frac{\alpha}{\sqrt{\pi}2^n n!}\right)^{1/2} \tag{9.2.3}$$

参量 α 为

$$\alpha^2 = \frac{m\omega}{\hbar} \tag{9.2.4}$$

H_n 是厄米多项式:

$$H_n(x) = (-1)^n e^{x^2} \frac{d^n}{dx^n} e^{-x^2} \tag{9.2.5}$$

$\{\psi_n(x)\}$具有如下的正交归一关系：

$$\int_{-\infty}^{\infty}\psi_m(x)\psi_n(x)\mathrm{d}x = \delta_{mn} \tag{9.2.6}$$

(2) 接下来的求解过程会用到微分

$$\frac{\mathrm{d}}{\mathrm{d}x}H_n(x) = 2nH_{n-1}(x) \tag{9.2.7}$$

证明如下：

$$\begin{aligned}
\frac{\mathrm{d}}{\mathrm{d}x}H_n(x) &= \frac{\mathrm{d}}{\mathrm{d}x}\left((-1)^n\mathrm{e}^{x^2}\frac{\mathrm{d}}{\mathrm{d}x^n}\mathrm{e}^{-x^2}\right)\\
&= (-1)^n\left(2x\mathrm{e}^{x^2}\frac{\mathrm{d}^n}{\mathrm{d}x^n}\mathrm{e}^{-x^2} + \mathrm{e}^{x^2}\frac{\mathrm{d}^n}{\mathrm{d}x^n}\left(\frac{\mathrm{d}}{\mathrm{d}x}\mathrm{e}^{-x^2}\right)\right)\\
&= (-1)^n\left(2x\mathrm{e}^{x^2}\frac{\mathrm{d}^n}{\mathrm{d}x^n}\mathrm{e}^{-x^2} + \mathrm{e}^{x^2}\frac{\mathrm{d}^n}{\mathrm{d}x^n}(-2x\mathrm{e}^{-x^2})\right)\\
&= (-1)^n\left(2x\mathrm{e}^{x^2}\frac{\mathrm{d}^n}{\mathrm{d}x^n}\mathrm{e}^{-x^2} + \mathrm{e}^{x^2}\left(\frac{\mathrm{d}^n}{\mathrm{d}x^n}\mathrm{e}^{-x^2}\right)(-2x)\right.\\
&\quad \left. + n\left(\frac{\mathrm{d}^{n-1}}{\mathrm{d}x^{n-1}}\mathrm{e}^{-x^2}\right)\left(\frac{\mathrm{d}}{\mathrm{d}x}(-2x)\right)\right)\\
&= (-1)^n\left(2x\mathrm{e}^{x^2}\frac{\mathrm{d}^n}{\mathrm{d}x^n}\mathrm{e}^{-x^2} + \mathrm{e}^{x^2}(-2x)\frac{\mathrm{d}^n}{\mathrm{d}x^n}\mathrm{e}^{-x^2} - 2n\mathrm{e}^{x^2}\frac{\mathrm{d}^{n-1}}{\mathrm{d}x^{n-1}}\mathrm{e}^{-x^2}\right)\\
&= (-1)^n\left(-2n\mathrm{e}^{x^2}\frac{\mathrm{d}^{n-1}}{\mathrm{d}x^{n-1}}\mathrm{e}^{-x^2}\right)\\
&= 2n(-1)^{n-1}\mathrm{e}^{x^2}\frac{\mathrm{d}^{n-1}}{\mathrm{d}x^{n-1}}\mathrm{e}^{-x^2}\\
&= 2nH_{n-1}(x)
\end{aligned}$$

进一步计算$\frac{\mathrm{d}}{\mathrm{d}x}\psi_n(x)$：

$$\begin{aligned}
\frac{\mathrm{d}}{\mathrm{d}x}\psi_n(x) &= \mathcal{N}_n\frac{\mathrm{d}}{\mathrm{d}x}(\mathrm{e}^{-\alpha^2x^2/2}H_n(\alpha x))\\
&= \mathcal{N}_n\alpha\frac{\mathrm{d}}{\mathrm{d}(\alpha x)}(\mathrm{e}^{-\alpha^2x^2/2}H_n(\alpha x))\\
&= \mathcal{N}_n\alpha(-\alpha x\mathrm{e}^{-\alpha^2x^2/2}H_n(\alpha x) + \mathrm{e}^{-\alpha^2x^2/2}2nH_{n-1}(\alpha x))\\
&= \mathcal{N}_n\alpha(-\alpha x\mathrm{e}^{-\alpha^2x^2/2}H_n(\alpha x)) + 2n\alpha\mathcal{N}_n\mathrm{e}^{-\alpha^2x^2/2}H_{n-1}(\alpha x)
\end{aligned}$$

$$= -\alpha^2 x\psi_n(x) + 2n\alpha\left(\frac{\alpha}{\sqrt{\pi}2^n n!}\right)^{1/2} e^{-\alpha^2 x^2/2} H_{n-1}(\alpha x)$$

$$= -\alpha^2 x\psi_n(x) + \sqrt{2n}\alpha\left(\frac{\alpha}{\sqrt{\pi}2^{n-1}(n-1)!}\right)^{1/2} e^{-\alpha^2 x^2/2} H_{n-1}(\alpha x)$$

$$= -\alpha^2 x\psi_n(x) + \alpha\sqrt{2n}\psi_{n-1}(x) \tag{9.2.8}$$

(3) 此外,还需给出一些积分.已知有以下的积分结果:

$$\int_{-\infty}^{\infty} x^{2n} e^{-\alpha^2 x^2} dx = \frac{(2n-1)!!}{(2\alpha^2)^n}\sqrt{\frac{\pi}{\alpha^2}} \tag{9.2.9}$$

在后面的计算中需要计算如下的积分:

$$\int_{-\infty}^{\infty} x\psi_m(x)\psi_n(x)dx$$

如前所述,因为 $\psi_m(x)$是一个含 $e^{-\alpha^2 x^2/2}$的函数,所以在后面求解时只需展开到几个低阶的 $\psi_m(x)$即可,故只需求出几个低阶的 $\psi_m(x)$的相关积分.这里取 $m=0$,1,2,3.相应的厄米多项式分别为

$$H_0(\alpha x) = 1,\quad H_1(\alpha x) = 2\alpha x,\quad H_2(\alpha x) = 4\alpha^2 x^2 - 2$$
$$H_3(\alpha x) = 8\alpha^3 x^3 - 12\alpha x$$

因此

$$\begin{aligned}\int_{-\infty}^{\infty} x\psi_0(x)\psi_1(x)dx &= \mathcal{N}_0\mathcal{N}_1\int_{-\infty}^{\infty} x\cdot 1\cdot 2\alpha x e^{-\alpha^2 x^2} dx \\ &= 2\alpha\mathcal{N}_0\mathcal{N}_1\int_{-\infty}^{\infty} x^2 e^{-\alpha^2 x^2} dx \\ &= 2\alpha\mathcal{N}_0\mathcal{N}_1 \frac{1}{2\alpha^2}\sqrt{\frac{\pi}{\alpha^2}} \\ &= \frac{\sqrt{\pi}}{\alpha^2}\left(\frac{\alpha}{\sqrt{\pi}}\right)^{1/2}\left(\frac{\alpha}{2\sqrt{\pi}}\right)^{1/2} = \frac{1}{\sqrt{2}\alpha}\end{aligned} \tag{9.2.10}$$

$$\begin{aligned}\int_{-\infty}^{\infty} x\psi_0(x)\psi_2(x)dx &= \int_{-\infty}^{\infty} x\cdot 1\cdot(4\alpha^2 x^2 - 2)e^{-\alpha^2 x^2} dx \\ &= \int_{-\infty}^{\infty}(4\alpha^2 x^3 - 2x)e^{-\alpha^2 x^2} dx = 0\end{aligned} \tag{9.2.11}$$

$$\left(\int_{-\infty}^{\infty} x^{2n+1} \mathrm{e}^{-\alpha^2 x^2} \mathrm{d}x = 0\right)$$

$$\begin{aligned}\int_{-\infty}^{\infty} x\psi_1(x)\psi_1(x)\mathrm{d}x &= \int_{-\infty}^{\infty} \mathcal{N}_1^2 x(2\alpha x)^2 \mathrm{e}^{-\alpha^2 x^2} \mathrm{d}x \\ &= \mathcal{N}_1^2 \cdot 4\alpha^2 \int_{-\infty}^{\infty} x^3 \mathrm{e}^{-\alpha^2 x^2} \mathrm{d}x = 0\end{aligned} \tag{9.2.12}$$

$$\begin{aligned}\int_{-\infty}^{\infty} x\psi_0(x)\psi_3(x)\mathrm{d}x &= \mathcal{N}_0\mathcal{N}_3 \int_{-\infty}^{\infty} x \cdot 1 \cdot (8\alpha^3 x^3 - 12\alpha x)\mathrm{e}^{-\alpha^2 x^2} \mathrm{d}x \\ &= \mathcal{N}_0\mathcal{N}_3 \int_{-\infty}^{\infty} (8\alpha^3 x^4 - 12\alpha x^2)\mathrm{e}^{-\alpha^2 x^2} \mathrm{d}x \\ &= \mathcal{N}_0\mathcal{N}_3 \left(8\alpha^3 \frac{3}{(2\alpha^2)^2} - 12\alpha \frac{1}{2\alpha^2}\right)\frac{\sqrt{\pi}}{\alpha} \\ &= \mathcal{N}_0\mathcal{N}_3 (6-6) \frac{\sqrt{\pi}}{\alpha^2} = 0\end{aligned} \tag{9.2.13}$$

$$\begin{aligned}\int_{-\infty}^{\infty} x\psi_1(x)\psi_2(x)\mathrm{d}x &= \mathcal{N}_1\mathcal{N}_2 \int_{-\infty}^{\infty} x \cdot 2\alpha x(4\alpha^2 x^2 - 2)\mathrm{e}^{-\alpha^2 x^2} \mathrm{d}x \\ &= \mathcal{N}_1\mathcal{N}_2 \int_{-\infty}^{\infty} (8\alpha^3 x^4 - 4\alpha x^2)\mathrm{e}^{-\alpha^2 x^2} \mathrm{d}x \\ &= \mathcal{N}_1\mathcal{N}_2 \left(8\alpha^3 \frac{3}{(2\alpha^2)^2} - 4\alpha \frac{1}{2\alpha^2}\right)\frac{\sqrt{\pi}}{\alpha} \\ &= \mathcal{N}_1\mathcal{N}_2 \frac{4\sqrt{\pi}}{\alpha^2} \\ &= \left(\frac{\alpha}{2\sqrt{\pi}}\right)^{1/2}\left(\frac{\alpha}{8\sqrt{\pi}}\right)^{1/2} \frac{4\sqrt{\pi}}{\alpha^2} = \frac{1}{\alpha}\end{aligned} \tag{9.2.14}$$

$$\begin{aligned}\int_{-\infty}^{\infty} x\psi_1(x)\psi_3(x)\mathrm{d}x &= \mathcal{N}_1\mathcal{N}_3 \int_{-\infty}^{\infty} x \cdot 2\alpha x(8\alpha^3 x^3 - 12\alpha x)\mathrm{e}^{-\alpha^2 x^2} \mathrm{d}x \\ &= \mathcal{N}_1\mathcal{N}_3 \int_{-\infty}^{\infty} (16\alpha^4 x^5 - 24\alpha^2 x^3)\mathrm{e}^{-\alpha^2 x^2} \mathrm{d}x \\ &= 0\end{aligned} \tag{9.2.15}$$

$$\begin{aligned}\int_{-\infty}^{\infty} x\psi_2(x)\psi_3(x)\mathrm{d}x &= \mathcal{N}_2\mathcal{N}_3 \int_{-\infty}^{\infty} x(4\alpha^2 x^2 - 2)(8\alpha^3 x^3 - 12\alpha x)\mathrm{e}^{-\alpha^2 x^2} \mathrm{d}x \\ &= \mathcal{N}_2\mathcal{N}_3 \int_{-\infty}^{\infty} (32\alpha^5 x^6 - 64\alpha^3 x^4 + 24\alpha x^2)\mathrm{e}^{-\alpha^2 x^2} \mathrm{d}x\end{aligned}$$

$$= \mathcal{N}_2\mathcal{N}_3\left(32\alpha^5 \frac{15}{8\alpha^6} - 64\alpha^3 \frac{3}{4\alpha^4} + 24\alpha \frac{1}{2\alpha^2}\right)\frac{\sqrt{\pi}}{\alpha}$$

$$= \mathcal{N}_2\mathcal{N}_3(60 - 48 + 12)\frac{\sqrt{\pi}}{\alpha^2}$$

$$= \left(\frac{\alpha}{\sqrt{\pi}8}\right)^{1/2}\left(\frac{\alpha}{\sqrt{\pi}48}\right)^{1/2}\frac{24\sqrt{\pi}}{\alpha^2}$$

$$= \left(\frac{\alpha^2}{\pi 6}\right)^{1/2}\frac{24\sqrt{\pi}}{8\alpha^2} = \sqrt{\frac{3}{2}}\frac{1}{\alpha} \tag{9.2.16}$$

$$\int_{-\infty}^{\infty} x\psi_3(x)\psi_3(x)\mathrm{d}x = \mathcal{N}_3^2\int_{-\infty}^{\infty} x(8\alpha^3x^3 - 12\alpha x)^2\mathrm{e}^{-\alpha^2x^2}\mathrm{d}x$$

$$= \mathcal{N}_3^2\int_{-\infty}^{\infty}(64\alpha^6x^7 - 192\alpha^4x^5 + 144\alpha^2x^3)\mathrm{e}^{-\alpha^2x^2}\mathrm{d}x$$

$$= 0 \tag{9.2.17}$$

（4）后面还要求计算微分积分$\int_{-\infty}^{\infty}\psi_m(x)\frac{\mathrm{d}}{\mathrm{d}x}\psi_n(x)\mathrm{d}x$：

$$\int_{-\infty}^{\infty}\psi_0(x)\frac{\mathrm{d}}{\mathrm{d}x}\psi_1(x)\mathrm{d}x = \int_{-\infty}^{\infty}\psi_0(x)\frac{\mathrm{d}}{\mathrm{d}x}(\mathcal{N}_1 2\alpha x\mathrm{e}^{-\alpha^2x^2/2})\mathrm{d}x$$

$$= \int_{-\infty}^{\infty}\psi_0(x)\mathcal{N}_1(2\alpha - 2\alpha^3x^2)\mathrm{e}^{-\alpha^2x^2/2}\mathrm{d}x$$

$$= \mathcal{N}_0\mathcal{N}_1\int_{-\infty}^{\infty}(2\alpha - 2\alpha^3x^2)\mathrm{e}^{-\alpha^2x^2/2}$$

$$= \mathcal{N}_0\mathcal{N}_1\left(2\alpha\sqrt{\frac{\pi}{\alpha^2}} - 2\alpha^3\frac{1}{2\alpha^2}\sqrt{\frac{\pi}{\alpha^2}}\right)$$

$$= \mathcal{N}_0\mathcal{N}_1\,\alpha\sqrt{\frac{\pi}{\alpha^2}}$$

$$= \left(\frac{\alpha}{\sqrt{\pi}}\right)^{1/2}\left(\frac{\alpha}{\sqrt{\pi}2}\right)^{1/2}\sqrt{\pi} = \frac{\alpha}{\sqrt{2}} \tag{9.2.18}$$

$$\int_{-\infty}^{\infty}\psi_0(x)\frac{\mathrm{d}}{\mathrm{d}x}\psi_2(x)\mathrm{d}x$$

$$= \int_{-\infty}^{\infty}\psi_0(x)(-\alpha^2x\psi_2(x) + 2\alpha\psi_1(x))\mathrm{d}x \quad (\text{利用式}(9.2.8))$$

$$= -\alpha^2\int_{-\infty}^{\infty}x\psi_0(x)\psi_2(x)\mathrm{d}x + 2\alpha\int_{-\infty}^{\infty}\psi_0(x)\psi_1(x)\mathrm{d}x$$

$$= 0 \tag{9.2.19}$$

$$\begin{aligned}
&\int_{-\infty}^{\infty}\psi_0(x)\frac{\mathrm{d}}{\mathrm{d}x}\psi_3(x)\mathrm{d}x \\
&\quad=\int_{-\infty}^{\infty}\psi_0(x)(-\alpha^2x\psi_3(x)+\sqrt{6}\alpha\psi_2(x))\mathrm{d}x \\
&\quad=-\alpha^2\int_{-\infty}^{\infty}x\psi_0(x)\psi_3(x)\mathrm{d}x+\sqrt{6}\alpha\int_{-\infty}^{\infty}\psi_0(x)\psi_2(x)\mathrm{d}x \\
&\quad=-\alpha^2\cdot 0+\sqrt{6}\alpha\cdot 0=0
\end{aligned}\tag{9.2.20}$$

以上用到了 $\psi_0(x)$与 $\psi_2(x)$的正交关系以及式(9.2.13).

$$\begin{aligned}
&\int_{-\infty}^{\infty}\psi_1(x)\frac{\mathrm{d}}{\mathrm{d}x}\psi_1(x)\mathrm{d}x \\
&\quad=\int_{-\infty}^{\infty}\psi_1(x)(-\alpha^2x\psi_1(x)+\sqrt{2}\alpha\psi_0(x))\mathrm{d}x \\
&\quad=-\alpha^2\int_{-\infty}^{\infty}x\psi_1(x)\psi_1(x)\mathrm{d}x+\sqrt{2}\alpha\int_{-\infty}^{\infty}\psi_1(x)\psi_0(x)\mathrm{d}x \\
&\quad=0
\end{aligned}\tag{9.2.21}$$

$$\begin{aligned}
&\int_{-\infty}^{\infty}\psi_1(x)\frac{\mathrm{d}}{\mathrm{d}x}\psi_2(x)\mathrm{d}x \\
&\quad=\int_{-\infty}^{\infty}\psi_1(x)(-\alpha^2x\psi_2(x)+2\alpha\psi_1(x))\mathrm{d}x \\
&\quad=-\alpha^2\int_{-\infty}^{\infty}x\psi_1(x)\psi_2(x)\mathrm{d}x+2\alpha\int_{-\infty}^{\infty}\psi_1(x)\psi_1(x)\mathrm{d}x \\
&\quad=-\alpha^2\cdot\frac{1}{\alpha}+2\alpha\cdot 1=\alpha
\end{aligned}\tag{9.2.22}$$

$$\begin{aligned}
&\int_{-\infty}^{\infty}\psi_1(x)\frac{\mathrm{d}}{\mathrm{d}x}\psi_3(x)\mathrm{d}x \\
&\quad=\int_{-\infty}^{\infty}\psi_1(x)(-\alpha^2x\psi_3(x)+\sqrt{6}\alpha\psi_2(x))\mathrm{d}x \\
&\quad=-\alpha^2\int_{-\infty}^{\infty}x\psi_1(x)\psi_3(x)\mathrm{d}x+\sqrt{6}\alpha\int_{-\infty}^{\infty}\psi_1(x)\psi_2(x)\mathrm{d}x \\
&\quad=0
\end{aligned}\tag{9.2.23}$$

$$\int_{-\infty}^{\infty}\psi_2(x)\frac{\mathrm{d}}{\mathrm{d}x}\psi_1(x)\mathrm{d}x$$
$$=\int_{-\infty}^{\infty}\psi_2(x)(-\alpha^2x\psi_1(x)+\alpha\psi_0(x))\mathrm{d}x$$
$$=-\alpha^2\int_{-\infty}^{\infty}x\psi_2(x)\psi_1(x)\mathrm{d}x+\alpha\int_{-\infty}^{\infty}\psi_2(x)\psi_0(x)\mathrm{d}x$$
$$=-\alpha^2\cdot\frac{1}{\alpha}=-\alpha \tag{9.2.24}$$

$$\int_{-\infty}^{\infty}\psi_2(x)\frac{\mathrm{d}}{\mathrm{d}x}\psi_2(x)\mathrm{d}x$$
$$=\int_{-\infty}^{\infty}\psi_2(x)(-\alpha^2x\psi_2(x)+2\alpha\psi_1(x))\mathrm{d}x$$
$$=-\alpha^2\int_{-\infty}^{\infty}x\psi_2(x)\psi_2(x)\mathrm{d}x+2\alpha\int_{-\infty}^{\infty}\psi_2(x)\psi_1(x)\mathrm{d}x$$
$$=0 \tag{9.2.25}$$

$$\int_{-\infty}^{\infty}\psi_2(x)\frac{\mathrm{d}}{\mathrm{d}x}\psi_3(x)\mathrm{d}x$$
$$=\int_{-\infty}^{\infty}\psi_2(x)(-\alpha^2x\psi_3(x)+\sqrt{6}\alpha\psi_2(x))\mathrm{d}x$$
$$=-\alpha^2\int_{-\infty}^{\infty}x\psi_2(x)\psi_3(x)\mathrm{d}x+\sqrt{6}\alpha\int_{-\infty}^{\infty}\psi_2(x)\psi_2(x)\mathrm{d}x$$
$$=-\alpha^2\left(\sqrt{\frac{3}{2}}\cdot\frac{1}{\alpha}\right)+\sqrt{6}\alpha$$
$$=\left(\sqrt{6}-\sqrt{\frac{3}{2}}\right)\alpha \tag{9.2.26}$$

$$\int_{-\infty}^{\infty}\psi_3(x)\frac{\mathrm{d}}{\mathrm{d}x}\psi_1(x)\mathrm{d}x$$
$$=\int_{-\infty}^{\infty}\psi_3(x)(-\alpha^2x\psi_1(x)+\sqrt{2}\alpha\psi_0(x))\mathrm{d}x$$
$$=-\alpha^2\int_{-\infty}^{\infty}x\psi_3(x)\psi_1(x)\mathrm{d}x+\sqrt{2}\alpha\int_{-\infty}^{\infty}\psi_3(x)\psi_0(x)\mathrm{d}x$$
$$=0 \tag{9.2.27}$$

$$\int_{-\infty}^{\infty}\psi_3(x)\frac{\mathrm{d}}{\mathrm{d}x}\psi_2(x)\mathrm{d}x$$

$$=\int_{-\infty}^{\infty}\psi_3(x)(-\alpha^2x\psi_2(x)+2\alpha\psi_1(x))\mathrm{d}x$$

$$=-\alpha^2\int_{-\infty}^{\infty}x\psi_3(x)\psi_2(x)\mathrm{d}x+2\alpha\int_{-\infty}^{\infty}\psi_3(x)\psi_1(x)\mathrm{d}x$$

$$=-\alpha^2\left(\sqrt{\frac{3}{2}}\cdot\frac{1}{\alpha}\right)$$

$$=-\sqrt{\frac{3}{2}}\alpha \tag{9.2.28}$$

$$\int_{-\infty}^{\infty}\psi_3(x)\frac{\mathrm{d}}{\mathrm{d}x}\psi_3(x)\mathrm{d}x$$

$$=\int_{-\infty}^{\infty}\psi_3(x)(-\alpha^2x\psi_3(x)+\sqrt{6}\alpha\psi_2(x))\mathrm{d}x$$

$$=-\alpha^2\int_{-\infty}^{\infty}x\psi_3(x)\psi_3(x)\mathrm{d}x+\sqrt{6}\alpha\int_{-\infty}^{\infty}\psi_3(x)\psi_2(x)\mathrm{d}x$$

$$=0 \tag{9.2.29}$$

(5) 求$\int_{-\infty}^{\infty}\psi_m(x)\psi_n(x)\mathrm{e}^{\pm\mathrm{i}k_0x}\mathrm{d}x$.

① 先进行如下的积分计算：

$$\int_{-\infty}^{\infty}x^n\mathrm{e}^{-\alpha^2x^2}\mathrm{e}^{\pm\mathrm{i}k_0x}\mathrm{d}x$$

$$=\frac{1}{\alpha^{n+1}}\int_{-\infty}^{\infty}y^n\mathrm{e}^{-y^2}\mathrm{e}^{\pm\mathrm{i}k_0y/\alpha}\mathrm{d}y$$

$$=\frac{1}{\alpha^{n+1}}\int_{-\infty}^{\infty}y^n\mathrm{e}^{-(y\mp\mathrm{i}k_0/(2\alpha))^2}\mathrm{e}^{k_0^2/(4\alpha^2)}\mathrm{d}y$$

$$=\frac{1}{\alpha^{n+1}}\mathrm{e}^{k_0^2/(4\alpha^2)}\int_{-\infty}^{\infty}\left(z\pm\mathrm{i}\frac{k_0}{2\alpha}\right)^2\mathrm{e}^{-z^2}\mathrm{d}z$$

$$=\frac{1}{\alpha^{n+1}}\mathrm{e}^{k_0^2/(4\alpha^2)}\int_{-\infty}^{\infty}\left(\sum_{l=0}^{n}c_l^n\left(\pm\frac{\mathrm{i}k_0}{2\alpha}\right)^{n-l}z^l\right)\mathrm{e}^{-z^2}\mathrm{d}z$$

$$=\begin{cases}\dfrac{1}{\alpha^{n+1}}\mathrm{e}^{k_0^2/(4\alpha^2)}\displaystyle\sum_{l_1=0}^{n/2}c_{2l_1}^n\left(\pm\mathrm{i}\frac{k_0}{2\alpha}\right)^{n-2l_1}\int_{-\infty}^{\infty}z^{2l_1}\mathrm{e}^{-z^2}\mathrm{d}z & (n\text{ 为偶数})\\ \dfrac{1}{\alpha^{n+1}}\mathrm{e}^{k_0^2/(4\alpha^2)}\displaystyle\sum_{l_1=0}^{(n-1)/2}c_{2l_1}^n\left(\pm\mathrm{i}\frac{k_0}{2\alpha}\right)^{n-2l_1}\int_{-\infty}^{\infty}z^{2l_1}\mathrm{e}^{-z^2}\mathrm{d}z & (n\text{ 为奇数})\end{cases}$$

$$
=\begin{cases}\dfrac{1}{\alpha^{n+1}}e^{k_0^2/(4\alpha^2)}\sqrt{\pi}\displaystyle\sum_{l_1=0}^{n/2}c_{2l_1}^n\left(\pm i\frac{k_0}{\alpha}\right)^{n-2l_1}\frac{(2l_1-1)!!}{2^{l_1}} & (n\ 为偶数)\\ \dfrac{1}{\alpha^{n+1}}e^{k_0^2/(4\alpha^2)}\sqrt{\pi}\displaystyle\sum_{l_1=0}^{(n-1)/2}c_{2l_1}^n\left(\pm i\frac{k_0}{\alpha}\right)^{n-2l_1}\frac{(2l_1-1)!!}{2^{l_1}} & (n\ 为奇数)\end{cases} \tag{9.2.30}
$$

如引入

$$
B(\alpha,\pm k_0;n)=\begin{cases}\dfrac{1}{\alpha^{n+1}}e^{k_0^2/(4\alpha^2)}\sqrt{\pi}\displaystyle\sum_{l_1=0}^{n/2}c_{2l_1}^n\left(\pm i\frac{k_0}{\alpha}\right)^{n-2l_1}\frac{(2l_1-1)!!}{2^{l_1}} & (n\ 为偶数)\\ \dfrac{1}{\alpha^{n+1}}e^{k_0^2/(4\alpha^2)}\sqrt{\pi}\displaystyle\sum_{l_1=0}^{(n-1)/2}c_{2l_1}^n\left(\pm i\frac{k_0}{\alpha}\right)^{n-2l_1}\frac{(2l_1-1)!!}{2^{l_1}} & (n\ 为奇数)\end{cases} \tag{9.2.31}
$$

则可将式(9.2.30)改写为

$$
\int_{-\infty}^{\infty}x^n e^{-\alpha^2x^2}e^{\pm ik_0x}dx=B(\alpha,\pm ik_0;n) \tag{9.2.32}
$$

② 计算$\int_{-\infty}^{\infty}\psi_m(x)\psi_n(x)e^{\pm ik_0x}dx$.

$$
\int_{-\infty}^{\infty}\psi_0(x)\psi_0(x)e^{\pm ik_0x}dx=\int_{-\infty}^{\infty}e^{-\alpha^2x^2}e^{\pm ik_0x}dx=B(\alpha,\pm k_0;0) \tag{9.2.33}
$$

$$
\int_{-\infty}^{\infty}\psi_0(x)\psi_1(x)e^{\pm ik_0x}dx=\int_{-\infty}^{\infty}(2\alpha x)e^{-\alpha^2x^2}e^{\pm ik_0x}dx=2\alpha B(\alpha,\pm k_0;1) \tag{9.2.34}
$$

$$
\begin{aligned}
&\int_{-\infty}^{\infty}\psi_0(x)\psi_2(x)e^{\pm ik_0x}e^{-\alpha^2x^2}dx\\
&=\int_{-\infty}^{\infty}(4\alpha^2x^2-2)e^{\pm ik_0x}e^{-\alpha^2x^2}dx\\
&=4\alpha^2\int_{-\infty}^{\infty}x^2e^{\pm ik_0x}e^{-\alpha^2x^2}dx-2\int_{-\infty}^{\infty}e^{-\alpha^2x^2}e^{\pm ik_0x}dx\\
&=4\alpha^2B(\alpha,\pm k_0;2)-2B(\alpha,\pm k_0;0)
\end{aligned} \tag{9.2.35}
$$

$$\int_{-\infty}^{\infty} \psi_0(x)\psi_3(x)\mathrm{e}^{\pm \mathrm{i}k_0 x}\mathrm{d}x$$

$$= \int_{-\infty}^{\infty} (8\alpha^3 x^3 - 12\alpha x)\mathrm{e}^{-\alpha^2 x^2}\mathrm{e}^{\pm \mathrm{i}k_0 x}\mathrm{d}x$$

$$= 8\alpha^3\int_{-\infty}^{\infty} x^3\mathrm{e}^{-\alpha^2 x^2}\mathrm{e}^{\pm \mathrm{i}k_0 x}\mathrm{d}x - 12\alpha\int_{-\infty}^{\infty} x\mathrm{e}^{-\alpha^2 x^2}\mathrm{e}^{\pm \mathrm{i}k_0 x}\mathrm{d}x$$

$$= 8\alpha^3 B(\alpha, \pm k_0;3) - 12\alpha B(\alpha, \pm k_0;1) \tag{9.2.36}$$

$$\int_{-\infty}^{\infty} \psi_1(x)\psi_1(x)\mathrm{e}^{\pm \mathrm{i}k_0 x}\mathrm{d}x = \int_{-\infty}^{\infty} 4\alpha^2 x^2\mathrm{e}^{\pm \mathrm{i}k_0 x}\mathrm{e}^{-\alpha^2 x^2}\mathrm{d}x = 4\alpha^2 B(\alpha, \pm k_0;2) \tag{9.2.37}$$

$$\int_{-\infty}^{\infty} \psi_1(x)\psi_2(x)\mathrm{e}^{\pm \mathrm{i}k_0 x}\mathrm{d}x$$

$$= \int_{-\infty}^{\infty} 2\alpha x(4\alpha^2 x^2 - 2)\mathrm{e}^{\pm \mathrm{i}k_0 x}\mathrm{e}^{-\alpha^2 x^2}\mathrm{d}x$$

$$= 8\alpha^3\int_{-\infty}^{\infty} x^3\mathrm{e}^{\pm \mathrm{i}k_0 x}\mathrm{e}^{-\alpha^2 x^2}\mathrm{d}x - 4\alpha\int_{-\infty}^{\infty} x\mathrm{e}^{\pm \mathrm{i}k_0 x}\mathrm{e}^{-\alpha^2 x^2}\mathrm{d}x$$

$$= 8\alpha^3 B(\alpha, \pm k_0;3) - 4\alpha B(\alpha, \pm k_0;1) \tag{9.2.38}$$

$$\int_{-\infty}^{\infty} \psi_1(x)\psi_3(x)\mathrm{e}^{\pm \mathrm{i}k_0 x}\mathrm{d}x$$

$$= \int_{-\infty}^{\infty} 2\alpha x(8\alpha^3 x^3 - 12\alpha x)\mathrm{e}^{\pm \mathrm{i}k_0 x}\mathrm{e}^{-\alpha^2 x^2}\mathrm{d}x$$

$$= 16\alpha^4\int_{-\infty}^{\infty} x^4\mathrm{e}^{\pm \mathrm{i}k_0 x}\mathrm{e}^{-\alpha^2 x^2}\mathrm{d}x - 24\alpha^2\int_{-\infty}^{\infty} x^2\mathrm{e}^{\pm \mathrm{i}k_0 x}\mathrm{e}^{-\alpha^2 x^2}\mathrm{d}x$$

$$= 16\alpha^4 B(\alpha, \pm k_0;4) - 24\alpha^2 B(\alpha, \pm k_0;2) \tag{9.2.39}$$

$$\int_{-\infty}^{\infty} \psi_2(x)\psi_2(x)\mathrm{e}^{\pm \mathrm{i}k_0 x}\mathrm{d}x$$

$$= \int_{-\infty}^{\infty} (4\alpha^2 x^2 - 2)^2\mathrm{e}^{\pm \mathrm{i}k_0 x}\mathrm{e}^{-\alpha^2 x^2}\mathrm{d}x$$

$$= 16\alpha^4\int_{-\infty}^{\infty} x^4\mathrm{e}^{\pm \mathrm{i}k_0 x}\mathrm{e}^{-\alpha^2 x^2}\mathrm{d}x - 16\alpha^2\int_{-\infty}^{\infty} x^2\mathrm{e}^{\pm \mathrm{i}k_0 x}\mathrm{e}^{-\alpha^2 x^2}\mathrm{d}x$$

$$+ 4\int_{-\infty}^{\infty} \mathrm{e}^{\pm \mathrm{i}k_0 x}\mathrm{e}^{-\alpha^2 x^2}\mathrm{d}x$$

$$= 16\alpha^4 B(\alpha, \pm k_0;4) - 16\alpha^2 B(\alpha, \pm k_0;2) + 4B(\alpha, \pm k_0;0) \tag{9.2.40}$$

$$\int_{-\infty}^{\infty}\psi_2(x)\psi_3(x)e^{\pm ik_0x}dx$$

$$=\int_{-\infty}^{\infty}(4\alpha^2x^2-2)(8\alpha^3x^3-12\alpha x)e^{\pm ik_0x}e^{-\alpha^2x^2}dx$$

$$=32\alpha^5\int_{-\infty}^{\infty}x^5e^{\pm ik_0x}e^{-\alpha^2x^2}dx-64\alpha^3\int_{-\infty}^{\infty}x^3e^{\pm ik_0x}e^{-\alpha^2x^2}dx$$

$$+24\alpha\int_{-\infty}^{\infty}xe^{\pm ik_0x}e^{-\alpha^2x^2}dx$$

$$=32\alpha^5B(\alpha,\pm k_0;5)-64\alpha^3B(\alpha,\pm k_0;3)+24\alpha B(\alpha,\pm k_0;1) \quad (9.2.41)$$

$$\int_{-\infty}^{\infty}\psi_3(x)\psi_3(x)e^{\pm ik_0x}dx$$

$$=\int_{-\infty}^{\infty}(8\alpha^3x^3-12\alpha x)^2e^{\pm ik_0x}e^{-\alpha^2x^2}dx$$

$$=64\alpha^6\int_{-\infty}^{\infty}x^6e^{\pm ik_0x}e^{-\alpha^2x^2}dx-192\alpha^4\int_{-\infty}^{\infty}x^4e^{\pm ik_0x}e^{-\alpha^2x^2}dx$$

$$+144\alpha^2\int_{-\infty}^{\infty}x^2e^{\pm ik_0x}e^{-\alpha^2x^2}dx$$

$$=64\alpha^6B(\alpha,\pm k_0;6)-192\alpha^4B(\alpha,\pm k_0;4)+144\alpha^2B(\alpha,\pm k_0;2) \quad (9.2.42)$$

9.3 用谐振子波函数作基近似求解

在9.2节中作了应有的计算准备后，如前所述，如果用谐振子波函数集作基来展开Dirac粒子的位置波函数，只要选定和Dirac粒子稳定态尺度相适应的α值，就完全有可能在展开时只需用少数几个低阶的谐振子波函数便能得到较好的近似定态解集. 当然前提仍是将多模场用等效单模场代替.

(1) 仍将Dirac粒子的定态态矢表示为

$$
|\rangle = \begin{pmatrix} \sum_{n_1 n_2 n_3} \phi_1(\boldsymbol{x}; n_1 n_2 n_3) \mid n_1 n_2 n_3\rangle \\ \sum_{n_1 n_2 n_3} \phi_2(\boldsymbol{x}; n_1 n_2 n_3) \mid n_1 n_2 n_3\rangle \\ \sum_{n_1 n_2 n_3} \phi_3(\boldsymbol{x}; n_1 n_2 n_3) \mid n_1 n_2 n_3\rangle \\ \sum_{n_1 n_2 n_3} \phi_4(\boldsymbol{x}; n_1 n_2 n_3) \mid n_1 n_2 n_3\rangle \end{pmatrix} \tag{9.3.1}
$$

上式和前面的形式是一样的，不过现在将它用少量的低阶的谐振子波函数展开．为具体表示起见，配合前面做的准备，展开时 m 取 0,1,2,3，于是有

$$
\begin{aligned}
&\sum_{n_1 n_2 n_3} \phi_i(\boldsymbol{x}; n_1 n_2 n_3) \mid n_1 n_2 n_3\rangle \\
&\quad = \sum_{\substack{m_1 m_2 m_3 \\ n_1 n_2 n_3}}^{M,N} f_i(m_1 m_2 m_3; n_1 n_2 n_3) \psi_{m_1}(x_1) \psi_{m_2}(x_2) \psi_{m_3}(x_3) \mid n_1 n_2 n_3\rangle
\end{aligned} \tag{9.3.2}
$$

(2) 将 H 和式(9.3.1)代入定态方程

$$
H|\rangle = E|\rangle \tag{9.3.3}
$$

如前一样按分量表示出．第一分量：

$$
\begin{aligned}
&H_{11}\Big(\sum_{\substack{m_1 m_2 m_3 \\ n_1 n_2 n_3}}^{M,N} f_1(m_1 m_2 m_3; n_1 n_2 n_3) \psi_{m_1}(x_1) \psi_{m_2}(x_2) \psi_{m_3}(x_3) \mid n_1 n_2 n_3\rangle\Big) \\
&+ H_{12}\Big(\sum_{\substack{m_1 m_2 m_3 \\ n_1 n_2 n_3}}^{M,N} f_2(m_1 m_2 m_3; n_1 n_2 n_3) \psi_{m_1}(x_1) \psi_{m_2}(x_2) \psi_{m_3}(x_3) \mid n_1 n_2 n_3\rangle\Big) \\
&+ H_{13}\Big(\sum_{\substack{m_1 m_2 m_3 \\ n_1 n_2 n_3}}^{M,N} f_3(m_1 m_2 m_3; n_1 n_2 n_3) \psi_{m_1}(x_1) \psi_{m_2}(x_2) \psi_{m_3}(x_3) \mid n_1 n_2 n_3\rangle\Big) \\
&+ H_{14}\Big(\sum_{\substack{m_1 m_2 m_3 \\ n_1 n_2 n_3}}^{M,N} f_4(m_1 m_2 m_3; n_1 n_2 n_3) \psi_{m_1}(x_1) \psi_{m_2}(x_2) \psi_{m_3}(x_3) \mid n_1 n_2 n_3\rangle\Big) \\
&= \sum_{\substack{m_1 m_2 m_3 \\ n_1 n_2 n_3}}^{M,N} [mc^2 + (n_1 + n_2 + n_3) c k_0] f_1(m_1 m_2 m_3; n_1 n_2 n_3) \\
&\quad \cdot \psi_{m_1}(x_1) \psi_{m_2}(x_2) \psi_{m_3}(x_3) \mid n_1 n_2 n_3\rangle
\end{aligned}
$$

$$+\sum_{\substack{m_1m_2m_3\\n_1n_2n_3}}^{M,N}\left[-\mathrm{i}\frac{\partial}{\partial x_3}-e\sqrt{\frac{1}{2ck_0}}(a_1\mathrm{e}^{\mathrm{i}k_0x_1}+a_1^{\dagger}\mathrm{e}^{-\mathrm{i}k_0x_1}+a_2\mathrm{e}^{\mathrm{i}k_0x_2}+a_2^{\dagger}\mathrm{e}^{-\mathrm{i}k_0x_2})\right]$$

$$\cdot f_2(m_1m_2m_3;n_1n_2n_3)\psi_{m_1}(x_1)\psi_{m_2}(x_2)\psi_{m_3}(x_3)\mid n_1n_2n_3\rangle$$

$$+\sum_{\substack{m_1m_2m_3\\n_1n_2n_3}}^{M,N}\left[-\mathrm{i}\frac{\partial}{\partial x_1}-\frac{\partial}{\partial x_2}-e\sqrt{\frac{1}{2ck_0}}(a_2\mathrm{e}^{\mathrm{i}k_0x_2}+a_2^{\dagger}\mathrm{e}^{-\mathrm{i}k_0x_2}+a_3\mathrm{e}^{\mathrm{i}k_0x_3}+a_3^{\dagger}\mathrm{e}^{-\mathrm{i}k_0x_3})\right.$$

$$\left.+\mathrm{i}e\sqrt{\frac{1}{2ck_0}}(a_1\mathrm{e}^{\mathrm{i}k_0x_1}+a_1^{\dagger}\mathrm{e}^{-\mathrm{i}k_0x_1}+a_3\mathrm{e}^{\mathrm{i}k_0x_3}+a_3^{\dagger}\mathrm{e}^{-\mathrm{i}k_0x_3})\right]$$

$$\cdot f_4(m_1m_2m_3;n_1n_2n_3)\psi_{m_1}(x_1)\psi_{m_2}(x_2)\psi_{m_3}(x_3)\mid n_1n_2n_3\rangle$$

$$=\sum_{\substack{m_1m_2m_3\\n_1n_2n_3}}^{M,N}[mc^2+(n_1+n_2+n_3)ck_0]f_1(m_1m_2m_3;n_1n_2n_3)$$

$$\cdot\psi_{m_1}(x_1)\psi_{m_2}(x_2)\psi_{m_3}(x_3)\mid n_1n_2n_3\rangle$$

$$+\sum_{\substack{m_1m_2m_3\\n_1n_2n_3}}^{M,N}\left[-\mathrm{i}f_2(m_1m_2m_3;n_1n_2n_3)\psi_{m_1}(x_1)\psi_{m_2}(x_2)\left(\frac{\mathrm{d}}{\mathrm{d}x_3}\psi_{m_3}(x_3)\right)\mid n_1n_2n_3\rangle\right.$$

$$-e\sqrt{\frac{1}{2ck_0}}f_2(m_1m_2m_3;n_1n_2n_3)\psi_{m_1}(x_1)\psi_{m_2}(x_2)\psi_{m_3}(x_3)$$

$$\cdot(\sqrt{n_1}\mathrm{e}^{\mathrm{i}k_0x_1}\mid n_1-1n_2n_3\rangle+\sqrt{n_1+1}\mathrm{e}^{-\mathrm{i}k_0x_1}\mid n_1+1n_2n_3\rangle$$

$$\left.+\sqrt{n_2}\mid n_1n_2-1n_3\rangle\mathrm{e}^{\mathrm{i}k_0x_2}+\sqrt{n_2+1}\mid n_1n_2+1n_3\rangle\mathrm{e}^{-\mathrm{i}k_0x_2})\right]$$

$$+\sum_{\substack{m_1m_2m_3\\n_1n_2n_3}}^{M,N}\left[-\mathrm{i}f_4(m_1m_2m_3;n_1n_2n_3)\left(\frac{\mathrm{d}}{\mathrm{d}x_1}\psi_{m_1}(x_1)\right)\psi_{m_2}(x_2)\psi_{m_3}(x_3)\mid n_1n_2n_3\rangle\right.$$

$$-f_4(m_1m_2m_3;n_1n_2n_3)\psi_{m_1}(x_1)\left(\frac{\mathrm{d}}{\mathrm{d}x_2}\psi_{m_2}(x_2)\right)\psi_{m_3}(x_3)\mid n_1n_2n_3\rangle$$

$$-e\sqrt{\frac{1}{2ck_0}}(\sqrt{n_2}\mathrm{e}^{\mathrm{i}k_0x_2}\mid n_1n_2-1n_3\rangle+\sqrt{n_2+1}\mathrm{e}^{-\mathrm{i}k_0x_2}\mid n_1n_2+1n_3\rangle$$

$$+\sqrt{n_3}\mathrm{e}^{\mathrm{i}k_0x_3}\mid n_1n_2n_3-1\rangle+\sqrt{n_3+1}\mathrm{e}^{-\mathrm{i}k_0x_3}\mid n_1n_2n_3+1\rangle)$$

$$\cdot f_4(m_1m_2m_3;n_1n_2n_3)\psi_{m_1}(x_1)\psi_{m_2}(x_2)\psi_{m_3}(x_3)\mid n_1n_2n_3\rangle$$

$$+\mathrm{i}e\sqrt{\frac{1}{2ck_0}}f_4(m_1m_2m_3;n_1n_2n_3)\psi_{m_1}(x_1)\psi_{m_2}(x_2)\psi_{m_3}(x_3)\mid n_1n_2n_3\rangle$$

$$\cdot(\sqrt{n_1}\mathrm{e}^{\mathrm{i}k_0x_1}\mid n_1-1n_2n_3\rangle+\sqrt{n_1+1}\mathrm{e}^{-\mathrm{i}k_0x_1}\mid n_1+1n_2n_3\rangle$$

$$\left.+\sqrt{n_3}\mathrm{e}^{\mathrm{i}k_0x_3}\mid n_1n_2n_3-1\rangle+\sqrt{n_3+1}\mathrm{e}^{-\mathrm{i}k_0x_3}\mid n_1n_2n_3+1\rangle)\right]$$

$$= Ef_1(m_1m_2m_3;n_1n_2n_3)\psi_{m_1}(x_1)\psi_{m_2}(x_2)\psi_{m_3}(x_3)\mid n_1n_2n_3\rangle \quad (9.3.4)$$

比较上式两端的$|n_1n_2n_3\rangle$系数,得

$$\sum_{m_1m_2m_3}^{M}[mc^2+(n_1+n_2+n_3)ck_0]f_1(m_1m_2m_3;n_1n_2n_3)\psi_{m_1}(x_1)\psi_{m_2}(x_2)\psi_{m_3}(x_3)$$

$$+\sum_{m_1m_2m_3}^{M}\Big[-\mathrm{i}f_2(m_1m_2m_3;n_1n_2n_3)\psi_{m_1}(x_1)\psi_{m_2}(x_2)\Big(\frac{\mathrm{d}}{\mathrm{d}x_3}\psi_{m_3}(x_3)\Big)$$

$$-e\sqrt{\frac{1}{2ck_0}}(\sqrt{n_1+1}f_2(m_1m_2m_3;n_1+1n_2n_3)\psi_{m_1}(x_1)\psi_{m_2}(x_2)\psi_{m_3}(x_3)\mathrm{e}^{\mathrm{i}k_0x_1}$$

$$+\sqrt{n_1}f_2(m_1m_2m_3;n_1-1n_2n_3)\psi_{m_1}(x_1)\psi_{m_2}(x_2)\psi_{m_3}(x_3)\mathrm{e}^{-\mathrm{i}k_0x_1}$$

$$+\sqrt{n_2+1}f_2(m_1m_2m_3;n_1n_2+1n_3)\psi_{m_1}(x_1)\psi_{m_2}(x_2)\psi_{m_3}(x_3)\mathrm{e}^{\mathrm{i}k_0x_2}$$

$$+\sqrt{n_2}f_2(m_1m_2m_3;n_1n_2-1n_3)\psi_{m_1}(x_1)\psi_{m_2}(x_2)\psi_{m_3}(x_3)\mathrm{e}^{-\mathrm{i}k_0x_2})$$

$$+\sum_{m_1m_2m_3}^{M}\Big[-\mathrm{i}f_4(m_1m_2m_3;n_1n_2n_3)\Big(\frac{\mathrm{d}}{\mathrm{d}x_1}\psi_{m_1}(x_1)\Big)\psi_{m_2}(x_2)\psi_{m_3}(x_3)$$

$$-f_4(m_1m_2m_3;n_1n_2n_3)\psi_{m_1}(x_1)\Big(\frac{\mathrm{d}}{\mathrm{d}x_2}\psi_{m_2}(x_2)\Big)\psi_{m_3}(x_3)$$

$$-e\sqrt{\frac{1}{2ck_0}}(\sqrt{n_2+1}f_4(m_1m_2m_3;n_1n_2+1n_3)\mathrm{e}^{\mathrm{i}k_0x_2}$$

$$+\sqrt{n_2}f_4(m_1m_2m_3;n_1n_2-1n_3)\mathrm{e}^{-\mathrm{i}k_0x_2}+\sqrt{n_3+1}f_4(m_1m_2m_3;n_1n_2n_3+1)\mathrm{e}^{\mathrm{i}k_0x_3}$$

$$+\sqrt{n_3}f_4(m_1m_2m_3;n_1n_2n_3-1)\mathrm{e}^{-\mathrm{i}k_0x_3})\psi_{m_1}(x_1)\psi_{m_2}(x_2)\psi_{m_3}(x_3)$$

$$+\mathrm{i}e\sqrt{\frac{1}{2ck_0}}(\sqrt{n_1+1}f_4(m_1m_2m_3;n_1+1n_2n_3)\mathrm{e}^{\mathrm{i}k_0x_1}$$

$$+\sqrt{n_1}f_4(m_1m_2m_3;n_1-1n_2n_3)\mathrm{e}^{-\mathrm{i}k_0x_1}$$

$$+\sqrt{n_3+1}f_4(m_1m_2m_3;n_1n_2n_3+1)\mathrm{e}^{\mathrm{i}k_0x_3}$$

$$+\sqrt{n_3}f_4(m_1m_2m_3;n_1n_2n_3-1)\mathrm{e}^{-\mathrm{i}k_0x_3})\psi_{m_1}(x_1)\psi_{m_2}(x_2)\psi_{m_3}(x_3)\Big]$$

$$= Ef_1(m_1m_2m_3;n_1n_2n_3)\psi_{m_1}(x_1)\psi_{m_2}(x_2)\psi_{m_3}(x_3) \quad (9.3.5)$$

上式两端乘以$\psi_{l_1}(x_1)\psi_{l_2}(x_2)\psi_{l_3}(x_3)$并对$x_1,x_2,x_3$求$-\infty$到$\infty$的积分,有

$$\sum_{m_1m_2m_3}^{M}[mc^2+(n_1+n_2+n_3)ck_0]f_1(m_1m_2m_3;n_1n_2n_3)$$

$$\cdot\int_{-\infty}^{\infty}\psi_{l_1}(x_1)\psi_{m_1}(x_1)\mathrm{d}x_1\int_{-\infty}^{\infty}\psi_{l_2}(x_2)\psi_{m_2}(x_2)\mathrm{d}x_2\int_{-\infty}^{\infty}\psi_{l_3}(x_3)\psi_{m_3}(x_3)\mathrm{d}x_3$$

$$+\sum_{m_1m_2m_3}^{M}\Big[-\mathrm{i}f_2(m_1m_2m_3;n_1n_2n_3)\int_{-\infty}^{\infty}\psi_{l_1}(x_1)\psi_{m_1}(x_1)\mathrm{d}x_1$$

$$\cdot\int_{-\infty}^{\infty}\psi_{l_2}(x_2)\psi_{m_2}(x_2)\mathrm{d}x_2\int_{-\infty}^{\infty}\psi_{l_3}(x_3)\frac{\mathrm{d}}{\mathrm{d}x_3}\psi_{m_3}(x_3)\mathrm{d}x_3$$

$$-e\sqrt{\frac{1}{2ck_0}}\Big(\sqrt{n_1+1}f_2(m_1m_2m_3;n_1+1n_2n_3)\int_{-\infty}^{\infty}\psi_{l_1}(x_1)\psi_{m_1}(x_1)\mathrm{e}^{\mathrm{i}k_0x_1}\mathrm{d}x_1$$

$$\cdot\int_{-\infty}^{\infty}\psi_{l_2}(x_2)\psi_{m_2}(x_2)\mathrm{d}x_2\int_{-\infty}^{\infty}\psi_{l_3}(x_3)\psi_{m_3}(x_3)\mathrm{d}x_3$$

$$+\sqrt{n_1}f_2(m_1m_2m_3;n_1-1n_2n_3)\int_{-\infty}^{\infty}\psi_{l_1}(x_1)\psi_{m_1}(x_1)\mathrm{e}^{-\mathrm{i}k_0x_1}\mathrm{d}x_1$$

$$\cdot\int_{-\infty}^{\infty}\psi_{l_2}(x_2)\psi_{m_2}(x_2)\mathrm{d}x_2\int_{-\infty}^{\infty}\psi_{l_3}(x_3)\psi_{l_3}(x_3)\mathrm{d}x_3$$

$$+\sqrt{n_2+1}f_2(m_1m_2m_3;n_1n_2+1n_3)\int_{-\infty}^{\infty}\psi_{l_1}(x_1)\psi_{m_1}(x_1)$$

$$\cdot\int_{-\infty}^{\infty}\psi_{l_2}(x_2)\psi_{m_2}(x_2)\mathrm{e}^{\mathrm{i}k_0x_2}\mathrm{d}x_2\int_{-\infty}^{\infty}\psi_{l_3}(x_3)\psi_{m_3}(x_3)\mathrm{d}x_3$$

$$+\sqrt{n_2}f_2(m_1m_2m_3;n_1n_2-1n_3)\int_{-\infty}^{\infty}\psi_{l_1}(x_1)\psi_{m_1}(x_1)\mathrm{d}x_1$$

$$\cdot\int_{-\infty}^{\infty}\psi_{l_2}(x_2)\psi_{m_2}(x_2)\mathrm{e}^{-\mathrm{i}k_0x_2}\mathrm{d}x_2\int_{-\infty}^{\infty}\psi_{l_3}(x_3)\psi_{m_3}(x_3)\mathrm{d}x_3\Big)\Big]$$

$$+\sum_{m_1m_2m_3}^{M}\Big[-\mathrm{i}f_4(m_1m_2m_3;n_1n_2n_3)\int_{-\infty}^{\infty}\psi_{l_1}(x_1)\frac{\mathrm{d}}{\mathrm{d}x_1}\psi_{m_1}(x_1)\mathrm{d}x_1$$

$$\cdot\int_{-\infty}^{\infty}\psi_{l_2}(x_2)\psi_{m_2}(x_2)\mathrm{d}x_2\int_{-\infty}^{\infty}\psi_{l_3}(x_3)\psi_{m_3}(x_3)\mathrm{d}x_3$$

$$-f_4(m_1m_2m_3;n_1n_2n_3)\int_{-\infty}^{\infty}\psi_{l_1}(x_1)\psi_{m_1}(x_1)\mathrm{d}x_1$$

$$\cdot\int_{-\infty}^{\infty}\psi_{l_2}(x_2)\frac{\mathrm{d}}{\mathrm{d}x_2}\psi_{m_2}(x_2)\mathrm{d}x_2\int_{-\infty}^{\infty}\psi_{l_3}(x_3)\psi_{m_3}(x_3)\mathrm{d}x_3$$

$$-e\sqrt{\frac{1}{2ck_0}}\Big(\sqrt{n_2+1}f_4(m_1m_2m_3;n_1n_2+1n_3)\int_{-\infty}^{\infty}\psi_{l_1}(x_1)\psi_{m_1}(x_1)\mathrm{d}x_1$$

$$\cdot\int_{-\infty}^{\infty}\psi_{l_2}(x_2)\mathrm{e}^{\mathrm{i}k_0x_2}\psi_{m_2}(x_2)\mathrm{d}x_2\int_{-\infty}^{\infty}\psi_{l_3}(x_3)\psi_{m_3}(x_3)\mathrm{d}x_3$$

$$+\sqrt{n_2}f_4(m_1m_2m_3;n_1n_2-1n_3)\int_{-\infty}^{\infty}\psi_{l_1}(x_1)\psi_{m_1}(x_1)\mathrm{d}x_1$$

$$\cdot\int_{-\infty}^{\infty}\psi_{l_2}(x_2)\mathrm{e}^{-\mathrm{i}k_0x_2}\psi_{m_2}(x_2)\mathrm{d}x_2\int_{-\infty}^{\infty}\psi_{l_3}(x_3)\psi_{m_3}(x_3)\mathrm{d}x_3$$

$$+\sqrt{n_3+1}f_4(m_1m_2m_3;n_1n_2n_3+1)\int_{-\infty}^{\infty}\psi_{l_1}(x_1)\psi_{m_1}(x_1)\mathrm{d}x_1$$

$$\cdot\int_{-\infty}^{\infty}\psi_{l_2}(x_2)\psi_{m_2}(x_2)\mathrm{d}x_2\int_{-\infty}^{\infty}\psi_{l_3}(x_3)\psi_{m_3}(x_3)\mathrm{e}^{\mathrm{i}k_0x_3}\mathrm{d}x_3$$

$$+\sqrt{n_3}f_4(m_1m_2m_3;n_1n_2n_3-1)\int_{-\infty}^{\infty}\psi_{l_1}(x_1)\psi_{m_1}(x_1)\mathrm{d}x_1$$

$$\cdot\int_{-\infty}^{\infty}\psi_{l_2}(x_2)\psi_{m_2}(x_2)\mathrm{d}x_2\int_{-\infty}^{\infty}\psi_{l_3}(x_3)\psi_{m_3}(x_3)\mathrm{e}^{-\mathrm{i}k_0x_3}\mathrm{d}x_3\Big)$$

$$+\mathrm{i}e\sqrt{\frac{1}{2ck_0}}\Big(\sqrt{n_1+1}f_4(m_1m_2m_3;n_1+1n_2n_3)\int_{-\infty}^{\infty}\psi_{l_1}(x_1)\psi_{m_1}(x_1)\mathrm{e}^{\mathrm{i}k_0x_1}\mathrm{d}x_1$$

$$\cdot\int_{-\infty}^{\infty}\psi_{l_2}(x_2)\psi_{m_2}(x_2)\mathrm{d}x_2\int_{-\infty}^{\infty}\psi_{l_3}(x_3)\psi_{m_3}(x_3)\mathrm{d}x_3$$

$$+\sqrt{n_1}f_4(m_1m_2m_3;n_1-1n_2n_3)\int_{-\infty}^{\infty}\psi_{l_1}(x_1)\psi_{m_1}(x_1)\mathrm{e}^{-\mathrm{i}k_0x_1}\mathrm{d}x_1$$

$$\cdot\int_{-\infty}^{\infty}\psi_{l_2}(x_2)\psi_{m_2}(x_2)\mathrm{d}x_2\int_{-\infty}^{\infty}\psi_{l_3}(x_3)\psi_{m_3}(x_3)\mathrm{d}x_3$$

$$+\sqrt{n_3+1}f_4(m_1m_2m_3;n_1n_2n_3+1)\int_{-\infty}^{\infty}\psi_{l_1}(x_1)\psi_{m_1}(x_1)\mathrm{d}x_1$$

$$\cdot\int_{-\infty}^{\infty}\psi_{l_2}(x_2)\psi_{m_2}(x_2)\mathrm{d}x_2\int_{-\infty}^{\infty}\psi_{l_3}(x_3)\psi_{m_3}(x_3)\mathrm{e}^{\mathrm{i}k_0x_3}\mathrm{d}x_3$$

$$+\sqrt{n_3}f_4(m_1m_2m_3;n_1n_2n_3-1)\int_{-\infty}^{\infty}\psi_{l_1}(x_1)\psi_{m_1}(x_1)\mathrm{d}x_1$$

$$\cdot\int_{-\infty}^{\infty}\psi_{l_2}(x_2)\psi_{m_2}(x_2)\mathrm{d}x_2\int_{-\infty}^{\infty}\psi_{l_3}(x_3)\psi_{m_3}(x_3)\mathrm{e}^{-\mathrm{i}k_0x_3}\mathrm{d}x_3\Big)\Big]$$

$$=\sum_{m_1m_2m_3}^{M}[mc^2+(n_1+n_2+n_3)ck_0]f_1(m_1m_2m_3;n_1n_2n_3)\delta_{l_1m_1}\delta_{l_1m_1}\delta_{l_2m_2}\delta_{l_3m_3}$$

$$+\sum_{m_1m_2m_3}^{M}[-\mathrm{i}f_2(m_1m_2m_3;n_1n_2n_3)\delta_{l_1m_1}\delta_{l_1m_1}\delta_{l_2m_2}\delta_{l_3m_3}$$

$$-e\sqrt{\frac{1}{2ck_0}}(\sqrt{n_1+1}f_2(m_1m_2m_3;n_1+1n_2n_3)A_{l_1m_1}(\alpha,k_0)\delta_{l_2m_2}\delta_{l_3m_3}$$

$$+\sqrt{n_1}f_2(m_1m_2m_3;n_1-1n_2n_3)A_{l_1m_1}(\alpha,-k_0)\delta_{l_2m_2}\delta_{l_3m_3}$$

$$+\sqrt{n_2+1}f_2(m_1m_2m_3;n_1n_2+1n_3)\delta_{l_1m_1}A_{l_2m_2}(\alpha,k_0)\delta_{l_3m_3}$$

$$+\sqrt{n_2}f_2(m_1m_2m_3;n_1n_2-1n_3)\delta_{l_1m_1}A_{l_2m_2}(\alpha,-k_0)\delta_{l_3m_3}]$$

$$+\sum_{m_1m_2m_3}^{M}[-\mathrm{i}f_4(m_1m_2m_3;n_1n_2n_3)D_{l_1m_1}\delta_{l_2m_2}\delta_{l_3m_3}$$

$$
\begin{aligned}
&- f_4(m_1 m_2 m_3; n_1 n_2 n_3)\delta_{l_1 m_1} D_{l_2 m_2} \delta_{l_3 m_3} \\
&- e\sqrt{\frac{1}{2ck_0}}(\sqrt{n_2+1} f_4(m_1 m_2 m_3; n_1 n_2+1 n_3)\delta_{l_1 m_1} A_{l_2 m_2}(\alpha, k_0)\delta_{l_3 m_3} \\
&+ \sqrt{n_2} f_4(m_1 m_2 m_3; n_1 n_2-1 n_3)\delta_{l_1 m_1} A_{l_2 m_2}(\alpha, -k_0)\delta_{l_3 m_3} \\
&+ \sqrt{n_3+1} f_4(m_1 m_2 m_3; n_1 n_2 n_3+1)\delta_{l_1 m_1}\delta_{l_2 m_2} A_{l_3 m_3}(\alpha, k_0) \\
&+ \sqrt{n_3} f_4(m_1 m_2 m_3; n_1 n_2 n_3-1)\delta_{l_1 m_1}\delta_{l_2 m_2} A_{l_3 m_3}(\alpha, -k_0) \\
&+ \mathrm{i}e\sqrt{\frac{1}{2ck_0}}(\sqrt{n_1+1} f_4(m_1 m_2 m_3; n_1+1 n_2 n_3) A_{l_1 m_1}(\alpha, k_0)\delta_{l_2 m_2}\delta_{l_3 m_3} \\
&+ \sqrt{n_1} f_4(m_1 m_2 m_3; n_1-1 n_2 n_3) A_{l_1 m_1}(\alpha, -k_0)\delta_{l_2 m_2}\delta_{l_3 m_3} \\
&+ \sqrt{n_3+1} f_4(m_1 m_2 m_3; n_1 n_2 n_3+1)\delta_{l_1 m_1}\delta_{l_2 m_2} A_{l_3 m_3}(\alpha, k_0) \\
&+ \sqrt{n_3} f_4(m_1 m_2 m_3; n_1 n_2 n_3-1)\delta_{l_1 m_1}\delta_{l_2 m_2} A_{l_3 m_2 3}(\alpha, -k_0)] \\
= {} & [mc^2 + (n_1+n_2+n_3)ck_0] f_1(l_1 l_2 l_3; n_1 n_2 n_3) \\
&- \mathrm{i}\sum_{m_3} f_2(l_1 l_2 l_3; n_1 n_2 n_3) D_{l_3 m_3}(\alpha) \\
&- e\sqrt{\frac{1}{2ck_0}}\Big[\sum_{m_1}\sqrt{n_1+1} f_2(m_1 l_2 l_3; n_1+1 n_2 n_3) A_{l_1 m_1}(\alpha, k_0) \\
&+ \sum_{m_1}\sqrt{n_1} f_2(m_1 l_2 l_3; n_1-1 n_2 n_3) A_{l_1 m_1}(\alpha, -k_0) \\
&+ \sum_{m_2}\sqrt{n_2+1} f_2(l_1 m_2 l_3; n_1 n_2+1 n_3) A_{l_2 m_2}(\alpha, k_0) \\
&+ \sum_{m_2}\sqrt{n_2} f_2(l_1 m_2 l_3; n_1 n_2-1 n_3) A_{l_2 m_2}(\alpha, -k_0)\Big] \\
&- \mathrm{i}\sum_{m_1} f_4(m_1 l_2 l_3; n_1 n_2 n_3) D_{l_1 m_1}(\alpha) \\
&- \sum_{m_2} f_4(l_1 m_2 l_3; n_1 n_2 n_3) D_{l_2 m_2}(\alpha) \\
&- e\sqrt{\frac{1}{2ck_0}}\Big[\sum_{m_2}\sqrt{n_2+1} f_4(l_1 m_2 l_3; n_1 n_2+1 n_3) A_{l_2 m_2}(\alpha, k_0) \\
&+ \sum_{m_2}\sqrt{n_2} f_4(l_1 m_2 l_3; n_1 n_2-1 n_3) A_{l_2 m_2}(\alpha, -k_0) \\
&+ \sum_{m_3}\sqrt{n_3+1} f_4(l_1 l_2 m_3; n_1 n_2 n_3+1) A_{l_3 m_3}(\alpha, k_0)
\end{aligned}
$$

$$
+\sum_{m_3}\sqrt{n_3}f_4(l_1l_2m_3;n_1n_2n_3-1)A_{l_3m_3}(\alpha,-k_0)\Big]
$$

$$
+\mathrm{i}e\sqrt{\frac{1}{2ck_0}}\Big[\sum_{m_1}\sqrt{n_1+1}f_4(m_1l_2l_3;n_1+1n_2n_3)A_{l_1m_1}(\alpha,k_0)
$$

$$
+\sum_{m_1}\sqrt{n_1}f_4(m_1l_2l_3;n_1-1n_2n_3)A_{l_1m_1}(\alpha,-k_0)
$$

$$
+\sum_{m_3}\sqrt{n_3+1}f_4(l_1l_2m_3;n_1n_2n_3+1)A_{l_3m_3}(\alpha,k_0)
$$

$$
+\sum_{m_3}\sqrt{n_3}f_4(l_1l_2m_3;n_1n_2n_3-1)A_{l_3m_3}(\alpha,-k_0)\Big]
$$

$$
=Ef_1(l_1l_2l_3;n_1n_2n_3) \tag{9.3.6}
$$

在上式中引入了基于前面计算准备的两个矩阵的定义.

① 定义了矩阵

$$
D_{lm}(\alpha)=\begin{pmatrix} 0 & \frac{\alpha}{\sqrt{2}} & 0 & 0 \\ 0 & 0 & \alpha & 0 \\ 0 & -\alpha & 0 & \left(\sqrt{6}-\sqrt{\frac{3}{2}}\right)\alpha \\ 0 & 0 & -\sqrt{\frac{3}{2}}\alpha & 0 \end{pmatrix} \tag{9.3.7}
$$

其实就是将式(9.2.18)~式(9.2.29)的计算结果表示为一个统一的形式:

$$
\int_{-\infty}^{\infty}\psi_l(x)\frac{\mathrm{d}}{\mathrm{d}x}\psi_m(x)\mathrm{d}x=D_{lm}(\alpha) \tag{9.3.8}
$$

② 定义了矩阵,其矩阵元为

$$
A_{lm}(\alpha,\pm k_0)=\int_{-\infty}^{\infty}\psi_l(x)\psi_m(x)\mathrm{e}^{\pm\mathrm{i}k_0x}\mathrm{d}x \tag{9.3.9}
$$

其中按式(9.2.33)~式(9.2.42)有

$$
A_{00}(\alpha,\pm k_0)=B(\alpha,\pm k_0;0)
$$

$$
A_{01}(\alpha,\pm k_0)=A_{10}(\alpha,\pm k_0)=2\alpha B(\alpha,\pm k_0;1)
$$

$$
A_{02}(\alpha,\pm k_0)=A_{20}(\alpha,\pm k_0)=4\alpha^2B(\alpha,\pm k_0;2)-2B(\alpha,\pm k_0;0)
$$

$$
A_{03}(\alpha,\pm k_0)=A_{30}(\alpha,\pm k_0)=8\alpha^3B(\alpha,\pm k_0;3)-12\alpha B(\alpha,\pm k_0;1)
$$

$$A_{11}(\alpha, \pm k_0) = 4\alpha^2 B(\alpha, \pm k_0; 2)$$

$$A_{12}(\alpha, \pm k_0) = A_{21}(\alpha, \pm k_0) = 8\alpha^3 B(\alpha, \pm k_0; 3) - 4\alpha B(\alpha, \pm k_0; 1)$$

$$A_{13}(\alpha, \pm k_0) = A_{31}(\alpha, \pm k_0) = 16\alpha^4 B(\alpha, \pm k_0; 4) - 24\alpha B(\alpha, \pm k_0; 2)$$

$$A_{22}(\alpha, \pm k_0) = 16\alpha^4 B(\alpha, \pm k_0; 4) - 16\alpha^2 B(\alpha, \pm k_0; 2) + 4B(\alpha, \pm k_0; 0)$$

$$\begin{aligned} A_{23}(\alpha, \pm k_0) &= A_{32}(\alpha, \pm k_0) \\ &= 32\alpha^5 B(\alpha, \pm k_0; 5) - 64\alpha^3 B(\alpha, \pm k_0; 3) + 24\alpha B(\alpha, \pm k_0; 1) \end{aligned}$$

$$A_{33}(\alpha, \pm k_0) = 64\alpha^6 B(\alpha, \pm k_0; 6) - 192\alpha^4 B(\alpha, \pm k_0; 4) + 144\alpha^2 B(\alpha, \pm k_0; 2) \tag{9.3.10}$$

第二分量:

仿照第一分量的所有步骤,可得

$$\begin{aligned}
&H_{21}\Big(\sum_{\substack{m_1 m_2 m_3\\ n_1 n_2 n_3}}^{M,N} f_1(m_1 m_2 m_3; n_1 n_2 n_3)\psi_{m_1}(x_1)\psi_{m_2}(x_2)\psi_{m_3}(x_3) \mid n_1 n_2 n_3\rangle\Big) \\
&+ H_{22}\Big(\sum_{\substack{m_1 m_2 m_3\\ n_1 n_2 n_3}}^{M,N} f_2(m_1 m_2 m_3; n_1 n_2 n_3)\psi_{m_1}(x_1)\psi_{m_2}(x_2)\psi_{m_3}(x_3) \mid n_1 n_2 n_3\rangle\Big) \\
&+ H_{23}\Big(\sum_{\substack{m_1 m_2 m_3\\ n_1 n_2 n_3}}^{M,N} f_3(m_1 m_2 m_3; n_1 n_2 n_3)\psi_{m_1}(x_1)\psi_{m_2}(x_2)\psi_{m_3}(x_3) \mid n_1 n_2 n_3\rangle\Big) \\
&+ H_{24}\Big(\sum_{\substack{m_1 m_2 m_3\\ n_1 n_2 n_3}}^{M,N} f_4(m_1 m_2 m_3; n_1 n_2 n_3)\psi_{m_1}(x_1)\psi_{m_2}(x_2)\psi_{m_3}(x_3) \mid n_1 n_2 n_3\rangle\Big) \\
&= \sum_{\substack{m_1 m_2 m_3\\ n_1 n_2 n_3}}^{M,N} [mc^2 + (n_1 + n_2 + n_3)ck_0] f_2(m_1 m_2 m_3; n_1 n_2 n_3) \\
&\quad \cdot \psi_{m_1}(x_1)\psi_{m_2}(x_2)\psi_{m_3}(x_3) \mid n_1 n_2 n_3\rangle \\
&\quad + \sum_{\substack{m_1 m_2 m_3\\ n_1 n_2 n_3}}^{M,N} \Big[-\mathrm{i}\frac{\partial}{\partial x_1} + \frac{\partial}{\partial x_2} - e\sqrt{\frac{1}{2ck_0}}(a_2 \mathrm{e}^{\mathrm{i}k_0 x_2} + a_2^\dagger \mathrm{e}^{-\mathrm{i}k_0 x_2} + a_3 \mathrm{e}^{\mathrm{i}k_0 x_3} + a_3^\dagger \mathrm{e}^{-\mathrm{i}k_0 x_3}) \\
&\quad - \mathrm{i}e\sqrt{\frac{1}{2ck_0}}(a_1 \mathrm{e}^{\mathrm{i}k_0 x_1} + a_1^\dagger \mathrm{e}^{-\mathrm{i}k_0 x_1} + a_3 \mathrm{e}^{\mathrm{i}k_0 x_3} + a_3^\dagger \mathrm{e}^{-\mathrm{i}k_0 x_3})\Big] \\
&\quad \cdot f_3(m_1 m_2 m_3; n_1 n_2 n_3)\psi_{m_1}(x_1)\psi_{m_2}(x_2)\psi_{m_3}(x_3) \mid n_1 n_2 n_3\rangle \\
&\quad + \sum_{\substack{m_1 m_2 m_3\\ n_1 n_2 n_3}}^{M,N} \Big[\mathrm{i}\frac{\partial}{\partial x_3} - e\sqrt{\frac{1}{2ck_0}}(a_1 \mathrm{e}^{\mathrm{i}k_0 x_1} + a_1^\dagger \mathrm{e}^{-\mathrm{i}k_0 x_1} + a_2 \mathrm{e}^{\mathrm{i}k_0 x_2} + a_2^\dagger \mathrm{e}^{-\mathrm{i}k_0 x_2})\Big]
\end{aligned}$$

$$\cdot f_4(m_1m_2m_3;n_1n_2n_3)\psi_{m_1}(x_1)\psi_{m_2}(x_2)\psi_{m_3}(x_3)\mid n_1n_2n_3\rangle$$
$$= Ef_2(m_1m_2m_3;n_1n_2n_3)\psi_{m_1}(x_1)\psi_{m_2}(x_2)\psi_{m_3}(x_3)\mid n_1n_2n_3\rangle \quad (9.3.11)$$

和第一分量的做法一样,将上式乘以 $\psi_{l_1}(x_1)\psi_{l_2}(x_2)\psi_{l_3}(x_3)$后积分,类似可得

$$\begin{aligned}
&[mc^2+(n_1+n_2+n_3)ck_0]f_2(l_1l_2l_3;n_1n_2n_3)\\
&-\mathrm{i}\sum_{m_1}f_3(m_1l_2l_3;n_1n_2n_3)D_{l_1m_1}(\alpha)\\
&+\sum_{m_2}f_3(l_1m_2l_3;n_1n_2n_3)D_{l_2m_2}(\alpha)\\
&-e\sqrt{\frac{1}{2ck_0}}\Big[\sum_{m_2}\sqrt{n_2+1}f_3(l_1m_2l_3;n_1n_2+1n_3)A_{l_2m_2}(\alpha,k_0)\\
&+\sum_{m_2}\sqrt{n_2}f_3(l_1m_2l_3;n_1n_2-1n_3)A_{l_2m_2}(\alpha,-k_0)\\
&+\sum_{m_3}\sqrt{n_3+1}f_3(l_1l_2m_3;n_1n_2n_3+1)A_{l_3m_3}(\alpha,k_0)\\
&+\sum_{m_3}\sqrt{n_3}f_3(l_1l_2m_3;n_1n_2n_3-1)A_{l_3m_3}(\alpha,-k_0)\Big]\\
&-\mathrm{i}e\sqrt{\frac{1}{2ck_0}}\Big[\sum_{m_1}\sqrt{n_1+1}f_3(m_1l_2l_3;n_1+1n_2n_3)A_{l_1m_1}(\alpha,k_0)\\
&+\sum_{m_1}\sqrt{n_1}f_3(m_1l_2l_3;n_1-1n_2n_3)A_{l_1m_1}(\alpha,-k_0)\\
&+\sum_{m_3}\sqrt{n_3+1}f_3(l_1l_2m_3;n_1n_2n_3+1)A_{l_3m_3}(\alpha,k_0)\\
&+\sum_{m_3}\sqrt{n_3}f_3(l_1l_2m_3;n_1n_2n_3-1)A_{l_3m_3}(\alpha,-k_0)\Big]\\
&-\mathrm{i}\sum_{m_3}f_4(l_1l_2m_3;n_1n_2n_3)D_{l_3m_3}(\alpha)\\
&-e\sqrt{\frac{1}{2ck_0}}\Big[\sum_{m_1}\sqrt{n_1+1}f_4(m_1l_2l_3;n_1+1n_2n_3)A_{l_1m_1}(\alpha,k_0)\\
&+\sum_{m_1}\sqrt{n_1}f_4(m_1l_2l_3;n_1-1n_2n_3)A_{l_1m_1}(\alpha,-k_0)\\
&+\sum_{m_2}\sqrt{n_2+1}f_4(l_1m_2l_3;n_1n_2+1n_3)A_{l_2m_2}(\alpha,k_0)\\
&+\sum_{m_2}\sqrt{n_2}f_4(l_1m_2l_3;n_1n_2-1n_3)A_{l_2m_2}(\alpha,-k_0)\Big]\\
&=Ef_2(l_1l_2l_3;n_1n_2n_3)
\end{aligned}\quad (9.3.12)$$

第三分量：

$$H_{31}\left(\sum_{\substack{m_1m_2m_3\\n_1n_2n_3}}^{M,N} f_1(m_1m_2m_3;n_1n_2n_3)\psi_{m_1}(x_1)\psi_{m_2}(x_2)\psi_{m_3}(x_3)\mid n_1n_2n_3\rangle\right)$$

$$+H_{32}\left(\sum_{\substack{m_1m_2m_3\\n_1n_2n_3}}^{M,N} f_2(m_1m_2m_3;n_1n_2n_3)\psi_{m_1}(x_1)\psi_{m_2}(x_2)\psi_{m_3}(x_3)\mid n_1n_2n_3\rangle\right)$$

$$+H_{33}\left(\sum_{\substack{m_1m_2m_3\\n_1n_2n_3}}^{M,N} f_3(m_1m_2m_3;n_1n_2n_3)\psi_{m_1}(x_1)\psi_{m_2}(x_2)\psi_{m_3}(x_3)\mid n_1n_2n_3\rangle\right)$$

$$+H_{34}\left(\sum_{\substack{m_1m_2m_3\\n_1n_2n_3}}^{M,N} f_4(m_1m_2m_3;n_1n_2n_3)\psi_{m_1}(x_1)\psi_{m_2}(x_2)\psi_{m_3}(x_3)\mid n_1n_2n_3\rangle\right)$$

$$=\sum_{\substack{m_1m_2m_3\\n_1n_2n_3}}^{M,N}\left[-\mathrm{i}\frac{\partial}{\partial x_3}-e\sqrt{\frac{1}{2ck_0}}(a_1\mathrm{e}^{\mathrm{i}k_0x_1}+a_1^\dagger\mathrm{e}^{-\mathrm{i}k_0x_1}+a_2\mathrm{e}^{\mathrm{i}k_0x_2}+a_2^\dagger\mathrm{e}^{-\mathrm{i}k_0x_2})\right]$$

$$\cdot f_1(m_1m_2m_3;n_1n_2n_3)\psi_{m_1}(x_1)\psi_{m_2}(x_2)\psi_{m_3}(x_3)\mid n_1n_2n_3\rangle$$

$$+\sum_{\substack{m_1m_2m_3\\n_1n_2n_3}}^{M,N}\left[-\mathrm{i}\frac{\partial}{\partial x_1}-\frac{\partial}{\partial x_2}-e\sqrt{\frac{1}{2ck_0}}(a_2\mathrm{e}^{\mathrm{i}k_0x_2}+a_2^\dagger\mathrm{e}^{-\mathrm{i}k_0x_2}+a_3\mathrm{e}^{\mathrm{i}k_0x_3}+a_3^\dagger\mathrm{e}^{-\mathrm{i}k_0x_3})\right.$$

$$\left.+\mathrm{i}e\sqrt{\frac{1}{2ck_0}}(a_1\mathrm{e}^{\mathrm{i}k_0x_1}+a_1^\dagger\mathrm{e}^{-\mathrm{i}k_0x_1}+a_3\mathrm{e}^{\mathrm{i}k_0x_3}+a_3^\dagger\mathrm{e}^{-\mathrm{i}k_0x_3})\right]$$

$$\cdot f_2(m_1m_2m_3;n_1n_2n_3)\psi_{m_1}(x_1)\psi_{m_2}(x_2)\psi_{m_3}(x_3)\mid n_1n_2n_3\rangle$$

$$+\sum_{\substack{m_1m_2m_3\\n_1n_2n_3}}^{M,N}\left[-mc^2+(n_1+n_2+n_3)ck_0\right]$$

$$\cdot f_3(m_1m_2m_3;n_1n_2n_3)\psi_{m_1}(x_1)\psi_{m_2}(x_2)\psi_{m_3}(x_3)\mid n_1n_2n_3\rangle$$

$$=Ef_3(m_1m_2m_3;n_1n_2n_3)\psi_{m_1}(x_1)\psi_{m_2}(x_2)\psi_{m_3}(x_3)\mid n_1n_2n_3\rangle \tag{9.3.13}$$

上式两端同乘以 $\psi_{l_1}(x_1)\psi_{l_2}(x_2)\psi_{l_3}(x_3)$，并对 x_1,x_2,x_2 积分，得

$$-\mathrm{i}\sum_{m_3} f_1(l_1l_2m_3;n_1n_2n_3)D_{l_3m_3}(\alpha)$$

$$-e\sqrt{\frac{1}{2ck_0}}\left[\sum_{m_1}\sqrt{n_1+1}f_1(m_1l_2l_3;n_1+1n_2n_3)A_{l_1m_1}(\alpha,k_0)\right.$$

$$+\sum_{m_1}\sqrt{n_1}f_1(m_1l_2l_3;n_1-1n_2n_3)A_{l_1m_1}(\alpha,-k_0)$$

$$
\begin{aligned}
&+\sum_{m_2}\sqrt{n_2+1}f_1(l_1m_2l_3;n_1n_2+1n_3)A_{l_2m_2}(\alpha,k_0)\\
&+\sum_{m_2}\sqrt{n_2}f_1(l_1m_2l_3;n_1n_2-1n_3)A_{l_2m_2}(\alpha,-k_0)\\
&-\mathrm{i}\sum_{m_1}f_2(m_1l_2l_3;n_1n_2n_3)D_{l_1m_1}(\alpha)\\
&-\sum_{m_2}f_2(l_1m_2l_3;n_1n_2n_3)D_{l_2m_2}(\alpha)\\
&-e\sqrt{\frac{1}{2ck_0}}\Big[\sum_{m_2}\sqrt{n_2+1}f_2(l_1m_2l_3;n_1n_2+1n_3)A_{l_2m_2}(\alpha,k_0)\\
&+\sum_{m_2}\sqrt{n_2}f_2(l_1m_2l_3;n_1n_2-1n_3)A_{l_2m_2}(\alpha,-k_0)\\
&+\sum_{m_3}\sqrt{n_3+1}f_2(l_1l_2m_3;n_1n_2n_3+1)A_{l_3m_3}(\alpha,k_0)\\
&+\sum_{m_3}\sqrt{n_3}f_2(l_1l_2m_3;n_1n_2n_3-1)A_{l_3m_3}(\alpha,-k_0)\Big]\\
&+\mathrm{i}e\sqrt{\frac{1}{2ck_0}}\Big[\sum_{m_1}\sqrt{n_1+1}f_2(m_1l_2l_3;n_1+1n_2n_3)A_{l_1m_1}(\alpha,k_0)\\
&+\sum_{m_1}\sqrt{n_1}f_2(m_1l_2l_3;n_1-1n_2n_3)A_{l_1m_1}(\alpha,-k_0)\\
&+\sum_{m_3}\sqrt{n_3+1}f_2(l_1l_2m_3;n_1n_2n_3+1)A_{l_3m_3}(\alpha,k_0)\\
&+\sum_{m_3}\sqrt{n_3}f_2(l_1l_2m_3;n_1n_2n_3-1)A_{l_3m_3}(\alpha,-k_0)\Big]\\
&+[-mc^2+(n_1+n_2+n_3)ck_0]f_3(l_1l_2l_3;n_1n_2n_3)\\
=\ &Ef_3(l_1l_2l_3;m_1m_2m_3)
\end{aligned}
\tag{9.3.14}
$$

第四分量：

$$
\begin{aligned}
&H_{41}\Big(\sum_{\substack{m_1m_2m_3\\n_1n_2n_3}}^{M,N}f_1(m_1m_2m_3;n_1n_2n_3)\psi_{m_1}(x_1)\psi_{m_2}(x_2)\psi_{m_3}(x_3)\mid n_1n_2n_3\rangle\Big)\\
&+H_{42}\Big(\sum_{\substack{m_1m_2m_3\\n_1n_2n_3}}^{M,N}f_2(m_1m_2m_3;n_1n_2n_3)\psi_{m_1}(x_1)\psi_{m_2}(x_2)\psi_{m_3}(x_3)\mid n_1n_2n_3\rangle\Big)\\
&+H_{43}\Big(\sum_{\substack{m_1m_2m_3\\n_1n_2n_3}}^{M,N}f_3(m_1m_2m_3;n_1n_2n_3)\psi_{m_1}(x_1)\psi_{m_2}(x_2)\psi_{m_3}(x_3)\mid n_1n_2n_3\rangle\Big)
\end{aligned}
$$

$$
\begin{aligned}
&+ H_{44}\Big(\sum_{\substack{m_1 m_2 m_3 \\ n_1 n_2 n_3}}^{M,N} f_4(m_1 m_2 m_3; n_1 n_2 n_3)\psi_{m_1}(x_1)\psi_{m_2}(x_2)\psi_{m_3}(x_3) \mid n_1 n_2 n_3\rangle\Big) \\
&= \sum_{\substack{m_1 m_2 m_3 \\ n_1 n_2 n_3}}^{M,N}\Big[-\mathrm{i}\frac{\partial}{\partial x_1} + \frac{\partial}{\partial x_2} - e\sqrt{\frac{1}{2ck_0}}(a_2 \mathrm{e}^{\mathrm{i}k_0 x_2} + a_2^\dagger \mathrm{e}^{-\mathrm{i}k_0 x_2} + a_3 \mathrm{e}^{\mathrm{i}k_0 x_3} + a_3^\dagger \mathrm{e}^{-\mathrm{i}k_0 x_3}) \\
&\quad - \mathrm{i}e\sqrt{\frac{1}{2ck_0}}(a_1 \mathrm{e}^{\mathrm{i}k_0 x_1} + a_1^\dagger \mathrm{e}^{-\mathrm{i}k_0 x_1} + a_3 \mathrm{e}^{\mathrm{i}k_0 x_3} + a_3^\dagger \mathrm{e}^{-\mathrm{i}k_0 x_3})\Big] \\
&\quad \cdot f_1(m_1 m_2 m_3; n_1 n_2 n_3)\psi_{m_1}(x_1)\psi_{m_2}(x_2)\psi_{m_3}(x_3) \mid n_1 n_2 n_3\rangle \\
&\quad + \sum_{\substack{m_1 m_2 m_3 \\ n_1 n_2 n_3}}^{M,N}\Big[\mathrm{i}\frac{\partial}{\partial x_3} + e\sqrt{\frac{1}{2ck_0}}(a_1 \mathrm{e}^{\mathrm{i}k_0 x_1} + a_1^\dagger \mathrm{e}^{-\mathrm{i}k_0 x_1} + a_2 \mathrm{e}^{\mathrm{i}k_0 x_2} + a_2^\dagger \mathrm{e}^{-\mathrm{i}k_0 x_2})\Big] \\
&\quad \cdot f_2(m_1 m_2 m_3; n_1 n_2 n_3)\psi_{m_1}(x_1)\psi_{m_2}(x_2)\psi_{m_3}(x_3) \mid n_1 n_2 n_3\rangle \\
&\quad + \sum_{\substack{m_1 m_2 m_3 \\ n_1 n_2 n_3}}^{M,N}[-mc^2 + (n_1 + n_2 + n_3)ck_0] f_4(m_1 m_2 m_3; n_1 n_2 n_3) \\
&\quad \cdot \psi_{m_1}(x_1)\psi_{m_2}(x_2)\psi_{m_3}(x_3) \mid n_1 n_2 n_3\rangle \\
&= E\sum_{\substack{m_1 m_2 m_3 \\ n_1 n_2 n_3}}^{M,N} f_4(m_1 m_2 m_3; n_1 n_2 n_3)\psi_{m_1}(x_1)\psi_{m_2}(x_2)\psi_{m_3}(x_3) \mid n_1 n_2 n_3\rangle
\end{aligned}
\tag{9.3.15}
$$

将上式两端同乘以 $\psi_{l_1}(x_1)\psi_{l_2}(x_2)\psi_{l_3}(x_3)$，并对 x_1, x_2, x_3 积分，得

$$
\begin{aligned}
&-\mathrm{i}\sum_{m_1} f_1(m_1 l_2 l_3; n_1 n_2 n_3) D_{l_1 m_1}(\alpha) \\
&+ \sum_{m_2} f_1(l_1 m_2 l_3; n_1 n_2 n_3) D_{l_2 m_2}(\alpha) \\
&- e\sqrt{\frac{1}{2ck_0}}\Big[\sum_{m_1}\sqrt{n_2+1} f_1(l_1 m_2 l_3; n_1 n_2+1 n_3) A_{l_2 m_2}(\alpha, k_0) \\
&+ \sum_{m_2}\sqrt{n_2} f_1(l_1 m_2 l_3; n_1 n_2-1 n_3) A_{l_2 m_2}(\alpha, -k_0) \\
&+ \sum_{m_3}\sqrt{n_3+1} f_1(l_1 l_2 m_3; n_1 n_2 n_3+1) A_{l_3 m_3}(\alpha, k_0) \\
&+ \sum_{m_3}\sqrt{n_3} f_1(l_1 l_2 m_3; n_1 n_2 n_3-1) A_{l_3 m_3}(\alpha, -k_0)\Big]
\end{aligned}
$$

$$
\begin{aligned}
&- \mathrm{i}e\sqrt{\frac{1}{2ck_0}}\Big[\sum_{m_1}\sqrt{n_1+1}f_1(m_1l_2l_3;n_1+1n_2n_3)A_{l_1m_1}(\alpha,k_0)\\
&+\sum_{m_1}\sqrt{n_1}f_1(m_1l_2l_3;n_1-1n_2n_3)A_{l_1m_1}(\alpha,-k_0)\\
&+\sum_{m_3}\sqrt{n_3+1}f_1(l_1l_2m_3;n_1n_2n_3+1)A_{l_3m_3}(\alpha,k_0)\\
&+\sum_{m_3}\sqrt{n_3}f_1(l_1l_2m_3;n_1n_2n_3-1)A_{l_3m_3}(\alpha,-k_0)\Big]\\
&+\mathrm{i}\sum_{m_3}f_2(l_1l_2m_3;n_1n_2n_3)D_{l_3m_3}(\alpha)\\
&+e\sqrt{\frac{1}{2ck_0}}\Big[\sum_{m_1}\sqrt{n_1+1}f_2(m_1l_2l_3;n_1+1n_2n_3)A_{l_1m_1}(\alpha,k_0)\\
&+\sum_{m_1}\sqrt{n_1}f_2(m_1l_2l_3;n_1-1n_2n_3)A_{l_1m_1}(\alpha,-k_0)\\
&+\sum_{m_2}\sqrt{n_2+1}f_2(l_1m_2l_3;n_1n_2+1n_3)A_{l_2m_2}(\alpha,k_0)\\
&+\sum_{m_2}\sqrt{n_2}f_2(l_1m_2l_3;n_1n_2-1n_3)A_{l_2m_2}(\alpha,-k_0)\Big]\\
&+[-mc^2+(n_1+n_2+n_3)ck_0]f_4(l_1l_2l_3;n_1n_2n_3)\\
=\ &Ef_4(l_1l_2l_3;n_1n_2n_3)
\end{aligned}
\tag{9.3.16}
$$

结论：

上面推演得到的式(9.3.6)，式(9.3.10)，式(9.3.14)，式(9.3.16)是$\{f_i(l_1l_2l_3;n_1n_2n_3)\}$的$4\times M^3\times N^3$个方程的本征方程组. 在前面已指出，只要谐振子波函数中的参量α选得恰当，使$\psi_m(x)$的定域范围和Dirac粒子的最低稳定态的尺度适应，就有可能取不大的M值和不大的N值，得到较好的低能的能谱及相应的态矢. 前面的具体推演作了$M=4$的推导. 如果取$n=0,1,2$，即$N=3$，则待求的变量数为$4\times4^3\times3^3=6912$，这是一个相当大的数.

9.4 电子的电荷与自旋

Dirac 粒子或者说电子与玻色子的根本区别在于玻色子没有内部自由度，而电子既有外部自由度，亦有内部自由度．本章前面的内容是在讨论电子实际是由内部自由度、外部自由度和内禀的电磁场所组成的复合体．这一复合体将形成一系列的定态，每一定态具有确定的能量及对应的本征状态．这一复合体在某一时刻所居的状态总可用这一组定态集来展开．当它受到一个外势作用时，状态会随时间改变．如果我们已解出定态集，并将初始时刻按求出的定态集展开，以后它的状态的演化便可完全确定下来．

本节要讨论的是这一复合体的演化过程中一个有意思的现象，这就是电荷和自旋的分离．我们如果还是抱着电子是一个点粒子的观点，就很难想象这一点粒子的一般状态虽然是分布在一个有限的空间中的，但在任一时刻，任一空间点处的电荷和自旋出现的概率是相同的，因此出现不了电荷与自旋分离的现象．为此 Anderson 曾提出一个唯象的复合粒子模型：一个有自旋、无电荷的粒子和一个有电荷、无自旋的粒子组合成一个复合体，在外界影响下这一复合体中的两个粒子的演化不会同步，于是出现其中的电荷、自旋分离．

本书将 Dirac 理论重新解释后，可以看到不需要人为地假设两个粒子组成一个复合粒子的模型，因为电子是一个具有内、外自由度和内禀电磁场的复合体，自然就呈现出自旋、电荷分离的规律．反过来，这一规律的存在正好证明了对 Dirac 理论重新诠释的必要性．下面我们利用本章前面讨论过的定态集具体表述自旋、电荷分离的内容．

1. 哈密顿量和自旋

如前所述，自由的物理的电子的哈密顿量是($\hbar=1$)

$$H = c\boldsymbol{\alpha} \cdot \left(\hat{p} - \frac{e}{c}\boldsymbol{A}(\boldsymbol{r})\right) + \beta c^2 + H_{\mathrm{r}} \tag{9.4.1}$$

上式中的 H_r 是电磁场的哈密顿量.

H 的矩阵算符形式前面已给出,这里不再重复.为了表示自旋算符,选定的 $\boldsymbol{\alpha}$,β 矩阵为

$$
\alpha_1=\begin{pmatrix}0&0&0&1\\0&0&1&0\\0&1&0&0\\1&0&0&0\end{pmatrix}\qquad
\alpha_2=\begin{pmatrix}0&0&0&-\mathrm{i}\\0&0&\mathrm{i}&0\\0&-\mathrm{i}&0&0\\\mathrm{i}&0&0&0\end{pmatrix}
$$

$$
\alpha_3=\begin{pmatrix}0&0&1&0\\0&0&0&-1\\1&0&0&0\\0&-1&0&0\end{pmatrix}\qquad
\beta=\begin{pmatrix}1&0&0&0\\0&1&0&0\\0&0&-1&0\\0&0&0&-1\end{pmatrix}\tag{9.4.2}
$$

自旋算符

$$
S_1=\frac{1}{2}c\alpha_2\alpha_3,\quad S_2=\frac{1}{2}c\alpha_3\alpha_1,\quad S_3=\frac{1}{2}c\alpha_1\alpha_2\tag{9.4.3}
$$

假定已解得前面讲的能谱$\{E^{(l)}\}$,相应的归一的本征波函数(态矢)为

$$
|l\rangle=\begin{pmatrix}\sum\limits_{n_1n_2n_3}\phi_1^{(l)}(\boldsymbol{x};n_1n_2n_3)\,|\,n_1n_2n_3\rangle\\\sum\limits_{n_1n_2n_3}\phi_2^{(l)}(\boldsymbol{x};n_1n_2n_3)\,|\,n_1n_2n_3\rangle\\\sum\limits_{n_1n_2n_3}\phi_3^{(l)}(\boldsymbol{x};n_1n_2n_3)\,|\,n_1n_2n_3\rangle\\\sum\limits_{n_1n_2n_3}\phi_4^{(l)}(\boldsymbol{x};n_1n_2n_3)\,|\,n_1n_2n_3\rangle\end{pmatrix}\tag{9.4.4}
$$

其中

$$
\begin{aligned}
&\phi_i^{(l)}(\boldsymbol{x};n_1n_2n_3)\\
&=\sum_{m_1m_2m_3}f_i^{(l)}(m_1m_2m_3;n_1n_2n_3)\psi_{m_1}(x_1)\psi_{m_2}(x_2)\psi_{m_3}(x_3)
\end{aligned}\tag{9.4.5}
$$

式中的$\{\psi_m(x)\}$如前所述是谐振子的定态函数.

假定电子在初始时刻的初始态(归一的)按解得的定态集$\{|l\rangle\}$展开为

$$
|t=0\rangle=\sum_l F_l\,|\,l\rangle\tag{9.4.6}
$$

则在以后的任一时刻 t，其态矢为

$$| t\rangle = \sum_l F_l e^{-iE_l t} | l\rangle \tag{9.4.7}$$

有了这样的准备后，下面来计算 t 时刻的电荷分布和自旋分布.

2. 电荷分布

因为电子的电荷分布正比于电子在位置空间中的概率分布，所以其电荷分布 $\rho_q(t) = e\rho(t)$，而 $\rho(t)$ 为

$$\begin{aligned}
\rho(t) &= \langle t | t\rangle \\
&= \Big(\sum_{l_1} F_{l_1}^* e^{iE_{l_1} t}\langle l_1 |\Big)\Big(\sum_{l_2} F_{l_2} e^{-iE_{l_2} t} | l_2\rangle\Big) \\
&= \sum_{l_1} F_{l_1}^* e^{iE_{l_1} t}\Big(\sum_{n_1 n_2 n_3} \phi_1^{(l_1)*}(\boldsymbol{x}; n_1 n_2 n_3)\langle n_1 n_2 n_3 |, \\
&\quad \sum_{n_1 n_2 n_3} \phi_2^{(l_1)*}(\boldsymbol{x}; n_1 n_2 n_3)\langle n_1 n_2 n_3 |, \\
&\quad \sum_{n_1 n_2 n_3} \phi_3^{(l_1)*}(\boldsymbol{x}; n_1 n_2 n_3)\langle n_1 n_2 n_3 |, \\
&\quad \sum_{n_1 n_2 n_3} \phi_4^{(l_1)*}(\boldsymbol{x}; n_1 n_2 n_3)\langle n_1 n_2 n_3 |\Big) \cdot \sum_{l_2} F_{l_2} e^{-iE_{l_2} t} \\
&\quad \cdot \begin{pmatrix}
\sum_{n_1' n_2' n_3'} \phi_1^{(l_2)}(\boldsymbol{x}; n_1' n_2' n_3') | n_1' n_2' n_3'\rangle \\
\sum_{n_1' n_2' n_3'} \phi_2^{(l_2)}(\boldsymbol{x}; n_1' n_2' n_3') | n_1' n_2' n_3'\rangle \\
\sum_{n_1' n_2' n_3'} \phi_3^{(l_2)}(\boldsymbol{x}; n_1' n_2' n_3') | n_1' n_2' n_3'\rangle \\
\sum_{n_1' n_2' n_3'} \phi_4^{(l_2)}(\boldsymbol{x}; n_1' n_2' n_3') | n_1' n_2' n_3'\rangle
\end{pmatrix} \\
&= \sum_{l_1 l_2} F_{l_1}^* F_{l_2} e^{i(E_{l_1} - E_{l_2})t} \\
&\quad \cdot \Big(\sum_{\substack{n_1 n_2 n_3 \\ n_1' n_2' n_3'}} \phi_1^{(l_1)*}(\boldsymbol{x}; n_1 n_2 n_3)\phi_1^{(l_2)}(\boldsymbol{x}; n_1' n_2' n_3')\langle n_1 n_2 n_3 | n_1' n_2' n_3'\rangle \\
&\quad + \sum_{\substack{n_1 n_2 n_3 \\ n_1' n_2' n_3'}} \phi_2^{(l_1)*}(\boldsymbol{x}; n_1 n_2 n_3)\phi_2^{(l_2)}(\boldsymbol{x}; n_1' n_2' n_3')\langle n_1 n_2 n_3 | n_1' n_2' n_3'\rangle
\end{aligned}$$

$$
\begin{aligned}
&+\sum_{\substack{n_1n_2n_3\\ n_1'n_2'n_3'}}\phi_3^{(l_1)*}(\boldsymbol{x};n_1n_2n_3)\phi_3^{(l_2)}(\boldsymbol{x};n_1'n_2'n_3')\langle n_1n_2n_3\mid n_1'n_2'n_3'\rangle\\
&+\sum_{\substack{n_1n_2n_3\\ n_1'n_2'n_3'}}\phi_4^{(l_1)*}(\boldsymbol{x};n_1n_2n_3)\phi_4^{(l_2)}(\boldsymbol{x};n_1'n_2'n_3')\langle n_1n_2n_3\mid n_1'n_2'n_3'\rangle\Big)\\
=&\sum_{l_1l_2}\sum_{n_1n_2n_3}F_{l_1}^*F_{l_2}\mathrm{e}^{\mathrm{i}(E_{l_1}-E_{l_2})t}(\phi_1^{(l_1)*}(\boldsymbol{x};n_1n_2n_3)\phi_1^{(l_2)}(\boldsymbol{x};n_1n_2n_3)\\
&+\phi_2^{(l_1)*}(\boldsymbol{x};n_1n_2n_3)\phi_2^{(l_2)}(\boldsymbol{x};n_1n_2n_3)\\
&+\phi_3^{(l_1)*}(\boldsymbol{x};n_1n_2n_3)\phi_3^{(l_2)}(\boldsymbol{x};n_1n_2n_3)\\
&+\phi_4^{(l_1)*}(\boldsymbol{x};n_1n_2n_3)\phi_4^{(l_2)}(\boldsymbol{x};n_1n_2n_3))\\
=&\sum_{l_1l_2}\sum_{n_1n_2n_3}F_{l_1}^*F_{l_2}\mathrm{e}^{\mathrm{i}(E_{l_1}-E_{l_2})t}\\
&\cdot\Big[\Big(\sum_{m_1m_2m_3}f_1^{(l_1)*}(m_1m_2m_3;n_1n_2n_3)\psi_{m_1}(x_1)\psi_{m_2}(x_2)\psi_{m_3}(x_3)\Big)\\
&\cdot\Big(\sum_{m_1'm_2'm_3'}f_1^{(l_2)}(m_1'm_2'm_3';n_1n_2n_3)\psi_{m_1'}(x_1)\psi_{m_2'}(x_2)\psi_{m_3'}(x_3)\Big)\\
&+\Big(\sum_{m_1m_2m_3}f_2^{(l_1)*}(m_1m_2m_3;n_1n_2n_3)\psi_{m_1}(x_1)\psi_{m_2}(x_2)\psi_{m_3}(x_3)\Big)\\
&\cdot\Big(\sum_{m_1'm_2'm_3'}f_2^{(l_2)}(m_1'm_2'm_3';n_1n_2n_3)\psi_{m_1'}(x_1)\psi_{m_2'}(x_2)\psi_{m_3'}(x_3)\Big)\\
&+\Big(\sum_{m_1m_2m_3}f_3^{(l_1)*}(m_1m_2m_3;n_1n_2n_3)\psi_{m_1}(x_1)\psi_{m_2}(x_2)\psi_{m_3}(x_3)\Big)\\
&\cdot\Big(\sum_{m_1'm_2'm_3'}f_3^{(l_2)}(m_1'm_2'm_3';n_1n_2n_3)\psi_{m_1'}(x_1)\psi_{m_2'}(x_2)\psi_{m_3'}(x_3)\Big)\\
&+\Big(\sum_{m_1m_2m_3}f_4^{(l_1)*}(m_1m_2m_3;n_1n_2n_3)\psi_{m_1}(x_1)\psi_{m_2}(x_2)\psi_{m_3}(x_3)\Big)\\
&\cdot\Big(\sum_{m_1'm_2'm_3'}f_4^{(l_2)}(m_1'm_2'm_3';n_1n_2n_3)\psi_{m_1'}(x_1)\psi_{m_2'}(x_2)\psi_{m_3'}(x_3)\Big)\Big]\\
=&\sum_{l_1l_2}\sum_{n_1n_2n_3}\sum_{m_1m_2m_3}\sum_{m_1'm_2'm_3'}F_{l_1}^*F_{l_2}\mathrm{e}^{\mathrm{i}(E_{l_1}-E_{l_2})t}\\
&\cdot[f_1^{(l_1)*}(m_1m_2m_3;n_1n_2n_3)f_1^{(l_2)}(m_1'm_2'm_3';n_1n_2n_3)\\
&+f_2^{(l_1)*}(m_1m_2m_3;n_1n_2n_3)f_2^{(l_2)}(m_1'm_2'm_3';n_1n_2n_3)\\
&+f_3^{(l_1)*}(m_1m_2m_3;n_1n_2n_3)f_3^{(l_2)}(m_1'm_2'm_3';n_1n_2n_3)\\
&+f_4^{(l_1)*}(m_1m_2m_3;n_1n_2n_3)f_4^{(l_2)}(m_1'm_2'm_3';n_1n_2n_3)]\\
&\cdot\psi_{m_1}(x_1)\psi_{m_1'}(x_1)\psi_{m_2}(x_2)\psi_{m_2'}(x_2)\psi_{m_3}(x_3)\psi_{m_3'}(x_3)
\end{aligned}
\tag{9.4.8}
$$

3. 自旋分布

（1）自旋的第三方向分量为

$$
\begin{aligned}
&\langle t \mid S_3 \mid t\rangle \\
&= \Big(\sum_{l_1} F_{l_1}^{*} \mathrm{e}^{\mathrm{i}E_{l_1}t}\langle l_1 \mid\Big) S_3 \Big(\sum_{l_2} F_{l_2}^{*} \mathrm{e}^{-\mathrm{i}E_{l_2}t} \mid l_2\rangle\Big) \\
&= \sum_{l_1} F_{l_1}^{*} \mathrm{e}^{\mathrm{i}E_{l}t} \\
&\quad \cdot \Big(\sum_{n_1n_2n_3} \phi_1^{(l_1)*}(\boldsymbol{x};n_1n_2n_3)\langle n_1n_2n_3 \mid, \sum_{n_1n_2n_3} \phi_2^{(l_1)*}(\boldsymbol{x};n_1n_2n_3)\langle n_1n_2n_3 \mid, \\
&\quad \sum_{n_1n_2n_3} \phi_3^{(l_1)*}(\boldsymbol{x};n_1n_2n_3)\langle n_1n_2n_3 \mid, \sum_{n_1n_2n_3} \phi_4^{(l_1)*}(\boldsymbol{x};n_1n_2n_3)\langle n_1n_2n_3 \mid\Big) \\
&\quad \cdot \frac{c}{2}\begin{pmatrix} \mathrm{i} & 0 & 0 & 0 \\ 0 & -\mathrm{i} & 0 & 0 \\ 0 & 0 & \mathrm{i} & 0 \\ 0 & 0 & 0 & -\mathrm{i} \end{pmatrix} \sum_{l_2} \begin{pmatrix} \sum_{n_1'n_2'n_3'} \phi_1^{(l_2)}(\boldsymbol{x};n_1'n_2'n_3' \mid n_1'n_2'n_3'\rangle \\ \sum_{n_1'n_2'n_3'} \phi_2^{(l_2)}(\boldsymbol{x};n_1'n_2'n_3' \mid n_1'n_2'n_3'\rangle \\ \sum_{n_1'n_2'n_3'} \phi_3^{(l_2)}(\boldsymbol{x};n_1'n_2'n_3' \mid n_1'n_2'n_3'\rangle \\ \sum_{n_1'n_2'n_3'} \phi_4^{(l_2)}(\boldsymbol{x};n_1'n_2'n_3' \mid n_1'n_2'n_3'\rangle \end{pmatrix} F_{l_2}\mathrm{e}^{-\mathrm{i}E_{l_2}t} \\
&= \frac{\mathrm{i}c}{2}\sum_{l_1l_2} F_{l_1}^{*}F_{l_2}\mathrm{e}^{\mathrm{i}(E_{l_1}-E_{l_2})t} \\
&\quad \cdot \Big[\sum_{\substack{n_1n_2n_3\\ n_1'n_2'n_3'}} \phi_1^{(l_1)*}(\boldsymbol{x};n_1n_2n_3)\phi_1^{(l_2)}(\boldsymbol{x};n_1'n_2'n_3')\langle n_1n_2n_3 \mid n_1'n_2'n_3'\rangle \\
&\quad - \sum_{\substack{n_1n_2n_3\\ n_1'n_2'n_3'}} \phi_2^{(l_1)*}(\boldsymbol{x};n_1n_2n_3)\phi_2^{(l_2)}(\boldsymbol{x};n_1'n_2'n_3')\langle n_1n_2n_3 \mid n_1'n_2'n_3'\rangle \\
&\quad + \sum_{\substack{n_1n_2n_3\\ n_1'n_2'n_3'}} \phi_3^{(l_1)*}(\boldsymbol{x};n_1n_2n_3)\phi_3^{(l_2)}(\boldsymbol{x};n_1'n_2'n_3')\langle n_1n_2n_3 \mid n_1'n_2'n_3'\rangle \\
&\quad - \sum_{\substack{n_1n_2n_3\\ n_1'n_2'n_3'}} \phi_4^{(l_1)*}(\boldsymbol{x};n_1n_2n_3)\phi_4^{(l_2)}(\boldsymbol{x};n_1'n_2'n_3')\langle n_1n_2n_3 \mid n_1'n_2'n_3'\rangle\Big]
\end{aligned}
$$

$$
\begin{aligned}
&= \frac{\mathrm{i}c}{2}\sum_{l_1 l_2}\sum_{n_1 n_2 n_3} F_{l_1}^{*} F_{l_2} \mathrm{e}^{\mathrm{i}(E_{l_1}-E_{l_2})t} \\
&\quad \cdot \left[\phi_1^{(l_1)*}(\boldsymbol{x};n_1 n_2 n_3)\phi_1^{(l_2)}(\boldsymbol{x};n_1 n_2 n_3) - \phi_2^{(l_1)*}(\boldsymbol{x};n_1 n_2 n_3)\phi_2^{(l_2)}(\boldsymbol{x};n_1 n_2 n_3)\right. \\
&\quad \left. + \phi_3^{(l_1)*}(\boldsymbol{x};n_1 n_2 n_3)\phi_3^{(l_2)}(\boldsymbol{x};n_1 n_2 n_3) - \phi_4^{(l_1)*}(\boldsymbol{x};n_1 n_2 n_3)\phi_4^{(l_2)}(\boldsymbol{x};n_1 n_2 n_3)\right] \\
&= \frac{\mathrm{i}c}{2}\sum_{l_1 l_2}\sum_{n_1 n_2 n_3} F_{l_1}^{*} F_{l_2} \mathrm{e}^{\mathrm{i}(E_{l_1}-E_{l_2})t} \\
&\quad \cdot \left[\left(\sum_{m_1 m_2 m_3} f_1^{(l_1)*}(m_1 m_2 m_3;n_1 n_2 n_3)\psi_{m_1}(x_1)\psi_{m_2}(x_2)\psi_{m_3}(x_3)\right)\right. \\
&\quad \cdot \left(\sum_{m_1' m_2' m_3'} f_1^{(l_2)}(m_1' m_2' m_3';n_1 n_2 n_3)\psi_{m_1'}(x_1)\psi_{m_2'}(x_2)\psi_{m_3'}(x_3)\right) \\
&\quad - \left(\sum_{m_1 m_2 m_3} f_2^{(l_1)*}(m_1 m_2 m_3;n_1 n_2 n_3)\psi_{m_1}(x_1)\psi_{m_2}(x_2)\psi_{m_3}(x_3)\right) \\
&\quad \cdot \left(\sum_{m_1' m_2' m_3'} f_2^{(l_2)}(m_1' m_2' m_3';n_1 n_2 n_3)\psi_{m_1'}(x_1)\psi_{m_2'}(x_2)\psi_{m_3'}(x_3)\right) \\
&\quad + \left(\sum_{m_1 m_2 m_3} f_3^{(l_1)*}(m_1 m_2 m_3;n_1 n_2 n_3)\psi_{m_1}(x_1)\psi_{m_2}(x_2)\psi_{m_3}(x_3)\right) \\
&\quad \cdot \left(\sum_{m_1' m_2' m_3'} f_3^{(l_2)}(m_1' m_2' m_3';n_1 n_2 n_3)\psi_{m_1'}(x_1)\psi_{m_2'}(x_2)\psi_{m_3'}(x_3)\right) \\
&\quad - \left(\sum_{m_1 m_2 m_3} f_4^{(l_1)*}(m_1 m_2 m_3;n_1 n_2 n_3)\psi_{m_1}(x_1)\psi_{m_2}(x_2)\psi_{m_3}(x_3)\right) \\
&\quad \left. \cdot \left(\sum_{m_1' m_2' m_3'} f_4^{(l_2)}(m_1' m_2' m_3';n_1 n_2 n_3)\psi_{m_1'}(x_1)\psi_{m_2'}(x_2)\psi_{m_3'}(x_3)\right)\right] \\
&= \frac{\mathrm{i}c}{2}\sum_{l_1 l_2}\sum_{n_1 n_2 n_3}\sum_{m_1 m_2 m_3}\sum_{m_1' m_2' m_3'} F_{l_1}^{*} F_{l_2} \mathrm{e}^{\mathrm{i}(E_{l_1}-E_{l_2})t} \\
&\quad \cdot \left[f_1^{(l_1)*}(m_1 m_2 m_3;n_1 n_2 n_3) f_1^{(l_2)}(m_1' m_2' m_3';n_1 n_2 n_3)\right. \\
&\quad - f_2^{(l_1)*}(m_1 m_2 m_3;n_1 n_2 n_3) f_2^{(l_2)}(m_1' m_2' m_3';n_1 n_2 n_3) \\
&\quad + f_3^{(l_1)*}(m_1 m_2 m_3;n_1 n_2 n_3) f_3^{(l_2)}(m_1' m_2' m_3';n_1 n_2 n_3) \\
&\quad \left. - f_4^{(l_1)*}(m_1 m_2 m_3;n_1 n_2 n_3) f_4^{(l_2)}(m_1' m_2' m_3';n_1 n_2 n_3)\right] \\
&\quad \cdot \psi_{m_1}(x_1)\psi_{m_1'}(x_1)\psi_{m_2}(x_2)\psi_{m_2'}(x_2)\psi_{m_3}(x_3)\psi_{m_3'}(x_3) \qquad (9.4.9)
\end{aligned}
$$

得到的式(9.4.8)的 $\rho_q(t,\boldsymbol{x})$ 和式(9.4.9)的 $\langle S_3\rangle(t,\boldsymbol{x})$ 从同一初态出发.对于它们随时间变化的空间的密度分布,不用管它们峰值的绝对值大小(两个不同物理量的大小之比是无意义的),只需看它们随着时间的演化是否同步.从两式可以看出,对于同一组位置函数

$$\psi_{m_1}(x_1)\psi_{m_1'}(x_1)\psi_{m_2}(x_2)\psi_{m_2'}(x_2)\psi_{m_3}(x_3)\psi_{m_3'}(x_3)$$

它们的系数分别是

$$\begin{aligned}
&F_{l_1}^* F_{l_2} \mathrm{e}^{\mathrm{i}(E_{l_1}-E_{l_2})t}\big[f_1^{(l_1)*}(m_1m_2m_3;n_1n_2n_3)f_1^{(l_2)}(m_1'm_2'm_3';n_1n_2n_3)\\
&+f_2^{(l_1)*}(m_1m_2m_3;n_1n_2n_3)f_2^{(l_2)}(m_1'm_2'm_3';n_1n_2n_3)\\
&+f_3^{(l_1)*}(m_1m_2m_3;n_1n_2n_3)f_3^{(l_2)}(m_1'm_2'm_3';n_1n_2n_3)\\
&+f_4^{(l_1)*}(m_1m_2m_3;n_1n_2n_3)f_4^{(l_2)}(m_1'm_2'm_3';n_1n_2n_3)\big]
\end{aligned}$$

和

$$\begin{aligned}
&F_{l_1}^* F_{l_2} \mathrm{e}^{\mathrm{i}(E_{l_1}-E_{l_2})t}\big[f_1^{(l_1)*}(m_1m_2m_3;n_1n_2n_3)f_1^{(l_2)}(m_1'm_2'm_3';n_1n_2n_3)\\
&-f_2^{(l_1)*}(m_1m_2m_3;n_1n_2n_3)f_2^{(l_2)}(m_1'm_2'm_3';n_1n_2n_3)\\
&+f_3^{(l_1)*}(m_1m_2m_3;n_1n_2n_3)f_3^{(l_2)}(m_1'm_2'm_3';n_1n_2n_3)\\
&-f_4^{(l_1)*}(m_1m_2m_3;n_1n_2n_3)f_4^{(l_2)}(m_1'm_2'm_3';n_1n_2n_3)\big]
\end{aligned}$$

简而言之，$f_1^{(l_1)*}f_1^{(l_2)}+f_2^{(l_1)*}f_2^{(l_2)}+f_3^{(l_1)*}f_3^{(l_2)}+f_4^{(l_1)*}f_4^{(l_2)}$ 和 $f_1^{(l_1)*}f_1^{(l_2)}-f_2^{(l_1)*}f_2^{(l_2)}+f_3^{(l_1)*}f_3^{(l_2)}-f_4^{(l_1)*}f_4^{(l_2)}$ 显然是不相同的，因此随着时间变化的空间的密度分布一定不是同步的.

(2) 自旋的第一方向分量为

$$\begin{aligned}
&\langle t\mid S_1\mid t\rangle\\
&\quad=\Big(\sum_{l_1}F_{l_1}^*\mathrm{e}^{\mathrm{i}E_{l_1}t}\langle l_1\mid\Big)S_1\Big(\sum_{l_2}F_{l_2}\mathrm{e}^{-\mathrm{i}E_{l_2}t}\mid l_2\rangle\Big)\\
&\quad=\sum_{l_1l_2}F_{l_1}^*F_{l_2}\mathrm{e}^{\mathrm{i}(E_{l_1}-E_{l_2})t}\\
&\qquad\cdot\Big(\sum_{n_1n_2n_3}\phi_1^{(l_1)*}(\boldsymbol{x};n_1n_2n_3)\langle n_1n_2n_3\mid,\sum_{n_1n_2n_3}\phi_2^{(l_1)*}(\boldsymbol{x};n_1n_2n_3)\langle n_1n_2n_3\mid,\\
&\qquad\sum_{n_1n_2n_3}\phi_3^{(l_1)*}(\boldsymbol{x};n_1n_2n_3)\langle n_1n_2n_3\mid,\sum_{n_1n_2n_3}\phi_4^{(l_1)*}(\boldsymbol{x};n_1n_2n_3)\langle n_1n_2n_3\mid\Big)\\
&\qquad\cdot\frac{c}{2}\begin{pmatrix}0&\mathrm{i}&0&0\\\mathrm{i}&0&0&0\\0&0&0&\mathrm{i}\\0&0&\mathrm{i}&0\end{pmatrix}\begin{pmatrix}\sum_{n_1'n_2'n_3'}\phi_1^{(l_2)}(\boldsymbol{x};n_1'n_2'n_3')\mid n_1'n_2'n_3'\rangle\\\sum_{n_1'n_2'n_3'}\phi_2^{(l_2)}(\boldsymbol{x};n_1'n_2'n_3')\mid n_1'n_2'n_3'\rangle\\\sum_{n_1'n_2'n_3'}\phi_3^{(l_2)}(\boldsymbol{x};n_1'n_2'n_3')\mid n_1'n_2'n_3'\rangle\\\sum_{n_1'n_2'n_3'}\phi_4^{(l_2)}(\boldsymbol{x};n_1'n_2'n_3')\mid n_1'n_2'n_3'\rangle\end{pmatrix}
\end{aligned}$$

$$
\begin{aligned}
&= \frac{\mathrm{i}c}{2}\sum_{l_1 l_2} F_{l_1}^* F_{l_2} \mathrm{e}^{\mathrm{i}(E_{l_1}-E_{l_2})t} \\
&\cdot \Big[\sum_{\substack{n_1 n_2 n_3 \\ n_1' n_2' n_3'}} \phi_1^{(l_1)*}(\boldsymbol{x};n_1 n_2 n_3)\phi_2^{(l_2)}(\boldsymbol{x};n_1' n_2' n_3')\langle n_1 n_2 n_3 \mid n_1' n_2' n_3'\rangle \\
&+ \sum_{\substack{n_1 n_2 n_3 \\ n_1' n_2' n_3'}} \phi_2^{(l_1)*}(\boldsymbol{x};n_1 n_2 n_3)\phi_1^{(l_2)}(\boldsymbol{x};n_1' n_2' n_3')\langle n_1 n_2 n_3 \mid n_1' n_2' n_3'\rangle \\
&+ \sum_{\substack{n_1 n_2 n_3 \\ n_1' n_2' n_3'}} \phi_3^{(l_1)*}(\boldsymbol{x};n_1 n_2 n_3)\phi_4^{(l_2)}(\boldsymbol{x};n_1' n_2' n_3')\langle n_1 n_2 n_3 \mid n_1' n_2' n_3'\rangle \\
&+ \sum_{\substack{n_1 n_2 n_3 \\ n_1' n_2' n_3'}} \phi_4^{(l_1)*}(\boldsymbol{x};n_1 n_2 n_3)\phi_3^{(l_2)}(\boldsymbol{x};n_1' n_2' n_3')\langle n_1 n_2 n_3 \mid n_1' n_2' n_3'\rangle\Big] \\
&= \frac{\mathrm{i}c}{2}\sum_{l_1 l_2}\sum_{n_1 n_2 n_3}\sum_{m_1 m_2 m_3}\sum_{m_1' m_2' m_3'} F_{l_1}^* F_{l_2} \mathrm{e}^{\mathrm{i}(E_{l_1}-E_{l_2})t} \\
&\cdot \big[f_1^{(l_1)*}(m_1 m_2 m_3;n_1 n_2 n_3)f_2^{(l_2)}(m_1' m_2' m_3';n_1 n_2 n_3) \\
&+ f_2^{(l_1)*}(m_1 m_2 m_3;n_1 n_2 n_3)f_1^{(l_2)}(m_1' m_2' m_3';n_1 n_2 n_3) \\
&+ f_3^{(l_1)*}(m_1 m_2 m_3;n_1 n_2 n_3)f_4^{(l_2)}(m_1' m_2' m_3';n_1 n_2 n_3) \\
&+ f_4^{(l_1)*}(m_1 m_2 m_3;n_1 n_2 n_3)f_3^{(l_2)}(m_1' m_2' m_3';n_1 n_2 n_3)\big] \\
&\cdot \psi_{m_1}(x_1)\psi_{m_1'}(x_1)\psi_{m_2}(x_2)\psi_{m_2'}(x_2)\psi_{m_3}(x_3)\psi_{m_3'}(x_3)
\end{aligned}
\tag{9.4.10}
$$

(3) 自旋的第二方向分量为

$$
\begin{aligned}
&\langle t \mid S_2 \mid t\rangle \\
&= \sum_{l_1 l_2} F_{l_1}^* F_{l_2} \mathrm{e}^{\mathrm{i}(E_{l_1}-E_{l_2})t} \\
&\cdot \Big(\sum_{n_1 n_2 n_3} \phi_1^{(l_1)*}(\boldsymbol{x};n_1 n_2 n_3)\langle n_1 n_2 n_3 \mid, \sum_{n_1 n_2 n_3} \phi_2^{(l_1)*}(\boldsymbol{x};n_1 n_2 n_3)\langle n_1 n_2 n_3 \mid, \\
&\sum_{n_1 n_2 n_3} \phi_3^{(l_1)*}(\boldsymbol{x};n_1 n_2 n_3)\langle n_1 n_2 n_3 \mid, \sum_{n_1 n_2 n_3} \phi_4^{(l_1)*}(\boldsymbol{x};n_1 n_2 n_3)\langle n_1 n_2 n_3 \mid\Big) \\
&\cdot \frac{c}{2}\begin{pmatrix} 0 & 1 & 0 & 0 \\ -1 & 0 & 0 & 0 \\ 0 & 0 & 0 & -1 \\ 0 & 0 & -1 & 0 \end{pmatrix}
\begin{pmatrix} \sum_{n_1' n_2' n_3'} \phi_1^{(l_2)}(\boldsymbol{x};n_1' n_2' n_3') \mid n_1' n_2' n_3'\rangle \\ \sum_{n_1' n_2' n_3'} \phi_2^{(l_2)}(\boldsymbol{x};n_1' n_2' n_3') \mid n_1' n_2' n_3'\rangle \\ \sum_{n_1' n_2' n_3'} \phi_3^{(l_2)}(\boldsymbol{x};n_1' n_2' n_3') \mid n_1' n_2' n_3'\rangle \\ \sum_{n_1' n_2' n_3'} \phi_4^{(l_2)}(\boldsymbol{x};n_1' n_2' n_3') \mid n_1' n_2' n_3'\rangle \end{pmatrix}
\end{aligned}
$$

$$
\begin{aligned}
&= \frac{c}{2}\sum_{l_1 l_2} F_{l_1}^* F_{l_2} \mathrm{e}^{\mathrm{i}(E_{l_1}-E_{l_2})t} \\
&\quad \cdot \Big[\sum_{\substack{n_1 n_2 n_3\\ n_1' n_2' n_3'}} \phi_1^{(l_1)*}(\boldsymbol{x}; n_1 n_2 n_3)\phi_2^{(l_2)}(\boldsymbol{x}; n_1' n_2' n_3')\langle n_1 n_2 n_3 \mid n_1' n_2' n_3'\rangle \\
&\quad - \sum_{\substack{n_1 n_2 n_3\\ n_1' n_2' n_3'}} \phi_2^{(l_1)*}(\boldsymbol{x}; n_1 n_2 n_3)\phi_1^{(l_2)}(\boldsymbol{x}; n_1' n_2' n_3')\langle n_1 n_2 n_3 \mid n_1' n_2' n_3'\rangle \\
&\quad + \sum_{\substack{n_1 n_2 n_3\\ n_1' n_2' n_3'}} \phi_3^{(l_1)*}(\boldsymbol{x}; n_1 n_2 n_3)\phi_4^{(l_2)}(\boldsymbol{x}; n_1' n_2' n_3')\langle n_1 n_2 n_3 \mid n_1' n_2' n_3'\rangle \\
&\quad - \sum_{\substack{n_1 n_2 n_3\\ n_1' n_2' n_3'}} \phi_4^{(l_1)*}(\boldsymbol{x}; n_1 n_2 n_3)\phi_3^{(l_2)}(\boldsymbol{x}; n_1' n_2' n_3')\langle n_1 n_2 n_3 \mid n_1' n_2' n_3'\rangle \Big] \\
&= \frac{c}{2}\sum_{l_1 l_2}\sum_{n_1 n_2 n_3}\sum_{m_1 m_2 m_3}\sum_{m_1' m_2' m_3'} F_{l_1}^* F_{l_2} \mathrm{e}^{\mathrm{i}(E_{l_1}-E_{l_2})t} \\
&\quad \cdot \big[f_1^{(l_1)*}(m_1 m_2 m_3; n_1 n_2 n_3) f_2^{(l_2)}(m_1' m_2' m_3'; n_1 n_2 n_3) \\
&\quad - f_2^{(l_1)*}(m_1 m_2 m_3; n_1 n_2 n_3) f_1^{(l_2)}(m_1' m_2' m_3'; n_1 n_2 n_3) \\
&\quad + f_3^{(l_1)*}(m_1 m_2 m_3; n_1 n_2 n_3) f_4^{(l_2)}(m_1' m_2' m_3'; n_1 n_2 n_3) \\
&\quad - f_4^{(l_1)*}(m_1 m_2 m_3; n_1 n_2 n_3) f_3^{(l_2)}(m_1' m_2' m_3'; n_1 n_2 n_3) \big] \\
&\quad \cdot \psi_{m_1}(x_1)\psi_{m_1'}(x_1)\psi_{m_2}(x_2)\psi_{m_2'}(x_2)\psi_{m_3}(x_3)\psi_{m_3'}(x_3)
\end{aligned}
\tag{9.4.11}
$$

从$\langle S_2\rangle$,$\langle S_1\rangle$都能看出,在随后的时间里,自旋在空间中的分布与电荷是不同步的.

最后对本章的内容作一小结:

① 本章第一部分讨论 Dirac 粒子的定态集的求解.只讨论 Dirac 粒子的最低能的稳定态显然是不够的.演化问题与所有的定态集有关,故求定态集是一个必须考虑的问题.但是像 Dirac 粒子这样包含内、外自由度和内禀电磁场的复杂系统的定态集的求解是十分困难的.因此需要从物理的角度考虑,采取一些能反映实质作用的近似办法来解决这一难题.除了前面在讨论最低能稳定态时已采用的将多模电磁场用一个有效的单模来代替外,还利用 Dirac 粒子的最低能稳定态是一个有限范围分布的状态,而且它的低能的激发态的有限分布范围亦是这样的尺度,因此选择谐振子的能量本征态来作为系统的定态集展开的基态矢集是有利的.只要这些谐振子波函数中的参量 α 选择为对应于 Dirac 粒子稳定态的空间尺度,作展开时就可以取少数的基函数.

② 本章第二部分讨论 Dirac 粒子的自旋、电荷分离现象.从物理的角度看,在过

去把电子理解为一个点粒子这样的观念下,分离的现象是无法理解的.但如果改变观念,将电子理解为内、外自由度和内禀电磁场的复合体,尽管这一复合体的内部自由度和外部自由度在演化中一直纠缠在一起,但它们随时间的演化不完全同步,因此作为内部自由度的自旋和作为电荷的载体的外部自由度随时间变化的空间分布不相同就是一个自然而然的结果.电荷、自旋分离不仅不是无法理解的现象,反而是应有的现象.本章后一部分给出了普遍形式下这一现象的表示.

第 10 章

晶格上的电子

在第 3 章中，我们仔细地讨论了 Dirac 粒子或电子的物理实质，论证了它不是以前一直认为的“点粒子”，而是一个包含内部自由度、外部自由度和内禀电磁场的复合体. 在此基础上讨论了它的外部自由度所属的湮灭和产生算符服从的不是反对易关系，而是对易关系. 这一结论来自以下两点：一是原来认为应满足反对易关系的论证是由 Jordan 和 Wigner 依据电子是点粒子的看法给出的. 在量子化过程中，如果按对易关系量子化，则会破坏空间的平移对称性，只有取反对易关系才能保持. 但现在的看法已转变成物理的电子是一个复合体，它的动量并不守恒，因此 Jordan 和 Wigner 原来的论证基础已不复存在. 二是从电子的物理实质看，它的外部自由度和玻色子的外部自由度没什么两样. 因此外部自由度所属的湮灭算符亦应该满足相同的对易关系.

在第 3 章中我们曾提到，虽然就外部自由度来讲，玻色子和费米子没有什么不同，但作为费米子的电子应当还要服从 Pauli 不相容原理. 因此玻色多体系统与费米多体系统虽然满足的对易关系没有不同，但前者不受 Pauli 不相容原理的限制，而电子多体系统要受 Pauli 不相容原理的限制. 为了检验本书中提出的新观点，需要用一些具体的物理系统进行实验，为此选择一些已知的电子多体系统进行讨论. 一些问题已用反对易关系研究过（自然不用再考虑 Pauli 不相容原理，因为它会自然得到满足）. 现在重新对这样的问题用对易关系处理，同时要求满足 Pauli 不相容原理. 将重新得到的结果与原来得到的结果进行比较，看两者有多大的差异.

在作这样的比较时，普遍情形有相当的复杂性，原因是：如前所述，电子实际上不只有外部自由度，还有内部自由度和电磁场，是三部分的复合体. 因此要作反对易关系和对易关系 + Pauli 不相容原理的直接比较，在一般情形下有困难. 为此，在这里考虑电子系统在晶格上的紧束缚系统. 这时电子紧束缚于晶格的格点上. 格点之间的间距是 10^{-10} m 量级，而电子作为复合体的尺度是 10^{-16} m 量级，它作为复合体的延展效应完全可以忽略，可将电子多体系统看作"近似点粒子"，符合对易关系但受 Pauli 不相容原理的约束.

10.1　四格点晶格和四电子系统

为下面具体讨论和计算起见，需要选定一个具体的晶格和确定数目电子的物理系统. 由于现在采用了电子的湮灭和产生算符满足的是对易关系和服从 Pauli 不相容原理的原则，处理时自然会繁复许多，因此在这里选定一个尽可能简单又能反映多体系统特点的系统. 此外，在物理规律方面，我们的目标是观察这样的系统的 Mott 态和超导态间的转换规律，即两者之间的量子相变. 在这些考虑下，选取一个环形的四格点的晶格和四个电子的系统，如图 10.1 所示.

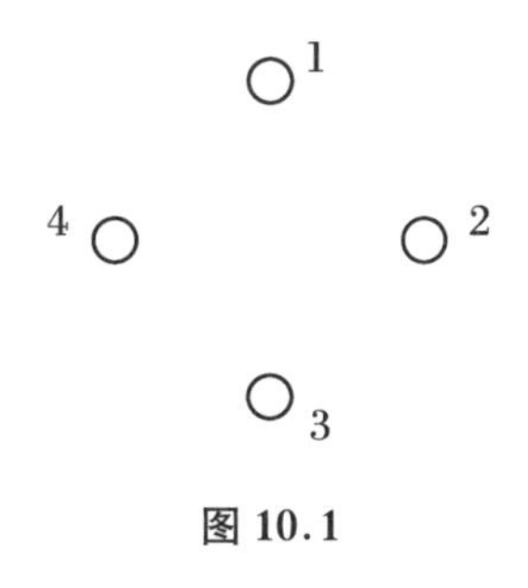

图 10.1

(1) 对这一系统先作如下的一些考虑：

① 为区别电子自旋向上和向下，在一个格点上电子自旋向上的状态用 $a^{\dagger}|0\rangle$ 表示，在一个格点上电子自旋向下的状态用 $b^{\dagger}|0\rangle$ 表示，即 a，$a^{\dagger}$ 表示自旋向上的电子的湮灭、产生，b，$b^{\dagger}$ 表示自旋向下的电子的湮灭、产生，再加上格点的下标. 例如 $a_2^{\dagger}|0\rangle$ 表示第二格点上有一个自旋向上的电子，$b_4^{\dagger}|0\rangle$ 表示第四格点上有一个自旋向下的电子.

② 不管四个电子在格点上如何分布，先给出这四个电子的集合中自旋向上、向下的组合. 可知有以下的组合情形：

$$4a,\quad 3a+b,\quad 2a+2b,\quad a+3b,\quad 4b$$

③ 现在考虑 Pauli 不相容原理的约束对上述五种自旋分量的组合在四个格点上布居的情况.

$4a$ 只有一种可能的布居情况：

$$a_1^{\dagger}a_2^{\dagger}a_3^{\dagger}a_4^{\dagger}|0\rangle$$

$4b$ 只有一种可能的布居情况：

$$b_1^{\dagger}b_2^{\dagger}b_3^{\dagger}b_4^{\dagger}|0\rangle$$

④ $3a+b$.

由于有 Pauli 不相容原理，三个自旋向上的电子必须分别居于四个格点中的某三个上，剩下一个自旋向下的电子可居于四个格点中的任一个，因此四个电子在四个格点上的布居有以下 16 种情形：

$$b_1^{\dagger}a_2^{\dagger}a_3^{\dagger}a_4^{\dagger}|0\rangle,\quad b_1^{\dagger}a_1^{\dagger}a_3^{\dagger}a_4^{\dagger}|0\rangle,\quad b_1^{\dagger}a_1^{\dagger}a_2^{\dagger}a_4^{\dagger}|0\rangle,\quad b_1^{\dagger}a_1^{\dagger}a_2^{\dagger}a_3^{\dagger}|0\rangle$$
$$b_2^{\dagger}a_2^{\dagger}a_3^{\dagger}a_4^{\dagger}|0\rangle,\quad b_2^{\dagger}a_1^{\dagger}a_3^{\dagger}a_4^{\dagger}|0\rangle,\quad b_2^{\dagger}a_1^{\dagger}a_2^{\dagger}a_4^{\dagger}|0\rangle,\quad b_2^{\dagger}a_1^{\dagger}a_2^{\dagger}a_3^{\dagger}|0\rangle$$
$$b_3^{\dagger}a_2^{\dagger}a_3^{\dagger}a_4^{\dagger}|0\rangle,\quad b_3^{\dagger}a_1^{\dagger}a_3^{\dagger}a_4^{\dagger}|0\rangle,\quad b_3^{\dagger}a_1^{\dagger}a_2^{\dagger}a_4^{\dagger}|0\rangle,\quad b_3^{\dagger}a_1^{\dagger}a_2^{\dagger}a_3^{\dagger}|0\rangle$$
$$b_4^{\dagger}a_2^{\dagger}a_3^{\dagger}a_4^{\dagger}|0\rangle,\quad b_4^{\dagger}a_1^{\dagger}a_3^{\dagger}a_4^{\dagger}|0\rangle,\quad b_4^{\dagger}a_1^{\dagger}a_2^{\dagger}a_4^{\dagger}|0\rangle,\quad b_4^{\dagger}a_1^{\dagger}a_2^{\dagger}a_3^{\dagger}|0\rangle$$

⑤ $a+3b$.

和 $3a+b$ 类似，只需将 a 和 b 对调，故亦有 16 种布居情形.

⑥ $2a+2b$.

$2a$ 在四个格点上各居于两个不同的格点上的情形有

$$
a_1^\dagger a_2^\dagger \mid 0\rangle, \quad a_1^\dagger a_3^\dagger \mid 0\rangle, \quad a_1^\dagger a_4^\dagger \mid 0\rangle
$$

$$
a_2^\dagger a_3^\dagger \mid 0\rangle, \quad a_2^\dagger a_4^\dagger \mid 0\rangle, \quad a_3^\dagger a_4^\dagger \mid 0\rangle
$$

$2b$ 在四个格点上各居于两个不同的格点上的情形有

$$
b_1^\dagger b_2^\dagger \mid 0\rangle, \quad b_1^\dagger b_3^\dagger \mid 0\rangle, \quad b_1^\dagger b_4^\dagger \mid 0\rangle
$$

$$
b_2^\dagger b_3^\dagger \mid 0\rangle, \quad b_2^\dagger b_4^\dagger \mid 0\rangle, \quad b_3^\dagger b_4^\dagger \mid 0\rangle
$$

把两者结合起来,共有 36 种情形.

综合以上讨论,这一系统的一个普遍的态矢可表示为

$$
\begin{aligned}
\mid\rangle = & f_1 a_1^\dagger a_2^\dagger a_3^\dagger a_4^\dagger \mid 0\rangle + f_2 a_2^\dagger a_3^\dagger a_4^\dagger b_1^\dagger \mid 0\rangle + f_3 a_1^\dagger a_3^\dagger a_4^\dagger b_1^\dagger \mid 0\rangle \\
& + f_4 a_1^\dagger a_2^\dagger a_4^\dagger b_1^\dagger \mid 0\rangle + f_5 a_1^\dagger a_2^\dagger a_3^\dagger b_1^\dagger \mid 0\rangle + f_6 a_2^\dagger a_3^\dagger a_4^\dagger b_2^\dagger \mid 0\rangle \\
& + f_7 a_1^\dagger a_3^\dagger a_4^\dagger b_2^\dagger \mid 0\rangle + f_8 a_1^\dagger a_2^\dagger a_4^\dagger b_2^\dagger \mid 0\rangle + f_9 a_1^\dagger a_2^\dagger a_3^\dagger b_2^\dagger \mid 0\rangle \\
& + f_{10} a_2^\dagger a_3^\dagger a_4^\dagger b_3^\dagger \mid 0\rangle + f_{11} a_1^\dagger a_3^\dagger a_4^\dagger b_3^\dagger \mid 0\rangle + f_{12} a_1^\dagger a_2^\dagger a_4^\dagger b_3^\dagger \mid 0\rangle \\
& + f_{13} a_1^\dagger a_2^\dagger a_3^\dagger b_3^\dagger \mid 0\rangle + f_{14} a_2^\dagger a_3^\dagger a_4^\dagger b_4^\dagger \mid 0\rangle + f_{15} a_1^\dagger a_3^\dagger a_4^\dagger b_4^\dagger \mid 0\rangle \\
& + f_{16} a_1^\dagger a_2^\dagger a_4^\dagger b_4^\dagger \mid 0\rangle + f_{17} a_1^\dagger a_2^\dagger a_3^\dagger b_4^\dagger \mid 0\rangle + f_{18} a_1^\dagger a_2^\dagger b_1^\dagger b_2^\dagger \mid 0\rangle \\
& + f_{19} a_1^\dagger a_3^\dagger b_1^\dagger b_2^\dagger \mid 0\rangle + f_{20} a_1^\dagger a_4^\dagger b_1^\dagger b_2^\dagger \mid 0\rangle + f_{21} a_2^\dagger a_3^\dagger b_1^\dagger b_2^\dagger \mid 0\rangle \\
& + f_{22} a_2^\dagger a_4^\dagger b_1^\dagger b_2^\dagger \mid 0\rangle + f_{23} a_3^\dagger a_4^\dagger b_1^\dagger b_2^\dagger \mid 0\rangle + f_{24} a_1^\dagger a_2^\dagger b_1^\dagger b_3^\dagger \mid 0\rangle \\
& + f_{25} a_1^\dagger a_3^\dagger b_1^\dagger b_3^\dagger \mid 0\rangle + f_{26} a_1^\dagger a_4^\dagger b_1^\dagger b_3^\dagger \mid 0\rangle + f_{27} a_2^\dagger a_3^\dagger b_1^\dagger b_3^\dagger \mid 0\rangle \\
& + f_{28} a_2^\dagger a_4^\dagger b_1^\dagger b_3^\dagger \mid 0\rangle + f_{29} a_3^\dagger a_4^\dagger b_1^\dagger b_3^\dagger \mid 0\rangle + f_{30} a_1^\dagger a_2^\dagger b_1^\dagger b_4^\dagger \mid 0\rangle \\
& + f_{31} a_1^\dagger a_3^\dagger b_1^\dagger b_4^\dagger \mid 0\rangle + f_{32} a_1^\dagger a_4^\dagger b_1^\dagger b_4^\dagger \mid 0\rangle + f_{33} a_2^\dagger a_3^\dagger b_1^\dagger b_4^\dagger \mid 0\rangle \\
& + f_{34} a_2^\dagger a_4^\dagger b_1^\dagger b_4^\dagger \mid 0\rangle + f_{35} a_3^\dagger a_4^\dagger b_1^\dagger b_4^\dagger \mid 0\rangle + f_{36} a_1^\dagger a_2^\dagger b_2^\dagger b_3^\dagger \mid 0\rangle \\
& + f_{37} a_1^\dagger a_3^\dagger b_2^\dagger b_3^\dagger \mid 0\rangle + f_{38} a_1^\dagger a_4^\dagger b_2^\dagger b_3^\dagger \mid 0\rangle + f_{39} a_2^\dagger a_3^\dagger b_2^\dagger b_3^\dagger \mid 0\rangle \\
& + f_{40} a_2^\dagger a_4^\dagger b_2^\dagger b_3^\dagger \mid 0\rangle + f_{41} a_3^\dagger a_4^\dagger b_2^\dagger b_3^\dagger \mid 0\rangle + f_{42} a_1^\dagger a_2^\dagger b_2^\dagger b_4^\dagger \mid 0\rangle \\
& + f_{43} a_2^\dagger a_3^\dagger b_2^\dagger b_4^\dagger \mid 0\rangle + f_{44} a_1^\dagger a_4^\dagger b_2^\dagger b_4^\dagger \mid 0\rangle + f_{45} a_2^\dagger a_3^\dagger b_2^\dagger b_4^\dagger \mid 0\rangle \\
& + f_{46} a_2^\dagger a_4^\dagger b_2^\dagger b_4^\dagger \mid 0\rangle + f_{47} a_3^\dagger a_4^\dagger b_2^\dagger b_4^\dagger \mid 0\rangle + f_{48} a_1^\dagger a_2^\dagger b_3^\dagger b_4^\dagger \mid 0\rangle \\
& + f_{49} a_1^\dagger a_3^\dagger b_3^\dagger b_4^\dagger \mid 0\rangle + f_{50} a_1^\dagger a_4^\dagger b_3^\dagger b_4^\dagger \mid 0\rangle + f_{51} a_2^\dagger a_3^\dagger b_3^\dagger b_4^\dagger \mid 0\rangle \\
& + f_{52} a_2^\dagger a_4^\dagger b_3^\dagger b_4^\dagger \mid 0\rangle + f_{53} a_3^\dagger a_4^\dagger b_3^\dagger b_4^\dagger \mid 0\rangle + f_{54} a_1^\dagger b_2^\dagger b_3^\dagger b_4^\dagger \mid 0\rangle \\
& + f_{55} a_1^\dagger b_1^\dagger b_3^\dagger b_4^\dagger \mid 0\rangle + f_{56} a_1^\dagger b_1^\dagger b_2^\dagger b_4^\dagger \mid 0\rangle + f_{57} a_1^\dagger b_1^\dagger b_2^\dagger b_3^\dagger \mid 0\rangle \\
& + f_{58} a_2^\dagger b_2^\dagger b_3^\dagger b_4^\dagger \mid 0\rangle + f_{59} a_2^\dagger b_1^\dagger b_3^\dagger b_4^\dagger \mid 0\rangle + f_{60} a_2^\dagger b_1^\dagger b_2^\dagger b_4^\dagger \mid 0\rangle \\
& + f_{61} a_2^\dagger b_1^\dagger b_2^\dagger b_3^\dagger \mid 0\rangle + f_{62} a_3^\dagger b_2^\dagger b_3^\dagger b_4^\dagger \mid 0\rangle + f_{63} a_3^\dagger b_1^\dagger b_3^\dagger b_4^\dagger \mid 0\rangle \\
& + f_{64} a_3^\dagger b_1^\dagger b_2^\dagger b_4^\dagger \mid 0\rangle + f_{65} a_3^\dagger b_1^\dagger b_2^\dagger b_3^\dagger \mid 0\rangle + f_{66} a_4^\dagger b_2^\dagger b_3^\dagger b_4^\dagger \mid 0\rangle
\end{aligned}
$$

$$+ f_{67} a_4^\dagger b_1^\dagger b_3^\dagger b_4^\dagger \mid 0\rangle + f_{68} a_4^\dagger b_1^\dagger b_2^\dagger b_4^\dagger \mid 0\rangle + f_{69} a_4^\dagger b_1^\dagger b_2^\dagger b_3^\dagger \mid 0\rangle$$

$$+ f_{70} b_1^\dagger b_2^\dagger b_3^\dagger b_4^\dagger \mid 0\rangle \tag{10.1.1}$$

(2) 回归的 Hubbard 模型.

现在讨论的 Hubbard 模型既不是 Fermi-Hubbard 模型,那里的产生、湮灭算符服从反对易关系;亦不是 Bose-Hubbard 模型,那里的产生、湮灭算符服从对易关系,粒子没有自旋,亦没有 Pauli 不相容原理的限制.现在讨论的是自旋为$\frac{1}{2}$的粒子,这时它的产生、湮灭算符回归为服从对易关系,不过不是 Bose-Hubbard 模型,因为这时要求它满足 Pauli 不相容原理.因此它的哈密顿量是基于如下考虑的:

① 和以往一样,要考虑粒子都在近格点间的跃迁,即 H 中含 $a_i^\dagger a_{i+1}$,$a_{i+1}^\dagger a_i$,$b_i^\dagger b_{i+1}$,$b_{i+1}^\dagger b_i$,以及在同一格点上有自旋向上和向下的电子对时产生的排斥势 $\hat{n}_a \hat{n}_b$.

② 考虑到 Pauli 不相容原理,需将跃迁项改写为$(1-\hat{n}_{a_i})a_i^\dagger a_{i+1}$这样的表示,即当格点 i 上已有自旋向上的电子时,这种跃迁就不会发生了.

在以上考虑下,系统的哈密顿量表示为

$$\begin{aligned}
H = -t[&(1-\hat{n}_{a_1})a_1^\dagger a_2 + (1-\hat{n}_{a_2})a_2^\dagger a_1 \\
&+ (1-\hat{n}_{a_1})a_1^\dagger a_4 + (1-\hat{n}_{a_4})a_4^\dagger a_1 \\
&+ (1-\hat{n}_{a_2})a_2^\dagger a_3 + (1-\hat{n}_{a_3})a_3^\dagger a_2 \\
&+ (1-\hat{n}_{a_3})a_3^\dagger a_4 + (1-\hat{n}_{a_4})a_4^\dagger a_3 \\
&+ (1-\hat{n}_{b_1})b_1^\dagger b_2 + (1-\hat{n}_{b_2})b_2^\dagger b_1 \\
&+ (1-\hat{n}_{b_1})b_1^\dagger b_4 + (1-\hat{n}_{b_4})b_4^\dagger b_1 \\
&+ (1-\hat{n}_{b_2})b_2^\dagger b_3 + (1-\hat{n}_{b_3})b_3^\dagger b_2 \\
&+ (1-\hat{n}_{b_3})b_3^\dagger b_4 + (1-\hat{n}_{b_4})b_4^\dagger b_3 \\
&+ U(a_1^\dagger a_1 b_1^\dagger b_1 + a_2^\dagger a_2 b_2^\dagger b_2 + a_3^\dagger a_3 b_3^\dagger b_3 + a_4^\dagger a_4 b_4^\dagger b_4)]
\end{aligned} \tag{10.1.2}$$

10.2 定态解

在作定态解计算之前,还需先作一些讨论.考虑到式(10.1.2)的 H 中没有不同自旋投影间的过渡,换句话说,这四个粒子的两种自旋投影不同的组合

$$4a,\quad 3a+b,\quad 2a+2b,\quad a+3b,\quad 4b$$

在 H 作用下不会交叉,也就是说,它们在 H 作用下是封闭的.进行如下计算:

(1) $4a$,$4b$ 是哑态,$a_1^\dagger a_2^\dagger a_3^\dagger a_4^\dagger|0\rangle$,$b_1^\dagger b_2^\dagger b_3^\dagger b_4^\dagger|0\rangle$在 H 作用下不变,故不考虑.

(2) $3a+b$ 与 $a+3b$ 相同,故只需考虑其中之一.

例如考虑 $3a+b$,把它的普遍态矢表示为

$$\begin{aligned}|\rangle = &f_1 a_2^\dagger a_3^\dagger a_4^\dagger b_1^\dagger|0\rangle + f_2 a_1^\dagger a_3^\dagger a_4^\dagger b_1^\dagger|0\rangle + f_3 a_1^\dagger a_2^\dagger a_4^\dagger b_1^\dagger|0\rangle\\ &+ f_4 a_1^\dagger a_2^\dagger a_3^\dagger b_1^\dagger|0\rangle + f_5 a_2^\dagger a_3^\dagger a_4^\dagger b_2^\dagger|0\rangle + f_6 a_1^\dagger a_3^\dagger a_4^\dagger b_2^\dagger|0\rangle\\ &+ f_7 a_1^\dagger a_2^\dagger a_4^\dagger b_2^\dagger|0\rangle + f_8 a_1^\dagger a_2^\dagger a_3^\dagger b_2^\dagger|0\rangle + f_9 a_2^\dagger a_3^\dagger a_4^\dagger b_3^\dagger|0\rangle\\ &+ f_{10} a_1^\dagger a_3^\dagger a_4^\dagger b_3^\dagger|0\rangle + f_{11} a_1^\dagger a_2^\dagger a_4^\dagger b_3^\dagger|0\rangle + f_{12} a_1^\dagger a_2^\dagger a_3^\dagger b_3^\dagger|0\rangle\\ &+ f_{13} a_2^\dagger a_3^\dagger a_4^\dagger b_4^\dagger|0\rangle + f_{14} a_1^\dagger a_3^\dagger a_4^\dagger b_4^\dagger|0\rangle + f_{15} a_1^\dagger a_2^\dagger a_4^\dagger b_4^\dagger|0\rangle\\ &+ f_{16} a_1^\dagger a_2^\dagger a_3^\dagger b_4^\dagger|0\rangle \end{aligned}\tag{10.2.1}$$

定态方程为

$$\begin{aligned}H|\rangle = &- tf_1 a_1^\dagger a_3^\dagger a_4^\dagger b_1^\dagger|0\rangle - tf_5 a_1^\dagger a_3^\dagger a_4^\dagger b_2^\dagger|0\rangle - tf_9 a_1^\dagger a_3^\dagger a_4^\dagger b_3^\dagger|0\rangle\\ &- tf_{13} a_1^\dagger a_3^\dagger a_4^\dagger b_4^\dagger|0\rangle\\ &- tf_2 a_2^\dagger a_3^\dagger a_4^\dagger b_1^\dagger|0\rangle - tf_6 a_2^\dagger a_3^\dagger a_4^\dagger b_2^\dagger|0\rangle - tf_{10} a_2^\dagger a_3^\dagger a_4^\dagger b_3^\dagger|0\rangle\\ &- tf_{14} a_2^\dagger a_3^\dagger a_4^\dagger b_4^\dagger|0\rangle\\ &- tf_1 a_1^\dagger a_2^\dagger a_3^\dagger b_1^\dagger|0\rangle - tf_5 a_1^\dagger a_2^\dagger a_3^\dagger b_2^\dagger|0\rangle - tf_9 a_1^\dagger a_2^\dagger a_3^\dagger b_3^\dagger|0\rangle\\ &- tf_{13} a_1^\dagger a_2^\dagger a_3^\dagger b_4^\dagger|0\rangle\\ &- tf_4 a_2^\dagger a_3^\dagger a_4^\dagger b_1^\dagger|0\rangle - tf_8 a_2^\dagger a_3^\dagger a_4^\dagger b_2^\dagger|0\rangle - tf_{12} a_2^\dagger a_3^\dagger a_4^\dagger b_3^\dagger|0\rangle\\ &- tf_{16} a_2^\dagger a_3^\dagger a_4^\dagger b_4^\dagger|0\rangle\\ &- tf_2 a_1^\dagger a_2^\dagger a_4^\dagger b_1^\dagger|0\rangle - tf_6 a_1^\dagger a_2^\dagger a_4^\dagger b_2^\dagger|0\rangle - tf_{10} a_1^\dagger a_2^\dagger a_4^\dagger b_3^\dagger|0\rangle \end{aligned}$$

$$
\begin{aligned}
&- tf_{14} a_1^\dagger a_2^\dagger a_4^\dagger b_4^\dagger \mid 0\rangle \\
&- tf_3 a_1^\dagger a_3^\dagger a_4^\dagger b_1^\dagger \mid 0\rangle - tf_7 a_1^\dagger a_3^\dagger a_4^\dagger b_2^\dagger \mid 0\rangle - tf_{11} a_1^\dagger a_3^\dagger a_4^\dagger b_3^\dagger \mid 0\rangle \\
&- tf_{15} a_1^\dagger a_3^\dagger a_4^\dagger b_4^\dagger \mid 0\rangle \\
&- tf_3 a_1^\dagger a_2^\dagger a_3^\dagger b_1^\dagger \mid 0\rangle - tf_7 a_1^\dagger a_2^\dagger a_3^\dagger b_2^\dagger \mid 0\rangle - tf_{11} a_1^\dagger a_2^\dagger a_3^\dagger b_3^\dagger \mid 0\rangle \\
&- tf_{15} a_1^\dagger a_2^\dagger a_3^\dagger b_4^\dagger \mid 0\rangle \\
&- tf_4 a_1^\dagger a_2^\dagger a_4^\dagger b_1^\dagger \mid 0\rangle - tf_8 a_1^\dagger a_2^\dagger a_4^\dagger b_2^\dagger \mid 0\rangle - tf_{12} a_1^\dagger a_2^\dagger a_4^\dagger b_3^\dagger \mid 0\rangle \\
&- tf_{16} a_1^\dagger a_2^\dagger a_4^\dagger b_4^\dagger \mid 0\rangle \\
&- tf_5 a_2^\dagger a_3^\dagger a_4^\dagger b_1^\dagger \mid 0\rangle - tf_6 a_1^\dagger a_3^\dagger a_4^\dagger b_1^\dagger \mid 0\rangle - tf_7 a_1^\dagger a_2^\dagger a_4^\dagger b_1^\dagger \mid 0\rangle \\
&- tf_8 a_1^\dagger a_2^\dagger a_3^\dagger b_1^\dagger \mid 0\rangle \\
&- tf_1 a_2^\dagger a_3^\dagger a_4^\dagger b_2^\dagger \mid 0\rangle - tf_2 a_1^\dagger a_3^\dagger a_4^\dagger b_2^\dagger \mid 0\rangle - tf_3 a_1^\dagger a_2^\dagger a_4^\dagger b_2^\dagger \mid 0\rangle \\
&- tf_4 a_1^\dagger a_2^\dagger a_3^\dagger b_2^\dagger \mid 0\rangle \\
&- tf_{13} a_2^\dagger a_3^\dagger a_4^\dagger b_1^\dagger \mid 0\rangle - tf_{14} a_1^\dagger a_3^\dagger a_4^\dagger b_1^\dagger \mid 0\rangle - tf_{15} a_1^\dagger a_2^\dagger a_4^\dagger b_1^\dagger \mid 0\rangle \\
&- tf_{16} a_1^\dagger a_2^\dagger a_3^\dagger b_1^\dagger \mid 0\rangle \\
&- tf_1 a_2^\dagger a_3^\dagger a_4^\dagger b_4^\dagger \mid 0\rangle - tf_2 a_1^\dagger a_3^\dagger a_4^\dagger b_4^\dagger \mid 0\rangle - tf_3 a_1^\dagger a_2^\dagger a_4^\dagger b_4^\dagger \mid 0\rangle \\
&- tf_4 a_1^\dagger a_2^\dagger a_3^\dagger b_4^\dagger \mid 0\rangle \\
&- tf_9 a_2^\dagger a_3^\dagger a_4^\dagger b_2^\dagger \mid 0\rangle - tf_{10} a_1^\dagger a_3^\dagger a_4^\dagger b_2^\dagger \mid 0\rangle - tf_{11} a_1^\dagger a_2^\dagger a_4^\dagger b_3^\dagger \mid 0\rangle \\
&- tf_{12} a_1^\dagger a_2^\dagger a_3^\dagger b_2^\dagger \mid 0\rangle \\
&- tf_5 a_2^\dagger a_3^\dagger a_4^\dagger b_3^\dagger \mid 0\rangle - tf_6 a_1^\dagger a_3^\dagger a_4^\dagger b_3^\dagger \mid 0\rangle - tf_7 a_1^\dagger a_2^\dagger a_4^\dagger b_3^\dagger \mid 0\rangle \\
&- tf_8 a_1^\dagger a_2^\dagger a_3^\dagger b_3^\dagger \mid 0\rangle \\
&- tf_{13} a_2^\dagger a_3^\dagger a_4^\dagger b_3^\dagger \mid 0\rangle - tf_{14} a_1^\dagger a_3^\dagger a_4^\dagger b_3^\dagger \mid 0\rangle - tf_{15} a_1^\dagger a_2^\dagger a_4^\dagger b_3^\dagger \mid 0\rangle \\
&- tf_{16} a_1^\dagger a_2^\dagger a_3^\dagger b_3^\dagger \mid 0\rangle \\
&- tf_9 a_2^\dagger a_3^\dagger a_4^\dagger b_4^\dagger \mid 0\rangle - tf_{10} a_1^\dagger a_3^\dagger a_4^\dagger b_4^\dagger \mid 0\rangle - tf_{11} a_1^\dagger a_2^\dagger a_4^\dagger b_4^\dagger \mid 0\rangle \\
&- tf_{12} a_1^\dagger a_2^\dagger a_3^\dagger b_4^\dagger \mid 0\rangle \\
&+ U[f_2 a_1^\dagger a_3^\dagger a_4^\dagger b_1^\dagger \mid 0\rangle + f_3 a_1^\dagger a_2^\dagger a_4^\dagger b_1^\dagger \mid 0\rangle + f_4 a_1^\dagger a_2^\dagger a_3^\dagger b_1^\dagger \mid 0\rangle \\
&+ f_5 a_2^\dagger a_3^\dagger a_4^\dagger b_2^\dagger \mid 0\rangle + f_7 a_1^\dagger a_2^\dagger a_4^\dagger b_2^\dagger \mid 0\rangle + f_8 a_1^\dagger a_2^\dagger a_3^\dagger b_2^\dagger \mid 0\rangle \\
&+ f_9 a_2^\dagger a_3^\dagger a_4^\dagger b_3^\dagger \mid 0\rangle + f_{10} a_1^\dagger a_3^\dagger a_4^\dagger b_3^\dagger \mid 0\rangle + f_{12} a_2^\dagger a_3^\dagger a_4^\dagger b_3^\dagger \mid 0\rangle \\
&+ f_{13} a_2^\dagger a_3^\dagger a_4^\dagger b_4^\dagger \mid 0\rangle + f_{14} a_1^\dagger a_3^\dagger a_4^\dagger b_4^\dagger \mid 0\rangle + f_{15} a_1^\dagger a_2^\dagger a_4^\dagger b_4^\dagger \mid 0\rangle] \\
= {}& E(f_1 a_2^\dagger a_3^\dagger a_4^\dagger b_1^\dagger \mid 0\rangle + f_2 a_1^\dagger a_3^\dagger a_4^\dagger b_1^\dagger \mid 0\rangle + f_3 a_1^\dagger a_2^\dagger a_4^\dagger b_1^\dagger \mid 0\rangle \\
&+ f_4 a_1^\dagger a_2^\dagger a_3^\dagger b_1^\dagger \mid 0\rangle \\
&+ f_5 a_2^\dagger a_3^\dagger a_4^\dagger b_2^\dagger \mid 0\rangle + f_6 a_1^\dagger a_3^\dagger a_4^\dagger b_2^\dagger \mid 0\rangle + f_7 a_1^\dagger a_2^\dagger a_4^\dagger b_2^\dagger \mid 0\rangle
\end{aligned}
$$

$$+ f_8 a_1^\dagger a_2^\dagger a_3^\dagger b_2^\dagger \mid 0\rangle$$

$$+ f_9 a_2^\dagger a_3^\dagger a_4^\dagger b_3^\dagger \mid 0\rangle + f_{10} a_1^\dagger a_3^\dagger a_4^\dagger b_3^\dagger \mid 0\rangle + f_{11} a_1^\dagger a_2^\dagger a_4^\dagger b_3^\dagger \mid 0\rangle$$

$$+ f_{12} a_1^\dagger a_2^\dagger a_3^\dagger b_3^\dagger \mid 0\rangle$$

$$+ f_{13} a_2^\dagger a_3^\dagger a_4^\dagger b_4^\dagger \mid 0\rangle + f_{14} a_1^\dagger a_3^\dagger a_4^\dagger b_4^\dagger \mid 0\rangle + f_{15} a_1^\dagger a_2^\dagger a_4^\dagger b_4^\dagger \mid 0\rangle$$

$$+ f_{16} a_1^\dagger a_2^\dagger a_3^\dagger b_4^\dagger \mid 0\rangle) \tag{10.2.2}$$

由式(10.2.2)可得

$$-t(f_2 + f_4 + f_5 + f_{13}) = Ef_1 \tag{10.2.3}$$

$$-t(f_1 + f_3 + f_6 + f_{14}) + Uf_2 = Ef_2 \tag{10.2.4}$$

$$-t(f_2 + f_4 + f_7 + f_{15}) + Uf_3 = Ef_3 \tag{10.2.5}$$

$$-t(f_1 + f_3 + f_8 + f_{16}) + Uf_4 = Ef_4 \tag{10.2.6}$$

$$-t(f_6 + f_8 + f_1 + f_9) + Uf_5 = Ef_5 \tag{10.2.7}$$

$$-t(f_5 + f_7 + f_2 + f_{10}) = Ef_6 \tag{10.2.8}$$

$$-t(f_6 + f_8 + f_3 + f_{11}) + Uf_7 = Ef_7 \tag{10.2.9}$$

$$-t(f_5 + f_7 + f_4 + f_{12}) + Uf_8 = Ef_8 \tag{10.2.10}$$

$$-t(f_{10} + f_{12} + f_5 + f_{13}) + Uf_9 = Ef_9 \tag{10.2.11}$$

$$-t(f_9 + f_{11} + f_6 + f_{14}) + Uf_{10} = Ef_{10} \tag{10.2.12}$$

$$-t(f_{10} + f_{12} + f_7 + f_{15}) = Ef_{11} \tag{10.2.13}$$

$$-t(f_9 + f_{11} + f_8 + f_{16}) + Uf_{12} = Ef_{12} \tag{10.2.14}$$

$$-t(f_{14} + f_{16} + f_1 + f_9) + Uf_{13} = Ef_{13} \tag{10.2.15}$$

$$-t(f_{13} + f_{15} + f_2 + f_{10}) + Uf_{14} = Ef_{14} \tag{10.2.16}$$

$$-t(f_{14} + f_{16} + f_3 + f_{11}) + Uf_{15} = Ef_{15} \tag{10.2.17}$$

$$-t(f_{13} + f_{15} + f_4 + f_{12}) = Ef_{16} \tag{10.2.18}$$

(3) 考虑 $2a + 2b$ 的子空间.

这样的态取如下的形式：

$$|\rangle = g_1 a_1^\dagger a_2^\dagger b_1^\dagger b_2^\dagger \mid 0\rangle + g_2 a_1^\dagger a_3^\dagger b_1^\dagger b_2^\dagger \mid 0\rangle + g_3 a_1^\dagger a_4^\dagger b_1^\dagger b_2^\dagger \mid 0\rangle$$

$$+ g_4 a_2^\dagger a_3^\dagger b_1^\dagger b_2^\dagger \mid 0\rangle + g_5 a_2^\dagger a_4^\dagger b_1^\dagger b_2^\dagger \mid 0\rangle + g_6 a_3^\dagger a_4^\dagger b_1^\dagger b_2^\dagger \mid 0\rangle$$

$$+ g_7 a_1^\dagger a_2^\dagger b_1^\dagger b_3^\dagger \mid 0\rangle + g_8 a_1^\dagger a_3^\dagger b_1^\dagger b_3^\dagger \mid 0\rangle + g_9 a_1^\dagger a_4^\dagger b_1^\dagger b_3^\dagger \mid 0\rangle$$

$$+ g_{10} a_2^\dagger a_3^\dagger b_1^\dagger b_3^\dagger \mid 0\rangle + g_{11} a_2^\dagger a_4^\dagger b_1^\dagger b_3^\dagger \mid 0\rangle + g_{12} a_3^\dagger a_4^\dagger b_1^\dagger b_3^\dagger \mid 0\rangle$$

$$+ g_{13} a_1^\dagger a_2^\dagger b_1^\dagger b_4^\dagger \mid 0\rangle + g_{14} a_1^\dagger a_3^\dagger b_1^\dagger b_4^\dagger \mid 0\rangle + g_{15} a_1^\dagger a_4^\dagger b_1^\dagger b_4^\dagger \mid 0\rangle$$

$$
\begin{aligned}
&+ g_{16} a_2^\dagger a_3^\dagger b_1^\dagger b_4^\dagger \mid 0\rangle + g_{17} a_2^\dagger a_4^\dagger b_1^\dagger b_4^\dagger \mid 0\rangle + g_{18} a_3^\dagger a_4^\dagger b_1^\dagger b_4^\dagger \mid 0\rangle \\
&+ g_{19} a_1^\dagger a_2^\dagger b_2^\dagger b_3^\dagger \mid 0\rangle + g_{20} a_1^\dagger a_3^\dagger b_2^\dagger b_3^\dagger \mid 0\rangle + g_{21} a_1^\dagger a_4^\dagger b_2^\dagger b_3^\dagger \mid 0\rangle \\
&+ g_{22} a_2^\dagger a_3^\dagger b_2^\dagger b_3^\dagger \mid 0\rangle + g_{23} a_2^\dagger a_4^\dagger b_2^\dagger b_3^\dagger \mid 0\rangle + g_{24} a_3^\dagger a_4^\dagger b_2^\dagger b_3^\dagger \mid 0\rangle \\
&+ g_{25} a_1^\dagger a_2^\dagger b_2^\dagger b_4^\dagger \mid 0\rangle + g_{26} a_1^\dagger a_3^\dagger b_2^\dagger b_4^\dagger \mid 0\rangle + g_{27} a_1^\dagger a_4^\dagger b_2^\dagger b_4^\dagger \mid 0\rangle \\
&+ g_{28} a_2^\dagger a_3^\dagger b_2^\dagger b_4^\dagger \mid 0\rangle + g_{29} a_2^\dagger a_4^\dagger b_2^\dagger b_4^\dagger \mid 0\rangle + g_{30} a_3^\dagger a_4^\dagger b_2^\dagger b_4^\dagger \mid 0\rangle \\
&+ g_{31} a_1^\dagger a_2^\dagger b_3^\dagger b_4^\dagger \mid 0\rangle + g_{32} a_1^\dagger a_3^\dagger b_3^\dagger b_4^\dagger \mid 0\rangle + g_{33} a_1^\dagger a_4^\dagger b_3^\dagger b_4^\dagger \mid 0\rangle \\
&+ g_{34} a_2^\dagger a_3^\dagger b_3^\dagger b_4^\dagger \mid 0\rangle + g_{35} a_2^\dagger a_4^\dagger b_3^\dagger b_4^\dagger \mid 0\rangle + g_{36} a_3^\dagger a_4^\dagger b_3^\dagger b_4^\dagger \mid 0\rangle \qquad (10.2.19)
\end{aligned}
$$

定态方程(式(10.1.2)+式(10.2.19))为

$$
\begin{aligned}
H \mid\rangle = &- tg_4 a_1^\dagger a_3^\dagger b_1^\dagger b_2^\dagger \mid 0\rangle - tg_5 a_1^\dagger a_4^\dagger b_1^\dagger b_2^\dagger \mid 0\rangle - tg_{10} a_1^\dagger a_3^\dagger b_1^\dagger b_3^\dagger \mid 0\rangle \\
&- tg_{11} a_1^\dagger a_4^\dagger b_1^\dagger b_3^\dagger \mid 0\rangle - tg_{16} a_1^\dagger a_3^\dagger b_1^\dagger b_4^\dagger \mid 0\rangle - tg_{17} a_1^\dagger a_4^\dagger b_1^\dagger b_4^\dagger \mid 0\rangle \\
&- tg_{22} a_1^\dagger a_3^\dagger b_2^\dagger b_3^\dagger \mid 0\rangle - tg_{23} a_1^\dagger a_4^\dagger b_2^\dagger b_3^\dagger \mid 0\rangle - tg_{28} a_1^\dagger a_3^\dagger b_2^\dagger b_4^\dagger \mid 0\rangle \\
&- tg_{29} a_1^\dagger a_4^\dagger b_2^\dagger b_4^\dagger \mid 0\rangle - tg_{34} a_1^\dagger a_3^\dagger b_3^\dagger b_4^\dagger \mid 0\rangle - tg_{35} a_1^\dagger a_4^\dagger b_3^\dagger b_4^\dagger \mid 0\rangle \\
&- tg_2 a_2^\dagger a_3^\dagger b_1^\dagger b_2^\dagger \mid 0\rangle - tg_3 a_2^\dagger a_4^\dagger b_1^\dagger b_2^\dagger \mid 0\rangle - tg_8 a_2^\dagger a_3^\dagger b_1^\dagger b_3^\dagger \mid 0\rangle \\
&- tg_9 a_2^\dagger a_4^\dagger b_1^\dagger b_3^\dagger \mid 0\rangle - tg_{14} a_2^\dagger a_3^\dagger b_1^\dagger b_4^\dagger \mid 0\rangle - tg_{15} a_2^\dagger a_4^\dagger b_1^\dagger b_4^\dagger \mid 0\rangle \\
&- tg_{20} a_2^\dagger a_3^\dagger b_2^\dagger b_3^\dagger \mid 0\rangle - tg_{21} a_2^\dagger a_4^\dagger b_2^\dagger b_3^\dagger \mid 0\rangle - tg_{26} a_2^\dagger a_3^\dagger b_2^\dagger b_4^\dagger \mid 0\rangle \\
&- tg_{27} a_2^\dagger a_4^\dagger b_2^\dagger b_4^\dagger \mid 0\rangle - tg_{32} a_2^\dagger a_3^\dagger b_3^\dagger b_4^\dagger \mid 0\rangle - tg_{33} a_2^\dagger a_4^\dagger b_3^\dagger b_4^\dagger \mid 0\rangle \\
&- tg_5 a_1^\dagger a_2^\dagger b_1^\dagger b_2^\dagger \mid 0\rangle - tg_6 a_1^\dagger a_3^\dagger b_1^\dagger b_2^\dagger \mid 0\rangle - tg_{11} a_1^\dagger a_2^\dagger b_1^\dagger b_3^\dagger \mid 0\rangle \\
&- tg_{12} a_1^\dagger a_3^\dagger b_1^\dagger b_3^\dagger \mid 0\rangle - tg_{17} a_1^\dagger a_2^\dagger b_1^\dagger b_4^\dagger \mid 0\rangle - tg_{18} a_1^\dagger a_3^\dagger b_1^\dagger b_4^\dagger \mid 0\rangle \\
&- tg_{23} a_1^\dagger a_2^\dagger b_2^\dagger b_3^\dagger \mid 0\rangle - tg_{24} a_1^\dagger a_3^\dagger b_2^\dagger b_3^\dagger \mid 0\rangle - tg_{29} a_1^\dagger a_2^\dagger b_2^\dagger b_4^\dagger \mid 0\rangle \\
&- tg_{30} a_1^\dagger a_3^\dagger b_2^\dagger b_4^\dagger \mid 0\rangle - tg_{35} a_1^\dagger a_2^\dagger b_3^\dagger b_4^\dagger \mid 0\rangle - tg_{36} a_1^\dagger a_3^\dagger b_3^\dagger b_4^\dagger \mid 0\rangle \\
&- tg_1 a_2^\dagger a_4^\dagger b_1^\dagger b_2^\dagger \mid 0\rangle - tg_2 a_3^\dagger a_4^\dagger b_1^\dagger b_2^\dagger \mid 0\rangle - tg_7 a_2^\dagger a_4^\dagger b_1^\dagger b_3^\dagger \mid 0\rangle \\
&- tg_8 a_3^\dagger a_4^\dagger b_1^\dagger b_3^\dagger \mid 0\rangle - tg_{13} a_2^\dagger a_4^\dagger b_1^\dagger b_4^\dagger \mid 0\rangle - tg_{14} a_3^\dagger a_4^\dagger b_1^\dagger b_4^\dagger \mid 0\rangle \\
&- tg_{19} a_2^\dagger a_4^\dagger b_2^\dagger b_3^\dagger \mid 0\rangle - tg_{20} a_3^\dagger a_4^\dagger b_2^\dagger b_3^\dagger \mid 0\rangle - tg_{25} a_2^\dagger a_4^\dagger b_2^\dagger b_4^\dagger \mid 0\rangle \\
&- tg_{26} a_3^\dagger a_4^\dagger b_2^\dagger b_4^\dagger \mid 0\rangle - tg_{32} a_2^\dagger a_4^\dagger b_3^\dagger b_4^\dagger \mid 0\rangle - tg_{33} a_3^\dagger a_4^\dagger b_3^\dagger b_4^\dagger \mid 0\rangle \\
&- tg_2 a_1^\dagger a_2^\dagger b_1^\dagger b_2^\dagger \mid 0\rangle - tg_6 a_2^\dagger a_4^\dagger b_1^\dagger b_2^\dagger \mid 0\rangle - tg_8 a_1^\dagger a_2^\dagger b_1^\dagger b_3^\dagger \mid 0\rangle \\
&- tg_{12} a_2^\dagger a_4^\dagger b_1^\dagger b_3^\dagger \mid 0\rangle - tg_{14} a_1^\dagger a_2^\dagger b_1^\dagger b_4^\dagger \mid 0\rangle - tg_{18} a_2^\dagger a_4^\dagger b_1^\dagger b_4^\dagger \mid 0\rangle \\
&- tg_{20} a_1^\dagger a_2^\dagger b_2^\dagger b_3^\dagger \mid 0\rangle - tg_{24} a_2^\dagger a_4^\dagger b_2^\dagger b_3^\dagger \mid 0\rangle - tg_{26} a_1^\dagger a_2^\dagger b_2^\dagger b_4^\dagger \mid 0\rangle \\
&- tg_{30} a_2^\dagger a_4^\dagger b_2^\dagger b_4^\dagger \mid 0\rangle - tg_{32} a_1^\dagger a_2^\dagger b_3^\dagger b_4^\dagger \mid 0\rangle - tg_{36} a_2^\dagger a_4^\dagger b_3^\dagger b_4^\dagger \mid 0\rangle \\
&- tg_1 a_1^\dagger a_3^\dagger b_1^\dagger b_2^\dagger \mid 0\rangle - tg_5 a_3^\dagger a_4^\dagger b_1^\dagger b_2^\dagger \mid 0\rangle - tg_7 a_1^\dagger a_3^\dagger b_1^\dagger b_3^\dagger \mid 0\rangle
\end{aligned}
$$

$$- tg_{11} a_3^\dagger a_4^\dagger b_1^\dagger b_3^\dagger \mid 0\rangle - tg_{13} a_1^\dagger a_3^\dagger b_1^\dagger b_4^\dagger \mid 0\rangle - tg_{17} a_3^\dagger a_4^\dagger b_1^\dagger b_4^\dagger \mid 0\rangle$$
$$- tg_{19} a_1^\dagger a_3^\dagger b_2^\dagger b_3^\dagger \mid 0\rangle - tg_{23} a_3^\dagger a_4^\dagger b_2^\dagger b_3^\dagger \mid 0\rangle - tg_{25} a_1^\dagger a_3^\dagger b_2^\dagger b_4^\dagger \mid 0\rangle$$
$$- tg_{29} a_3^\dagger a_4^\dagger b_2^\dagger b_4^\dagger \mid 0\rangle - tg_{31} a_1^\dagger a_3^\dagger b_3^\dagger b_4^\dagger \mid 0\rangle - tg_{35} a_3^\dagger a_4^\dagger b_3^\dagger b_4^\dagger \mid 0\rangle$$
$$- tg_3 a_1^\dagger a_3^\dagger b_1^\dagger b_2^\dagger \mid 0\rangle - tg_5 a_2^\dagger a_3^\dagger b_1^\dagger b_2^\dagger \mid 0\rangle - tg_9 a_1^\dagger a_3^\dagger b_1^\dagger b_3^\dagger \mid 0\rangle$$
$$- tg_{11} a_2^\dagger a_3^\dagger b_1^\dagger b_3^\dagger \mid 0\rangle - tg_{15} a_1^\dagger a_3^\dagger b_1^\dagger b_4^\dagger \mid 0\rangle - tg_{17} a_2^\dagger a_3^\dagger b_1^\dagger b_4^\dagger \mid 0\rangle$$
$$- tg_{21} a_1^\dagger a_3^\dagger b_2^\dagger b_3^\dagger \mid 0\rangle - tg_{23} a_2^\dagger a_3^\dagger b_2^\dagger b_3^\dagger \mid 0\rangle - tg_{27} a_1^\dagger a_3^\dagger b_2^\dagger b_4^\dagger \mid 0\rangle$$
$$- tg_{29} a_2^\dagger a_3^\dagger b_2^\dagger b_4^\dagger \mid 0\rangle - tg_{33} a_1^\dagger a_3^\dagger b_3^\dagger b_4^\dagger \mid 0\rangle - tg_{35} a_2^\dagger a_3^\dagger b_3^\dagger b_4^\dagger \mid 0\rangle$$
$$- tg_2 a_1^\dagger a_4^\dagger b_1^\dagger b_2^\dagger \mid 0\rangle - tg_4 a_2^\dagger a_4^\dagger b_1^\dagger b_2^\dagger \mid 0\rangle - tg_8 a_1^\dagger a_4^\dagger b_1^\dagger b_3^\dagger \mid 0\rangle$$
$$- tg_{10} a_2^\dagger a_4^\dagger b_1^\dagger b_3^\dagger \mid 0\rangle - tg_{14} a_1^\dagger a_4^\dagger b_1^\dagger b_4^\dagger \mid 0\rangle - tg_{16} a_2^\dagger a_4^\dagger b_1^\dagger b_4^\dagger \mid 0\rangle$$
$$- tg_{20} a_1^\dagger a_4^\dagger b_2^\dagger b_3^\dagger \mid 0\rangle - tg_{22} a_2^\dagger a_4^\dagger b_2^\dagger b_3^\dagger \mid 0\rangle - tg_{26} a_1^\dagger a_4^\dagger b_2^\dagger b_4^\dagger \mid 0\rangle$$
$$- tg_{28} a_2^\dagger a_4^\dagger b_2^\dagger b_4^\dagger \mid 0\rangle - tg_{32} a_1^\dagger a_4^\dagger b_3^\dagger b_4^\dagger \mid 0\rangle - tg_{34} a_2^\dagger a_4^\dagger b_3^\dagger b_4^\dagger \mid 0\rangle$$
$$- tg_{19} a_1^\dagger a_2^\dagger b_1^\dagger b_3^\dagger \mid 0\rangle - tg_{20} a_1^\dagger a_3^\dagger b_1^\dagger b_3^\dagger \mid 0\rangle - tg_{21} a_1^\dagger a_4^\dagger b_1^\dagger b_3^\dagger \mid 0\rangle$$
$$- tg_{22} a_2^\dagger a_3^\dagger b_1^\dagger b_3^\dagger \mid 0\rangle - tg_{23} a_2^\dagger a_4^\dagger b_1^\dagger b_3^\dagger \mid 0\rangle - tg_{24} a_3^\dagger a_4^\dagger b_1^\dagger b_3^\dagger \mid 0\rangle$$
$$- tg_{25} a_1^\dagger a_2^\dagger b_1^\dagger b_4^\dagger \mid 0\rangle - tg_{26} a_1^\dagger a_3^\dagger b_1^\dagger b_4^\dagger \mid 0\rangle - tg_{27} a_1^\dagger a_4^\dagger b_1^\dagger b_4^\dagger \mid 0\rangle$$
$$- tg_{28} a_2^\dagger a_3^\dagger b_1^\dagger b_4^\dagger \mid 0\rangle - tg_{29} a_2^\dagger a_4^\dagger b_1^\dagger b_4^\dagger \mid 0\rangle - tg_{30} a_3^\dagger a_4^\dagger b_1^\dagger b_4^\dagger \mid 0\rangle$$
$$- tg_7 a_1^\dagger a_2^\dagger b_2^\dagger b_3^\dagger \mid 0\rangle - tg_8 a_1^\dagger a_3^\dagger b_2^\dagger b_3^\dagger \mid 0\rangle - tg_9 a_1^\dagger a_4^\dagger b_2^\dagger b_3^\dagger \mid 0\rangle$$
$$- tg_{10} a_2^\dagger a_3^\dagger b_2^\dagger b_3^\dagger \mid 0\rangle - tg_{11} a_2^\dagger a_4^\dagger b_2^\dagger b_3^\dagger \mid 0\rangle - tg_{12} a_3^\dagger a_4^\dagger b_2^\dagger b_3^\dagger \mid 0\rangle$$
$$- tg_{13} a_1^\dagger a_2^\dagger b_2^\dagger b_4^\dagger \mid 0\rangle - tg_{14} a_1^\dagger a_3^\dagger b_2^\dagger b_4^\dagger \mid 0\rangle - tg_{15} a_1^\dagger a_4^\dagger b_2^\dagger b_4^\dagger \mid 0\rangle$$
$$- tg_{16} a_2^\dagger a_3^\dagger b_2^\dagger b_4^\dagger \mid 0\rangle - tg_{17} a_2^\dagger a_4^\dagger b_2^\dagger b_4^\dagger \mid 0\rangle - tg_{18} a_3^\dagger a_4^\dagger b_2^\dagger b_4^\dagger \mid 0\rangle$$
$$- tg_{25} a_1^\dagger a_2^\dagger b_1^\dagger b_2^\dagger \mid 0\rangle - tg_{26} a_1^\dagger a_3^\dagger b_1^\dagger b_2^\dagger \mid 0\rangle - tg_{27} a_1^\dagger a_4^\dagger b_1^\dagger b_2^\dagger \mid 0\rangle$$
$$- tg_{28} a_2^\dagger a_3^\dagger b_1^\dagger b_2^\dagger \mid 0\rangle - tg_{29} a_2^\dagger a_4^\dagger b_1^\dagger b_2^\dagger \mid 0\rangle - tg_{30} a_3^\dagger a_4^\dagger b_1^\dagger b_2^\dagger \mid 0\rangle$$
$$- tg_{31} a_1^\dagger a_2^\dagger b_1^\dagger b_3^\dagger \mid 0\rangle - tg_{32} a_1^\dagger a_3^\dagger b_1^\dagger b_3^\dagger \mid 0\rangle - tg_{33} a_1^\dagger a_4^\dagger b_1^\dagger b_3^\dagger \mid 0\rangle$$
$$- tg_{34} a_2^\dagger a_3^\dagger b_1^\dagger b_3^\dagger \mid 0\rangle - tg_{35} a_2^\dagger a_4^\dagger b_1^\dagger b_3^\dagger \mid 0\rangle - tg_{36} a_3^\dagger a_4^\dagger b_1^\dagger b_3^\dagger \mid 0\rangle$$
$$- tg_1 a_1^\dagger a_2^\dagger b_2^\dagger b_4^\dagger \mid 0\rangle - tg_2 a_1^\dagger a_3^\dagger b_2^\dagger b_4^\dagger \mid 0\rangle - tg_3 a_1^\dagger a_4^\dagger b_2^\dagger b_4^\dagger \mid 0\rangle$$
$$- tg_4 a_2^\dagger a_3^\dagger b_2^\dagger b_4^\dagger \mid 0\rangle - tg_5 a_2^\dagger a_4^\dagger b_2^\dagger b_4^\dagger \mid 0\rangle - tg_6 a_3^\dagger a_4^\dagger b_2^\dagger b_4^\dagger \mid 0\rangle$$
$$- tg_7 a_1^\dagger a_2^\dagger b_3^\dagger b_4^\dagger \mid 0\rangle - tg_8 a_1^\dagger a_3^\dagger b_3^\dagger b_4^\dagger \mid 0\rangle - tg_9 a_1^\dagger a_4^\dagger b_3^\dagger b_4^\dagger \mid 0\rangle$$
$$- tg_{10} a_2^\dagger a_3^\dagger b_3^\dagger b_4^\dagger \mid 0\rangle - tg_{11} a_2^\dagger a_4^\dagger b_3^\dagger b_4^\dagger \mid 0\rangle - tg_{12} a_3^\dagger a_4^\dagger b_3^\dagger b_4^\dagger \mid 0\rangle$$
$$- tg_7 a_1^\dagger a_2^\dagger b_1^\dagger b_2^\dagger \mid 0\rangle - tg_8 a_1^\dagger a_3^\dagger b_1^\dagger b_2^\dagger \mid 0\rangle - tg_9 a_1^\dagger a_4^\dagger b_1^\dagger b_2^\dagger \mid 0\rangle$$
$$- tg_{10} a_2^\dagger a_3^\dagger b_1^\dagger b_2^\dagger \mid 0\rangle - tg_{11} a_2^\dagger a_4^\dagger b_1^\dagger b_2^\dagger \mid 0\rangle - tg_{12} a_3^\dagger a_4^\dagger b_1^\dagger b_2^\dagger \mid 0\rangle$$
$$- tg_{31} a_1^\dagger a_2^\dagger b_2^\dagger b_4^\dagger \mid 0\rangle - tg_{32} a_1^\dagger a_3^\dagger b_2^\dagger b_4^\dagger \mid 0\rangle - tg_{33} a_1^\dagger a_4^\dagger b_2^\dagger b_4^\dagger \mid 0\rangle$$

$$
\begin{aligned}
&-tg_{34}a_2^\dagger a_3^\dagger b_2^\dagger b_4^\dagger\mid 0\rangle-tg_{35}a_2^\dagger a_4^\dagger b_2^\dagger b_4^\dagger\mid 0\rangle-tg_{36}a_3^\dagger a_4^\dagger b_2^\dagger b_4^\dagger\mid 0\rangle\\
&-tg_{1}a_1^\dagger a_2^\dagger b_1^\dagger b_3^\dagger\mid 0\rangle-tg_{2}a_1^\dagger a_3^\dagger b_1^\dagger b_3^\dagger\mid 0\rangle-tg_{3}a_1^\dagger a_4^\dagger b_1^\dagger b_3^\dagger\mid 0\rangle\\
&-tg_{4}a_2^\dagger a_3^\dagger b_1^\dagger b_3^\dagger\mid 0\rangle-tg_{5}a_2^\dagger a_4^\dagger b_1^\dagger b_3^\dagger\mid 0\rangle-tg_{6}a_3^\dagger a_4^\dagger b_1^\dagger b_3^\dagger\mid 0\rangle\\
&-tg_{25}a_1^\dagger a_2^\dagger b_3^\dagger b_4^\dagger\mid 0\rangle-tg_{26}a_1^\dagger a_3^\dagger b_3^\dagger b_4^\dagger\mid 0\rangle-tg_{27}a_1^\dagger a_4^\dagger b_3^\dagger b_4^\dagger\mid 0\rangle\\
&-tg_{28}a_2^\dagger a_3^\dagger b_3^\dagger b_4^\dagger\mid 0\rangle-tg_{29}a_2^\dagger a_4^\dagger b_3^\dagger b_4^\dagger\mid 0\rangle-tg_{30}a_3^\dagger a_4^\dagger b_3^\dagger b_4^\dagger\mid 0\rangle\\
&-tg_{13}a_1^\dagger a_2^\dagger b_1^\dagger b_3^\dagger\mid 0\rangle-tg_{14}a_1^\dagger a_3^\dagger b_1^\dagger b_3^\dagger\mid 0\rangle-tg_{15}a_1^\dagger a_4^\dagger b_1^\dagger b_3^\dagger\mid 0\rangle\\
&-tg_{16}a_2^\dagger a_3^\dagger b_1^\dagger b_3^\dagger\mid 0\rangle-tg_{17}a_2^\dagger a_4^\dagger b_1^\dagger b_3^\dagger\mid 0\rangle-tg_{18}a_3^\dagger a_4^\dagger b_1^\dagger b_3^\dagger\mid 0\rangle\\
&-tg_{25}a_1^\dagger a_2^\dagger b_2^\dagger b_3^\dagger\mid 0\rangle-tg_{26}a_1^\dagger a_3^\dagger b_2^\dagger b_3^\dagger\mid 0\rangle-tg_{27}a_1^\dagger a_4^\dagger b_2^\dagger b_3^\dagger\mid 0\rangle\\
&-tg_{28}a_2^\dagger a_3^\dagger b_2^\dagger b_3^\dagger\mid 0\rangle-tg_{29}a_2^\dagger a_4^\dagger b_2^\dagger b_3^\dagger\mid 0\rangle-tg_{30}a_3^\dagger a_4^\dagger b_2^\dagger b_3^\dagger\mid 0\rangle\\
&-tg_{7}a_1^\dagger a_2^\dagger b_1^\dagger b_4^\dagger\mid 0\rangle-tg_{8}a_1^\dagger a_3^\dagger b_1^\dagger b_4^\dagger\mid 0\rangle-tg_{9}a_1^\dagger a_4^\dagger b_1^\dagger b_4^\dagger\mid 0\rangle\\
&-tg_{19}a_1^\dagger a_2^\dagger b_2^\dagger b_4^\dagger\mid 0\rangle-tg_{20}a_1^\dagger a_3^\dagger b_2^\dagger b_4^\dagger\mid 0\rangle-tg_{21}a_1^\dagger a_4^\dagger b_2^\dagger b_4^\dagger\mid 0\rangle\\
&-tg_{22}a_2^\dagger a_3^\dagger b_2^\dagger b_4^\dagger\mid 0\rangle-tg_{23}a_2^\dagger a_4^\dagger b_2^\dagger b_4^\dagger\mid 0\rangle-tg_{24}a_3^\dagger a_4^\dagger b_2^\dagger b_4^\dagger\mid 0\rangle\\
&-tg_{10}a_2^\dagger a_3^\dagger b_1^\dagger b_4^\dagger\mid 0\rangle-tg_{11}a_2^\dagger a_4^\dagger b_1^\dagger b_4^\dagger\mid 0\rangle-tg_{12}a_3^\dagger a_4^\dagger b_1^\dagger b_4^\dagger\mid 0\rangle\\
&+U(2g_{1}a_1^\dagger a_2^\dagger b_1^\dagger b_2^\dagger\mid 0\rangle+g_{2}a_1^\dagger a_3^\dagger b_1^\dagger b_2^\dagger\mid 0\rangle+g_{3}a_1^\dagger a_4^\dagger b_1^\dagger b_2^\dagger\mid 0\rangle\\
&+g_{4}a_2^\dagger a_3^\dagger b_1^\dagger b_2^\dagger\mid 0\rangle+g_{5}a_2^\dagger a_4^\dagger b_1^\dagger b_2^\dagger\mid 0\rangle+g_{7}a_1^\dagger a_2^\dagger b_1^\dagger b_3^\dagger\mid 0\rangle\\
&+2g_{8}a_1^\dagger a_3^\dagger b_1^\dagger b_3^\dagger\mid 0\rangle+g_{9}a_1^\dagger a_4^\dagger b_1^\dagger b_3^\dagger\mid 0\rangle+g_{10}a_2^\dagger a_3^\dagger b_1^\dagger b_3^\dagger\mid 0\rangle\\
&+g_{12}a_3^\dagger a_4^\dagger b_1^\dagger b_3^\dagger\mid 0\rangle+g_{13}a_1^\dagger a_2^\dagger b_1^\dagger b_4^\dagger\mid 0\rangle+g_{14}a_1^\dagger a_3^\dagger b_1^\dagger b_4^\dagger\mid 0\rangle\\
&+2g_{15}a_1^\dagger a_4^\dagger b_1^\dagger b_4^\dagger\mid 0\rangle+g_{17}a_2^\dagger a_4^\dagger b_1^\dagger b_4^\dagger\mid 0\rangle+g_{18}a_3^\dagger a_4^\dagger b_1^\dagger b_4^\dagger\mid 0\rangle\\
&+g_{19}a_1^\dagger a_2^\dagger b_2^\dagger b_3^\dagger\mid 0\rangle+g_{20}a_1^\dagger a_3^\dagger b_2^\dagger b_3^\dagger\mid 0\rangle+2g_{22}a_2^\dagger a_3^\dagger b_2^\dagger b_3^\dagger\mid 0\rangle\\
&+g_{23}a_2^\dagger a_4^\dagger b_2^\dagger b_3^\dagger\mid 0\rangle+g_{24}a_3^\dagger a_4^\dagger b_2^\dagger b_3^\dagger\mid 0\rangle+g_{25}a_1^\dagger a_2^\dagger b_2^\dagger b_4^\dagger\mid 0\rangle\\
&+g_{27}a_1^\dagger a_4^\dagger b_2^\dagger b_4^\dagger\mid 0\rangle+g_{28}a_2^\dagger a_3^\dagger b_2^\dagger b_4^\dagger\mid 0\rangle+2g_{29}a_2^\dagger a_4^\dagger b_2^\dagger b_4^\dagger\mid 0\rangle\\
&+g_{30}a_3^\dagger a_4^\dagger b_2^\dagger b_4^\dagger\mid 0\rangle+g_{32}a_1^\dagger a_3^\dagger b_3^\dagger b_4^\dagger\mid 0\rangle+g_{33}a_1^\dagger a_4^\dagger b_3^\dagger b_4^\dagger\mid 0\rangle\\
&+g_{34}a_2^\dagger a_3^\dagger b_3^\dagger b_4^\dagger\mid 0\rangle+g_{35}a_2^\dagger a_4^\dagger b_3^\dagger b_4^\dagger\mid 0\rangle+2g_{36}a_3^\dagger a_4^\dagger b_3^\dagger b_4^\dagger\mid 0\rangle)\\
=\;&\varepsilon(g_{1}a_1^\dagger a_2^\dagger b_1^\dagger b_2^\dagger\mid 0\rangle\\
&+g_{2}a_1^\dagger a_3^\dagger b_1^\dagger b_2^\dagger\mid 0\rangle+g_{3}a_1^\dagger a_4^\dagger b_1^\dagger b_2^\dagger\mid 0\rangle+g_{4}a_2^\dagger a_3^\dagger b_1^\dagger b_2^\dagger\mid 0\rangle\\
&+g_{5}a_2^\dagger a_4^\dagger b_1^\dagger b_2^\dagger\mid 0\rangle+g_{6}a_3^\dagger a_4^\dagger b_1^\dagger b_2^\dagger\mid 0\rangle+g_{7}a_1^\dagger a_2^\dagger b_1^\dagger b_3^\dagger\mid 0\rangle\\
&+g_{8}a_1^\dagger a_3^\dagger b_1^\dagger b_3^\dagger\mid 0\rangle+g_{9}a_1^\dagger a_4^\dagger b_1^\dagger b_3^\dagger\mid 0\rangle+g_{10}a_2^\dagger a_3^\dagger b_1^\dagger b_3^\dagger\mid 0\rangle\\
&+g_{11}a_2^\dagger a_4^\dagger b_1^\dagger b_3^\dagger\mid 0\rangle+g_{12}a_3^\dagger a_4^\dagger b_1^\dagger b_3^\dagger\mid 0\rangle+g_{13}a_1^\dagger a_2^\dagger b_1^\dagger b_4^\dagger\mid 0\rangle\\
&+g_{14}a_1^\dagger a_3^\dagger b_1^\dagger b_4^\dagger\mid 0\rangle+g_{15}a_1^\dagger a_4^\dagger b_1^\dagger b_4^\dagger\mid 0\rangle+g_{16}a_2^\dagger a_3^\dagger b_1^\dagger b_4^\dagger\mid 0\rangle\\
&+g_{17}a_2^\dagger a_4^\dagger b_1^\dagger b_4^\dagger\mid 0\rangle+g_{18}a_3^\dagger a_4^\dagger b_1^\dagger b_4^\dagger\mid 0\rangle+g_{19}a_1^\dagger a_2^\dagger b_2^\dagger b_3^\dagger\mid 0\rangle
\end{aligned}
$$

$$+ g_{20} a_1^\dagger a_3^\dagger b_2^\dagger b_3^\dagger \mid 0\rangle + g_{21} a_1^\dagger a_4^\dagger b_2^\dagger b_3^\dagger \mid 0\rangle + g_{22} a_2^\dagger a_3^\dagger b_2^\dagger b_3^\dagger \mid 0\rangle$$
$$+ g_{23} a_2^\dagger a_4^\dagger b_2^\dagger b_3^\dagger \mid 0\rangle + g_{24} a_3^\dagger a_4^\dagger b_2^\dagger b_3^\dagger \mid 0\rangle + g_{25} a_1^\dagger a_2^\dagger b_2^\dagger b_4^\dagger \mid 0\rangle$$
$$+ g_{26} a_1^\dagger a_3^\dagger b_2^\dagger b_4^\dagger \mid 0\rangle + g_{27} a_1^\dagger a_4^\dagger b_2^\dagger b_4^\dagger \mid 0\rangle + g_{28} a_2^\dagger a_3^\dagger b_2^\dagger b_4^\dagger \mid 0\rangle$$
$$+ g_{29} a_2^\dagger a_4^\dagger b_2^\dagger b_4^\dagger \mid 0\rangle + g_{30} a_3^\dagger a_4^\dagger b_2^\dagger b_4^\dagger \mid 0\rangle + g_{31} a_1^\dagger a_2^\dagger b_3^\dagger b_4^\dagger \mid 0\rangle$$
$$+ g_{32} a_1^\dagger a_3^\dagger b_3^\dagger b_4^\dagger \mid 0\rangle + g_{33} a_1^\dagger a_4^\dagger b_3^\dagger b_4^\dagger \mid 0\rangle + g_{34} a_2^\dagger a_3^\dagger b_3^\dagger b_4^\dagger \mid 0\rangle$$
$$+ g_{35} a_2^\dagger a_4^\dagger b_3^\dagger b_4^\dagger \mid 0\rangle + g_{36} a_3^\dagger a_4^\dagger b_3^\dagger b_4^\dagger \mid 0\rangle) \tag{10.2.20}$$

比较式(10.2.20)中各个互为正交的态矢,得如下的系数方程组:

$$-t(g_5 + g_2 + g_{25} + g_7) + 2Ug_1 = \varepsilon g_1 \tag{10.2.21}$$
$$-t(g_4 + g_6 + g_1 + g_3 + g_8) + Ug_2 = \varepsilon g_2 \tag{10.2.22}$$
$$-t(g_5 + g_2 + g_{27} + g_9) + Ug_3 = \varepsilon g_3 \tag{10.2.23}$$
$$-t(g_2 + g_{28} + g_{20} + g_5 + g_{10}) + Ug_4 = \varepsilon g_4 \tag{10.2.24}$$
$$-t(g_3 + g_1 + g_6 + g_4 + g_{29} + g_{11}) + Ug_5 = \varepsilon g_5 \tag{10.2.25}$$
$$-t(g_2 + g_5 + g_{30} + g_{12}) = \varepsilon g_6 \tag{10.2.26}$$
$$-t(g_{11} + g_8 + g_{19} + g_{31} + g_1) + Ug_7 = \varepsilon g_7 \tag{10.2.27}$$
$$-t(g_{10} + g_{12} + g_7 + g_9 + g_{20} + g_{32} + g_2 + g_{14}) + 2Ug_8 = \varepsilon g_8 \tag{10.2.28}$$
$$-t(g_{11} + g_8 + g_{21} + g_{33} + g_3 + g_{15}) + Ug_9 = \varepsilon g_9 \tag{10.2.29}$$
$$-t(g_8 + g_{11} + g_{22} + g_{34} + g_4 + g_{16}) + Ug_{10} = \varepsilon g_{10} \tag{10.2.30}$$
$$-t(g_9 + g_7 + g_{12} + g_{10} + g_{23} + g_{35} + g_{17}) = \varepsilon g_{11} \tag{10.2.31}$$
$$-t(g_8 + g_{11} + g_{24} + g_6 + g_{18}) + Ug_{12} = \varepsilon g_{12} \tag{10.2.32}$$
$$-t(g_{17} + g_{14} + g_{25} + g_7) + Ug_{13} = \varepsilon g_{13} \tag{10.2.33}$$
$$-t(g_{16} + g_{18} + g_{13} + g_{15} + g_{26} + g_8) = \varepsilon g_{14} \tag{10.2.34}$$
$$-t(g_{17} + g_{14} + g_{27} + g_9) + 2Ug_{15} = \varepsilon g_{15} \tag{10.2.35}$$
$$-t(g_{14} + g_{28} + g_{10} + g_{17}) = \varepsilon g_{16} \tag{10.2.36}$$
$$-t(g_{15} + g_{13} + g_{18} + g_{16} + g_{29} + g_{11}) + Ug_{17} = \varepsilon g_{17} \tag{10.2.37}$$
$$-t(g_{14} + g_{17} + g_{30} + g_{12}) + Ug_{18} = \varepsilon g_{18} \tag{10.2.38}$$
$$-t(g_{23} + g_{20} + g_7 + g_{25}) + Ug_{19} = \varepsilon g_{19} \tag{10.2.39}$$
$$-t(g_{22} + g_{24} + g_{19} + g_{21} + g_8) + Ug_{20} = \varepsilon g_{20} \tag{10.2.40}$$
$$-t(g_{23} + g_{20} + g_9 + g_{27}) = \varepsilon g_{21} \tag{10.2.41}$$
$$-t(g_{20} + g_{23} + g_{10} + g_{28}) + 2Ug_{22} = \varepsilon g_{22} \tag{10.2.42}$$
$$-t(g_{21} + g_{19} + g_{24} + g_{22} + g_{11} + g_{29}) + 2Ug_{23} = \varepsilon g_{23} \tag{10.2.43}$$

$$-t(g_{20}+g_{23}+g_{12}+g_{30})+Ug_{24}=\varepsilon g_{24} \tag{10.2.44}$$

$$-t(g_{29}+g_{26}+g_{1}+g_{31}+g_{19})+Ug_{25}=\varepsilon g_{25} \tag{10.2.45}$$

$$-t(g_{28}+g_{30}+g_{25}+g_{27}+g_{14}+g_{2}+g_{32}+g_{20})=\varepsilon g_{26} \tag{10.2.46}$$

$$-t(g_{29}+g_{26}+g_{15}+g_{3}+g_{33}+g_{21})+Ug_{27}=\varepsilon g_{27} \tag{10.2.47}$$

$$-t(g_{26}+g_{29}+g_{16}+g_{4}+g_{34}+g_{22})+Ug_{28}=\varepsilon g_{28} \tag{10.2.48}$$

$$-t(g_{27}+g_{25}+g_{30}+g_{28}+g_{17}+g_{5}+g_{35}+g_{23})+2Ug_{29}=\varepsilon g_{29} \tag{10.2.49}$$

$$-t(g_{26}+g_{29}+g_{18}+g_{6}+g_{36}+g_{24})+Ug_{30}=\varepsilon g_{30} \tag{10.2.50}$$

$$-t(g_{35}+g_{32}+g_{7}+g_{25})=\varepsilon g_{31} \tag{10.2.51}$$

$$-t(g_{34}+g_{35}+g_{10}+g_{28})+Ug_{32}=\varepsilon g_{32} \tag{10.2.52}$$

$$-t(g_{35}+g_{32}+g_{9}+g_{27})+Ug_{33}=\varepsilon g_{33} \tag{10.2.53}$$

$$-t(g_{32}+g_{35}+g_{10}+g_{28})+Ug_{34}=\varepsilon g_{34} \tag{10.2.54}$$

$$-t(g_{32}+g_{36}+g_{34}+g_{11}+g_{29})+Ug_{35}=\varepsilon g_{35} \tag{10.2.55}$$

$$-t(g_{33}+g_{35}+g_{12}+g_{30})+2Ug_{36}=\varepsilon g_{36} \tag{10.2.56}$$

计算与讨论：

① 在取定的参量 t,U 下,分别计算式(10.2.3)～式(10.2.18)的本征方程组,得出$\{f_i\}$和$\{E_l\}$,同样计算式(10.2.21)～式(10.2.56)的本征方程组,得$\{g_i\}$,$\{\varepsilon_l\}$.

② 两支$\{E_l\}$和$\{\varepsilon_l\}$不会相同.变动 t,U 能否在一定的临界点两端有 $\varepsilon_0<E_0\leftrightarrow E_0<\varepsilon_0$ 和 Mott 态到超导态的转变对应.

③ 由于对绝对值不感兴趣,可令 $t=1$,从小到大变动 U.

本章意图提请关注用一个简单的物理系统来检验一下,从过去认为费米系统服从湮灭、产生算符的反对易关系转变为服从对易关系加上 Pauli 不相容原理后,会在物理规律上出现什么样的结果.两种结果是有很大的差异还是相差不远?在此基础上再扩展到更多和更复杂的系统,将两种方案作更全面的比较.我们期待知晓哪个方案更能指向一致的量子理论,更贴近物理的现实.

量子科学出版工程

量子飞跃:从量子基础到量子信息科技/ 陈宇翱　潘建伟
量子物理若干基本问题 / 汪克林　曹则贤
量子计算:基于半导体量子点 / 王取泉　等
量子光学:从半经典到量子化 / (法)格林贝格　乔从丰　等
量子色动力学及其应用 / 何汉新
量子系统控制理论与方法 / 丛爽　匡森
量子机器学习 / 孙翼　王安民　张鹏飞
量子光场的衰减和扩散 / 范洪义　胡利云
编程宇宙:量子计算机科学家解读宇宙 / (美)劳埃德　张文卓
量子物理学. 上册:从基础到对称性和微扰论 / (美)捷列文斯基　丁亦兵　等
量子物理学. 下册:从时间相关动力学到多体物理和量子混沌 / (美)捷列文斯基
丁亦兵　等
世纪幽灵:走进量子纠缠(第 2 版) / 张天蓉

量子力学讲义 / (美)温伯格　张礼　等
量子导航定位系统 / 丛爽　王海涛　陈鼎
光子-强子相互作用 / (美)费曼　王群　等
基本过程理论 / (美)费曼　肖志广　等
量子力学算符排序与积分新论 / 范洪义　等
基于光子产生-湮灭机制的量子力学引论 / 范洪义　等
抚今追昔话量子 / 范洪义

果壳中的量子场论 / (美)徐一鸿(A. Zee)　张建东　等
量子信息简话:给所有人的新科技革命读本 / 袁岚峰
量子系统格林函数法的理论与应用 / 王怀玉

量子金融:不确定性市场原理、机制和算法 / 辛厚文　辛立志
量子计算原理与实践 / 曾蓓　鲁大为　冯冠儒
量子与心智:联系量子力学与意识的尝试 / (美)德巴罗斯　刘桑　等
量子控制系统设计 / 丛爽　双丰　吴热冰
量子状态的估计和滤波及其优化算法 / 丛爽　李克之
量子统计力学新论:算符正态分布、Wigner 分布和广义玻色分布 / 范洪义　吴泽
介观电路中的量子纠缠、热真空和热力学性质 / 范洪义　吴泽　范悦
量子场论导引 / 阮图南
幺正对称性和介子、重子波函数 / 阮图南
量子色动力学相变 / 张昭

量子理论一致性问题 / 汪克林